本书获深圳大学教材出版基金资助

CST 仿真设计
理论与实践

张 晓 主 编

李 银 吴琼森 李瑞鹏 副主编

清華大学出版社

北 京

内 容 简 介

  CST 是目前应用最广泛的电磁场仿真软件之一，熟练掌握该软件的建模和仿真技巧，是进入微波电路和天线相关领域的重要前提。本书将经典理论与仿真软件相结合，从 IEEE 高引论文中选取结构简单且机理清晰的仿真实例，在仿真中融入微波电路理论和天线理论。本书内容可分为两部分：第一部分(第1~6章)主要介绍软件的基本功能，包括初识 CST，建模操作，激励端口、材料库与边界条件，求解器与求解设置，结果查看与数据后处理，优化器与高性能计算等；第二部分(第7~13章)主要介绍具体的仿真实例及相应的理论基础，包括微波滤波器，微带贴片天线设计，特征模仿真，终端天线设计，周期结构仿真，散射场仿真，基于编程调用 CST 的自动化建模与仿真等。

  本书的仿真实例将理论与工程应用紧密结合，针对不同研究方向全面讲解了 CST 的仿真技巧。本书可作为高校电子通信类专业本科生和研究生的教学用书，也可作为无线通信、微波射频和天线设计等领域技术人员的参考书籍。

图书在版编目(CIP)数据

  CST 仿真设计理论与实践 / 张晓主编. —北京：清华大学出版社，2023.4（2024.11 重印）
  ISBN 978-7-302-61741-9

  Ⅰ. ①C… Ⅱ. ①张… Ⅲ. ①电磁场—计算机仿真—研究 Ⅳ. ①O441.4

  中国版本图书馆 CIP 数据核字(2022)第 157360 号

责任编辑：王 定
封面设计：周晓亮
版式设计：孔祥峰
责任校对：马遥遥
责任印制：沈 露

出版发行：清华大学出版社
  网   址：https://www.tup.com.cn, https://www.wqxuetang.com
  地   址：北京清华大学学研大厦 A 座   邮 编：100084
  社 总 机：010-83470000   邮 购：010-62786544
  投稿与读者服务：010-62776969，c-service@tup.tsinghua.edu.cn
  质 量 反 馈：010-62772015，zhiliang@tup.tsinghua.edu.cn
印 装 者：三河市龙大印装有限公司
经 销：全国新华书店
开 本：185mm×260mm 印 张：24.25 字 数：590 千字
版 次：2023 年 4 月第 1 版 印 次：2024 年 11 月第 5 次印刷
定 价：98.00 元

产品编号：095451-01

虚拟世界延展现实世界，让现实世界更美好。为了让消费者获得电磁性能和使用体验最好的产品，在产品研发和创新的过程中，电磁场仿真有着非常重要的作用。

CST 微波工作室(CSTMicrowave Studio)是世界领先的电磁场仿真软件，隶属于全球工业软件巨擘达索系统旗下多学科仿真品牌 SIMULIA，CST MWS 具有完备的时域、频域全波算法和高频算法，它适用于几乎所有的电磁仿真问题，是微波无源器件和天线设计工程师的必备技能之一。

CST 在各个典型应用领域均有专用求解器，利用各种算法在各自使用领域内的优点，可得到最好的求解效果。CST 的应用覆盖汽车、通信、国防、电子、电气、医疗和基础科学等诸多行业，受到工程师、设计、研发人员的广泛使用。

虽然 CST 提供了图形化的用户界面、基于专家系统的全自动网格剖分等简化操作，但对于初学者来说，还是有一定的学习难度，需要比较长的学习周期。一本具有全面易懂知识的 CST 教程仍然非常必要。

张晓老师主编的这本《CST 仿真设计理论与实践》，是一本适合 CST 入门学习者的教程书籍，可以帮助初学者快速熟悉 CST 的用户界面及仿真环境，免去多余查找资料的时间，从而专注于所需解决的电磁场问题。一方面，为了应对各种不同的应用场景，CST 包含了多种不同的求解器、不同的工作模式及多种外部接口，通过对教程的学习，可以较快掌握其基本运用方法和进阶技术；另一方面，随着天线理论及工程应用的发展，CST 教程的内容也需要与时俱进，将重心转移到前沿需求的聚光灯下。目前业界正需要具有完备知识覆盖、内容切合时代主题、教学深入浅出的 CST 教材。

这本教材的编写团队在天线、滤波器和数值算法等领域从事理论研究多年，发表了众多代表性成果；同时结合产业需求，致力于技术的转化与应用，有着丰富的实践经验。难能可贵的是，来自深圳大学、鹏城实验室和广东工业大学的编者对教学充满了激情和热忱，以教书育人为己任，教学经验丰富，在高校所承担的课程受到了广大学生的喜爱。该编写团队一直在探索天线教学的新模式，前期积累了大量的教学素材和教学经验，为这本教材的编写奠定了扎实的基础。

千里之行，始于足下。这本教材内容与时俱进，知识点全面，仿真实例深入浅出，是一本适合高校学生及相关从业人员学习和掌握 CST 微波工作室的绝佳教材。

冯升华

达索系统中国大学校长

2022 年 4 月 13 日

PREFACE

近年来，电磁场数值算法和仿真软件飞速发展，仿真软件已经成为微波电路和天线设计的重要工具。仿真软件友好的用户界面和日益完备的数值算法，使得器件的设计过程更加简单高效，结果更加准确，降低了该领域入门的难度，极大地提高了产品设计的效率和精度。目前主流的三维电磁场仿真软件有 IE3D、HFSS、CST、FEKO、AWR、SONET 等，它们各有所长，在不同的场合各自具有其独特的应用优势。其中，CST 是目前被高校和行业使用最广泛的仿真软件之一，它具有用户界面友好、功能强大、仿真速度快、后处理能力强等优点，用户群体也越来越庞大。然而，长期以来，该领域一直缺乏面向不同层次使用者且简单易懂的 CST 相关教程，不利于广大高校学生及行业技术人员全面了解和深入掌握软件的使用技巧。随着无线通信行业的飞速发展，射频电路、电磁场电磁波和天线技术等领域涌现了很多新的概念和设计方法，而仿真软件自身也不断增加和完善了新的功能。在此背景下，笔者一直希望能编写一本与时俱进的教程，能够涵括不同的研究方向，能同时为高校学生及行业的技术人员提供参考。幸运的是，我们几个志同道合的编者走到了一起，在达索析统(上海)信息技术有限公司和广州浦信系统技术有限公司的支持下，我们经过不懈的努力，终于在 2022 年初完成了初稿。

本书内容可分为两部分。第一部包括第 1~6 章，主要介绍软件的基本功能。其中，第 1 章介绍软件的界面，第 2 章介绍建模的常用操作，第 3 章介绍激励类型与设置、材料库和边界条件，第 4 章介绍不同的求解器与求解设置，第 5 章介绍结果查看和数据后处理的方法，第 6 章介绍优化器和高性能计算。第二部包括第 7~13 章，结合仿真实例介绍 CST 的使用技巧，并融入相应的理论知识。其中，第 7 章介绍了两种滤波器的仿真设计方法，包括基于耦合谐振器的腔体带通滤波器和基于微带阶跃阻抗谐振器的超宽带滤波器；第 8 章通过仿真验证了贴片天线的基本理论，结合短路加载介绍高增益贴片天线的设计方法，结合滤波天线技术实现贴片天线带宽的增加；第 9 章介绍了特征模理论，对偶极子和贴片天线进行模式分析，并进一步应用于两个不同的圆极化天线的设计；第 10 章介绍了终端天线相关技术及其仿真实现，包括倒 F 天线的单元设计、MIMO 天线去耦、手机边框天线设计和 SAR 仿真等；第 11 章介绍了周期结构的仿真设计，包括 1D 漏波天线、频率选择表面单元和高增益 Fabry-Perot 天线等；第 12 章介绍了散射场的仿真方法，包括等离子体的散射场提取和物体散射 RCS 仿真计算；第 13 章主要介绍基于编程调用 CST 的自动化建模与仿真，分别介绍了基于 MATLAB 和 Python 的调用方法，可用于复杂模型的快速建模。

本书在编写时充分考虑了用户群体的特点，所有内容都经过精心的编排，每个仿真实例的选择都经过深思熟虑，具有以下特点。

(1) 内容丰富全面，与时俱进。本书共有 7 章介绍仿真实例，其中每章又设置了多个关联性较强的仿真设计，涵括了微波电路和天线领域多个不同的主题。内容与当前研究热点紧密结合，引入了特征模、周期结构、自动化建模等较前沿的内容，弥补了当前同类教材的不足，迎合了相当一部分从业人员的需求。

(2) 实例结构经典，机理深刻。本书的大部分仿真实例源自 IEEE 权威期刊中的高引论文，每个仿真实例对应一个经典的电路/天线理论知识点。所选的仿真实例结构简单，易于建模实现，同时机理非常清晰和深刻。读者在仿真过程中，不仅能学会基本的软件使用技巧，还能在仿真中深入理解并掌握相应的理论知识，一举两得。

(3) 理论结合实践，实用性强。本书的实例章节，既有具体的仿真操作步骤，也加入了具体的理论分析内容，有助于读者在实践过程中加深对理论知识的理解。在章节内容安排上，既包含较为前沿的课题，也有与实际产品密切相关的内容，如终端天线设计。

本书由深圳大学张晓担任主编，鹏城实验室李银、广东工业大学吴琼森和广州浦信系统技术有限公司李瑞鹏担任副主编。其中，李瑞鹏编写第 1~6 章，吴琼森编写第 7 章，张晓编写第 8~11 章，李银编写第 12、13 章，此外，达索系统中国大学校长冯升华和广州浦信系统技术有限公司总经理席宏宇参与了编写初期的策划和后期的校稿，并提出了宝贵的修改意见。曾麒渝、李国雄、许志泳、杨玉凡、陈贯雄和杨天龙为本书的编写做了大量的辅助性工作，参与了实例建模仿真、数据整理和校稿检查等环节。

本书的顺利出版，得到了达索析统(上海)信息技术有限公司和广州浦信系统技术有限公司的大力支持，他们为第 1~6 章内容的编写提供了大量的参考资料，并为编写小组提供了相应的技术支持。此外，本书的出版获得了深圳大学及其电子与信息工程学院的大力支持，本书同时获得了深圳大学教材出版资助。

由于作者水平有限，以及无线通信技术发展快速，书中不足之处在所难免，欢迎专家、读者批评指正。

本书提供教学课件，读者可扫下列二维码下载。

教学课件

编者

2022 年 8 月

C O N T E N T S

第1章

初识CST

　　CST 全称为 Computer Simulation Technology，是一款成熟的 3D 全波电磁仿真分析软件，2016 年加入法国达索旗下，在其 SIMOLIA 仿真品牌中提供电磁仿真解决方案，具备完备的 3D 全波电磁场仿真技术。

　　CST Studio Suite®(CST 工作室套装)是 CST 的核心产品，是目前市场上准确、高效的 3D EM 仿真工具之一，包括 CST Microwave Studio®(CST 微波工作室)、CST Design Studio®(CST 设计工作室)、CST EM Studio®(CST 电磁工作室)、CST Particle Studio®(CST 粒子工作室)、CST PCB Studio®(CST 印制电路板工作室)、CST Cable Studio®(CST 电缆工作室)及 CST Mphysics® Studio(CST 多物理场工作室)共 7 个子软件，能满足用户从芯片级到系统级的设计需求。其中，CST 微波工作室作为 CST 工作室的旗舰产品，能快速精确地完成高频范围内的电磁仿真任务，极大地提高微波无源器件及天线的设计与分析效率。本书中教程案例均基于 2021 版 CST 微波工作室编写。

1.1 CST 界面与设计流程

　　CST 的工作界面是所有工作室共同使用的用户界面，是 CST 软件使用者的工作环境。因此，了解 CST 的导航界面、设计流程、工作界面，是掌握 CST 软件的第一步。

1.1.1 CST 导航界面

　　双击 CST Studio Suite®软件图标打开软件，进入 CST 导航界面，如图 1.1 所示。

　　在图 1.1 中箭头 1 所指区域内，单击图标可以执行以下操作。

　　➢ Save：保存当前文件。

➢ Save As：将文件另存为其他文件名。
➢ Save All：保存所有文件预览。
➢ Open/Close：打开/关闭文件。

图 1.1   CST 导航界面

在图 1.1 中箭头 2 所指区域内，单击 New and Recent→Recent File，可以快速打开历史工程。单击 New and Recent→Project Template，可以利用工程模板快速创建新工程，如图 1.2 所示。

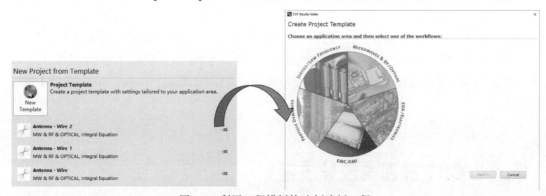

图 1.2   利用工程模板快速创建新工程

在图 1.1 中箭头 3 所指区域内，单击 Component Library，可以打开 CST Studio Suite®的组件库。组件库内包含许多经典模型的教程与示例，如图 1.3 所示。在图 1.3 右上角的搜索栏与左侧标签栏内，可以快速查找所需示例或教程。

在图 1.1 中箭头 4 所指区域内，单击图标可以执行以下操作。

➢ Help→Help Contents：打开 CST Studio Suite®帮助文档。
➢ Options：打开设置选项卡。
➢ License：查阅许可证文件。
➢ Exit：退出程序。

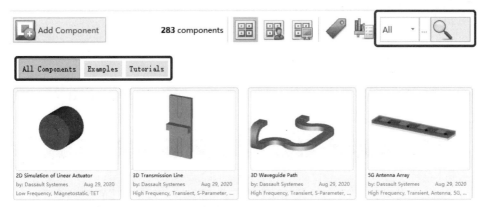

图 1.3　组件库界面

1.1.2　CST 设计流程

利用 CST 微波工作室进行仿真设计的流程如图 1.4 所示。

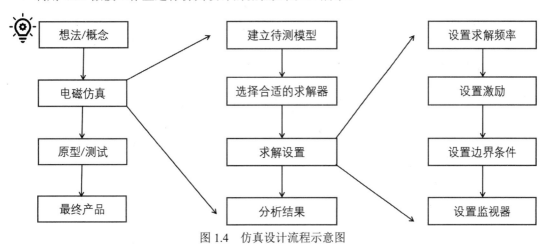

图 1.4　仿真设计流程示意图

CST 微波工作室在设计流程中主要针对生产原型之前的电磁仿真环节。通过仿真计算模型参数，可初步验证该设计是否符合需求，提高原型测试的通过率，进而提高整个设计环节的效率。在电磁仿真环节，最为关键的是求解设置环节，包括以下 4 个步骤：

(1) 设置求解频率。每次仿真都需要在综合效率与准确性两方面设置合理的求解频率范围，通常情况下，求解频段中心点应设置为天线的中心工作频率。

(2) 设置激励。在进行仿真分析之前至少要设置一个激励源作为输入信号激励，CST 微波工作室提供 Discrete Ports(离散端口)、Waveguide Ports(波导端口)、Plane Wave(平面波)和 Field Source(场源)4 种激励源，用于不同类型问题的求解分析。

(3) 设置边界条件。计算机只能对有限空间内的电磁问题进行求解，故使用 CST 微波工作室进行仿真时，需要设置合适的边界条件将求解范围限定在有限空间内。

(4) 设置监视器。在仿真过程中，由于场结果较为复杂，记录所有频点上的场结果是不现实的，因而需要在仿真开始前提前选取一个或多个有代表性的频点，以使监视器可实现这些频点上仿真结果的保存、查看及分析。

1.1.3 CST 工作界面概览

CST 工作界面如图 1.5 所示,整个界面包含主菜单、工具栏、导航树、3D 模型窗口、参数列表、结果导航窗口、消息窗口和进度窗口。

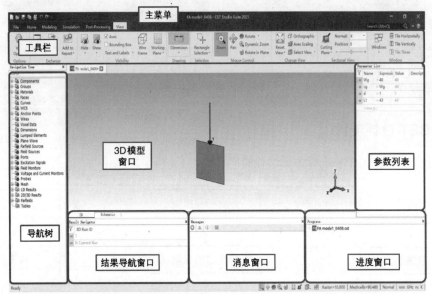

图 1.5 CST 工作界面

1.2 主菜单及工具栏

主菜单位于 CST 工作界面的最上方,包括 File(后台视图)、Home(主菜单)、Modeling(建模)、Simulation(仿真)、Post-Processing(后处理)和 View(视图)共 6 个选项卡,每个选项卡各自对应一个工具栏,这些工具栏中包含了 CST 所有的操作命令。下面介绍不同工具栏的主要功能。

1.2.1 File 选项卡

File 选项卡(后台视图)是一种特殊的视图,它提供了许多传统的文件菜单命令用于管理 CST 工程设计文件,包括项目文件的保存、打开、关闭、新建、项目管理、组件库、打印和帮助等。File 选项卡包含的操作命令及简要描述如图 1.6 所示。

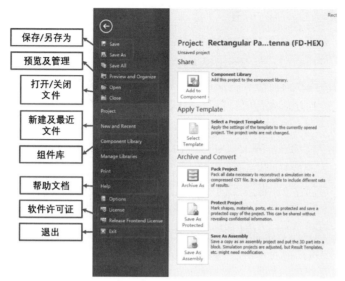

图 1.6　File 选项卡界面

1.2.2　Home 选项卡

Home 选项卡(主工具栏)包含一系列全局的和常用的命令，简要描述如图 1.7 所示。

Home 选项卡中部分操作命令的说明如下。

➢ Clipboard：进行复制、粘贴和删除操作。

➢ Units Settings：进行 3D 建模的单位设置。

➢ Simulation：进行包括仿真工程、求解器设置、开始仿真、优化器和参数化扫频等仿真操作。

➢ Mesh：进行选择网格视图以及编辑网格属性操作。

➢ Edit：进行编辑模型属性、历史操作列表、计算器、参数更新、参数设置和求解类型等操作。

➢ Report：收集和管理 CST 日常的结果图并生成报告文档。

➢ Macros：使用宏进行一般任务的自动化。

图 1.7　Home 选项卡界面

1.2.3　Modeling 选项卡

Modeling 选项卡(建模工具栏)包含 CAD 导入/导出、材料定义及建模操作等多种操作命令，简要描述如图 1.8 所示。

Modeling 选项卡(建模工具栏)中部分操作命令的说明如下。

- Exchange：使用 CAD 导入/导出模型。
- Materials：进行环境材料属性设置、加载材料库、定义新材料等操作。
- Shapes：进行创建基本几何体模型操作，包括圆柱、球体、方体、椭圆、拉伸几何体、锥形、环面、旋转体等基本几何体。
- Tools：进行包括 Transform、Align、Blend、Boolean、Bend Tools、Modify Locally 和 Shapes Tools 等建模形状操作。
- Curves：进行创建 2D 曲线、创建 3D 曲线、倒角和裁剪、弯曲曲线以及扫描曲线等曲线操作。
- Picks：进行点、边、面的选取，查看选取列表，清空选取等操作。
- Edit：进行编辑模型属性、历史操作列表、计算器、参数更新、参数设置等操作。
- WCS：对 Local WCS(工作坐标系)进行 Transform、Align、Fix 的操作。

图 1.8　Modeling 选项卡界面

1.2.4　Simulation 选项卡

Simulation 选项卡(仿真工具栏)包含仿真前频率、背景、边界的设置，激励源和负载的设置，监视器的设置，求解器的选择及网格的设置等多种操作命令，简要描述如图 1.9 所示。

Simulation 选项卡中部分操作命令的说明如下。

- Settings：进行仿真前的上下截止频率设置、背景属性设置、边界条件设置等操作。
- Sources and Loads：进行激励端口和负载设置。
- Monitors：定义时间或频率监视器，以查看模型结构的电磁场分布情况。
- Solver：进行包括求解器设置、优化器和参数化扫频等仿真操作。
- Mesh：进行网格视图的选择、网格属性的编辑操作。
- Check：进行检查模型重叠、电连接等操作。

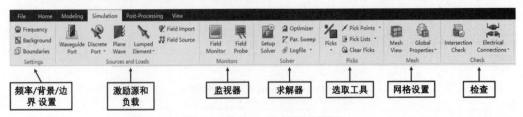

图 1.9　Simulation 选项卡界面

1.2.5 Post-Processing 选项卡

利用 Post-Processing 选项卡(后处理工具栏)可以可视化各种仿真计算的结果，这些结果汇总在 Navigation Tree(导航树)的结果文件夹下。Post-Processing 选项卡包含的操作命令及简要描述如图 1.10 所示。

Post-Processing 选项卡中部分操作命令的说明如下。

➤ Exchange：仿真结果数据的导入和导出。

➤ Signal Post-Processing：进行 1D 仿真结果的后处理操作。

➤ 2D/3D Field Post-Processing：进行 2D/3D 仿真结果的后处理操作。

➤ Tools：选择仿真结果的后处理模板。

➤ Manage Results：进行管理仿真的结果操作。

图 1.10　Post-Processing 选项卡界面

1.2.6 View 选项卡

利用 View 选项卡(视图工具栏)可以对项目相关的数据进行可视化操作。3D 视图显示 3D 模型，同时可以展示与仿真设置相关的其他信息，如边界条件、网格属性和结果数据。原理图视图通过子模型的逻辑连接来显示 2D 模型。绘图视图显示 1D 仿真结果数据。宏视图是一个编辑器窗口，可以处理用于自动化任务的宏。View 选项卡包含的操作命令及简要描述如图 1.11 所示。

View 选项卡中部分操作命令的说明如下。

➤ Options：对绘图平面进行包括常规设置、颜色设置、线条设置、箭头设置等命令操作。

➤ Exchange：对绘图平面视图进行复制、导出等操作。

➤ Visibility：对模型物体及其相关仿真信息(如边界条件、平面网格)进行可视化操作。

➤ Drawing：Dimension 标注显示 3D 模型的角度和距离。

➤ Selection：Rectangle Selection 根据对象位置选择对象。

➤ Mouse Control：使用鼠标与快捷键进行视图选项操作。

➤ Change View：进行更改绘图平面的视图操作。

➤ Sectional View：进行查看 3D 模型剖视图操作。

➤ Window：进行选择工作界面窗口排版操作。

图 1.11　View 选项卡界面

1.3 子窗口

CST 的子窗口有 Parameter List(参数列表)、Progress(进度)、Messages(消息)、Result Navigator(结果导航器)、Navigation Tree(导航树)等。通过这些子窗口,用户可以方便地更改变量值、监控仿真进程及快速查看仿真结果。

1.3.1 Parameter List

Parameter List(参数列表)如图 1.12 所示,其直观显示了变量名、变量值及变量的描述。用户可以在此窗口直接定义、修改和删除变量,在此窗口修改变量值后将会更新模型结构。

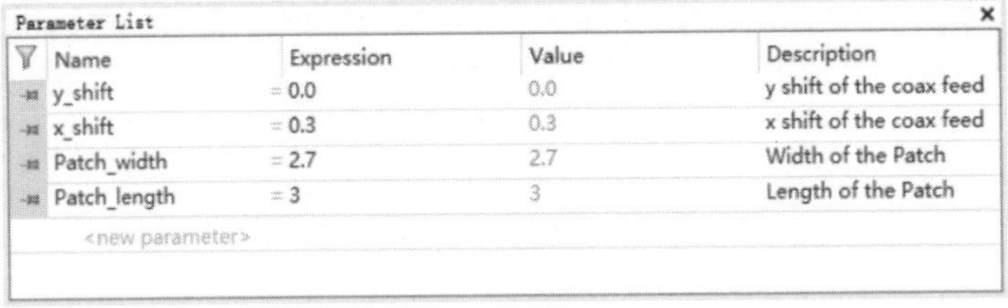

图 1.12 参数列表

1.3.2 Progress

Progress(进度窗口)如图 1.13 所示。用户可以通过它直观地查看项目仿真的进度,同时可以选择暂停或者终止该项目仿真进程。

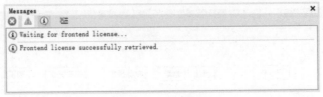

图 1.13 进度窗口

1.3.3 Messages

Messages(消息窗口)如图 1.14 所示,其提供了项目仿真的进程消息、警告消息及报错消息。用户在该窗口可以切换显示进程消息、警告消息、报错消息,也可以清除所有消息。

图 1.14 消息窗口

1.3.4　Result Navigator

　　Result Navigator(结果导航器窗口)如图 1.15 所示，其能显示所有参数和对应结果的组合，在求解器运行、参数扫描或优化器计算期间，栅格数据会自动更新。每一组参数组合都与计算结果期间生成的唯一运行 ID 相关，如果选择一个或多个 ID，将在 1D Plot 视图中显示相应的曲线。

图 1.15　结果导航器窗口

1.3.5　Navigation Tree

　　Navigation Tree(导航树窗口)如图 1.16 所示，其允许用户在程序的不同视图之间切换，视图控制显示主窗口的内容。它按照文件夹和项目排序，类似于硬盘上的文件。

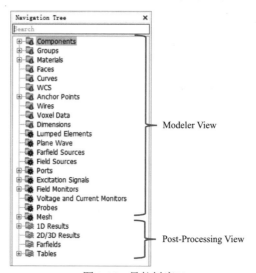

图 1.16　导航树窗口

1.4　思考题

　　1. 请尝试利用工程模板创建贴片天线仿真工程，并简述其中各项设置的内容及含义。

　　2. 在进行参数化建模时，用户常需要更改变量数值，请打开组件库中的任意工程，尝试用 Parameter List 改变变量数值。

第2章

建 模 操 作

建模操作是使用 CST 工作室套装进行仿真时最为基础的一步。CST 工作室套装为用户提供了多种交互式的建模工具，对于常见的形状，使用者可以通过鼠标单击选择合适的工具并确定其大致位置，再通过键盘输入精确尺寸及位置数值以达到精确建模的目的。此处所输入的数值可以是常量，也可以是参量，通常情况下更推荐读者使用参数化建模的方式，其优势在于更方便后续对模型进行参数扫描分析及尺寸调整。最后需要提醒读者注意的是，输入参数前务必确认其单位设置是否正确，以免造成建模错误。

2.1 基本形状创建

CST 微波工作室为用户提供了丰富的交互式建模工具。本节将从创建基本形状出发，带领读者体会从无到有的建模过程。

2.1.1 创建一个"方体"

本节我们创建一个顶点坐标为(0，0，0)，长×宽×高为 5×5×5 的方体，单位为默认的长度单位(mm)。

创建方体的流程如图 2.1 所示。

(1) 单击 Modeling 选项卡中的 Shapes 功能区图标 ，即方体(Brick)工具，系统会要求用户在绘图平面选定第一个点。

(2) 在绘图平面的任意位置双击即可确定第一个点。

(3) 移动鼠标展开一个平面，在绘图平面的任意位置(除了第一个点)双击确定方体的第二个点(对角点)。

(4) 移动鼠标，在适当位置确定第三个点(方块高度)。

(5) 系统会弹出一个对话框，显示方体顶点的坐标值，用户可以修改、确认坐标值。单击OK 按钮，完成创建第一个基本物体——方体。

此外还有快捷操作方式，用户可以在操作第一步后，按<Esc>键，系统会直接弹出方体顶点坐标对话框，直接在对话框中输入坐标值，即可完成方体的创建。

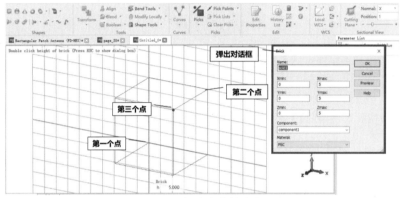

图 2.1 创建方体的流程

如图 2.2 所示，在 Navigation Tree 中选择 Components→component1→solid1，右击 solid1，在弹出的快捷菜单中选择 Edit Material Properties...，编辑方体的材料属性、颜色、透明度。

图 2.2 材料编辑

经过上述操作，在绘图平面创建了一个顶点坐标为(0，0，0)，长×宽×高为 5×5×5 的方体，按<Space>键全屏显示方体模型，如图 2.3 所示。新建的方体模型 solid1 会添加到绘图平面左侧的 Navigation Tree 中，用户可以在 Navigation Tree 中对 solid1 进行仿真相关的操作，或者在绘图平面右击 solid1，在弹出的快捷菜单中选择命令进行操作。

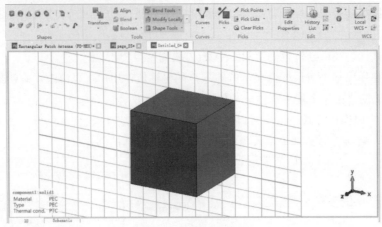

图 2.3　方体创建结果

2.1.2　创建其他基本形状

基本形状模型是 CST 中的基本结构单元，用户可以通过主菜单的 Modeling 选项卡 Shapes 功能区中的操作命令进行创建。如图 2.4 所示，基本形状模型有圆柱体、球体、圆环、方体、椭圆柱体、锥体、拉伸几何体和旋转体。基本形状模型的创建步骤和 2.1.1 节方体的创建步骤基本相同，这里不再重复。

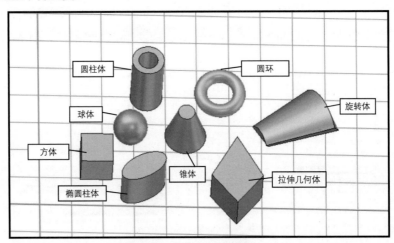

图 2.4　基本形状模型

2.2　选取工具

在对基本形状进行更复杂的操作(如旋转、变换和派生)前，用户需要指定进行操作的对象。用户熟练应用选取工具能大大增加建模的速度及准确度，提升工作效率。

2.2.1 选取工具介绍

在 CST 建模的过程中，有许多步骤需要从物体模型中选取点、边或面。本节将以交互方式选择这些基本元素。从主菜单的 Modeling 或者 Simulation 选项卡的 Picks 功能区选择激活相应的选取操作，双击选择一个元素，或者双击已选元素取消选择。在 Picks 的下拉菜单中包括了所有的选取操作及快捷键。

选取模式中的各选取命令及对应快捷键如图 2.5 所示。这些快捷键只在主窗口激活才有效，用鼠标左键单击即可激活选取元素。

- Pick Edge Center(选取棱边中点)<M>：双击一条棱边，选取此棱边的中点。
- Pick End Point(选取棱边端点)<P>：双击棱边的端点附近，选取相应的端点。
- Pick Face Center(选取面的中点)<A>：双击一个平面，选取此面的中心。
- Pick Point on Circle(选取圆上的点)<R>：双击一个圆的弧，选取此圆上的任意一点。
- Pick Circle Center(选取圆心)<C>：双击一个圆的弧，选取此圆的圆心。
- Pick Point on Face(选取面上的任意点)<O>：双击一个平面的任意位置，选取此平面上的任意一点。
- Pick Points,Edges or Faces(选取点、边或面)<S>：根据鼠标位置双击，相应选取点、边或面。
- Pick Face(选取端面)<F>：双击一个端面，选取这个面。
- Pick Face Chain(选取面链)<Shift>+<F>：双击模型的一个端面，将会自动选取该面所在物体的所有面。
- Pick Edge(选取棱边)<E>：双击一条棱边，选取这条边。
- Pick Edge Chain(选取边链)<Shift>+<E>：双击模型的一条棱边，如果该边只属于一个面，则与其相连的其他边也会被选取；如果该边与两个面相连，则系统会弹出一个对话框，要求用户确定选择其中哪一个面上的边。

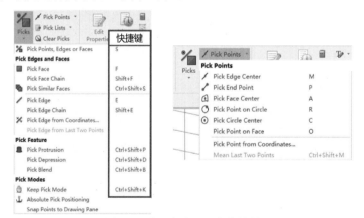

图 2.5　选取命令及对应快捷键

选取完成后，被选取元素会以高亮形式在 3D 视窗中显示出来。三种元素对应的选中效果如图 2.6 所示。

图 2.6　三种元素对应的选中效果图

类似地，对于面链选取工具，用户可以使用特征选取工具快速选取物体的部分表面，选取效果如图 2.7 所示。

➢ Pick Protrusion(选取凸起部分表面)<Ctrl>+<Shift>+<P>：双击模型的凸起部分，选择凸起部分所有表面。

➢ Pick Depression(选取凹陷部分表面)<Ctrl>+<Shift>+<D>：双击模型的凹陷部分，选择凹陷部分所有表面。

➢ Pick Blend(选取倒角部分表面)<Ctrl>+<Shift>+<B>：双击模型的倒角部分，选择倒角部分所有表面。

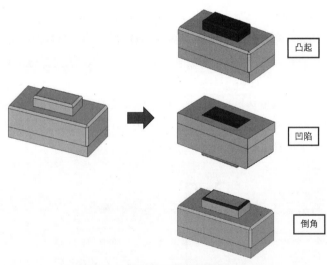

图 2.7　三种链式选择效果图

2.2.2　利用选取工具创建曲面

在 CST 微波工作室中，创建复杂曲面的过程相对烦琐(可能需要参数方程建模)。当需要创建的曲面存在于已创建物体的表面时，利用选取工具可以快速创建该曲面，创建效果如图 2.8 所示。

建模过程如下：

(1) 应用选取工具选择目标曲面。

(2) 在 Modeling 选项卡中，单击 Shapes 功能区的 Face 图标，选择 Shape from Pick Faces…。

(3) 设置曲面属性，包括名称、材料等。

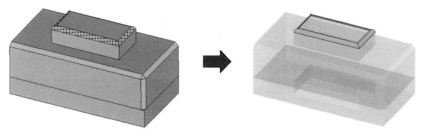

图 2.8　利用选取工具创建曲面效果图

2.3　视图工具

在建模过程中，CST 微波工作室为用户提供实时的模型视图反馈，用户可以利用视图工具便捷地查看模型结果。

2.3.1　视图选项

视图选项可以在 View 选项卡的 Mouse Control 功能区单击选择，也可以使用相应的快捷键快速选择。其对应的图标及快捷键如图 2.9 所示。

视图选项	快捷键
动态缩放	滚动鼠标滚轮
平面平移	鼠标+\<Shift> + \<Ctrl>
3D 旋转	鼠标 + \<Ctrl>
平面旋转	鼠标 + \<Shift>
重置视图	\<Space>
重置视图选项	\<Shift> + \<Space>

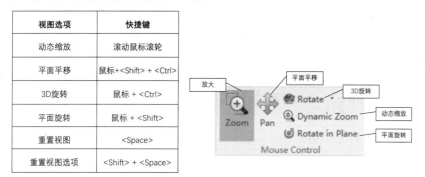

图 2.9　视图选项对应图标及快捷键

在 View 选项卡的 Change View 功能区使用 Select View 下拉菜单的各种透视视图选项可更改结构视图，包括透视图、前后左右视图、俯视图、仰视图等。模型结构的透视图和俯视图如图 2.10 所示。

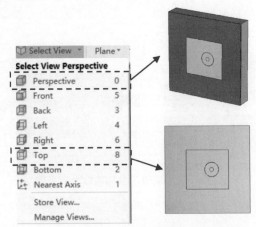

图 2.10　各视角下天线结构图(透视图和俯视图)

除了各种透视视图，还有几种可视化选项可以帮助用户更好地了解模型结构。

(1) 剖视图：指定显示模型结构剖面图或者完整图。

(2) 线框模式：指定模型结构以线条形式或者实体形式显示。

(3) 工作平面：指定是否显示绘图平面。

(4) 坐标系：指定是否显示坐标轴。

各可视化选项效果如图 2.11 所示。

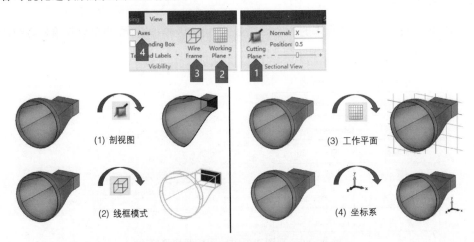

图 2.11　不同显示模式下喇叭天线结构图

2.3.2　显示/隐藏形状

使用 View 选项卡或者右击选择快捷菜单中的 Hide 选项(图 2.12)隐藏形状，对象在 3D 视图中变得不可见。注意，该对象对于求解器仍然可见。可以基于材料属性隐藏对象(如隐藏所有介质)。隐藏形状的操作步骤如下：

(1) 选择想要隐藏的对象。

(2) 单击功能区的 Hide 图标。

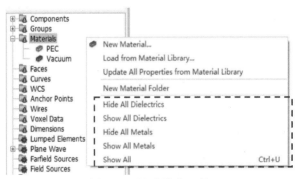

图 2.12　显示/隐藏工具

以小球为例，隐藏效果如图 2.13 所示。

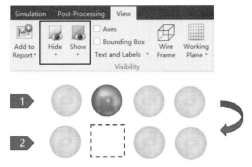

图 2.13　显示/隐藏效果图

2.3.3　矩形选取

Rectangle Selection(矩形选取)是 View 选项卡 Selection 功能区中的一个视图选项，其图标如图 2.14 所示。用户可以使用矩形选取工具根据对象的位置选取对象。激活矩形选取工具后，将选中虚线矩形所接触到的对象，选取效果如图 2.15 所示。

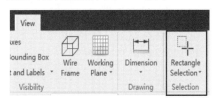

图 2.14　矩形选取工具图标

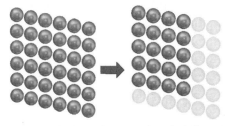

图 2.15　利用矩形选取工具选取小球效果图

2.3.4　标注尺寸规格

Dimension(尺寸规格)是 View 选项卡 Drawing 功能区中的一个视图选项，其下拉菜单操作命令包含添加尺寸标注、添加角度标注、添加注释、隐藏/显示所有标注、修改标注和设置等，如图 2.16 所示。标注会直接显示模型结构内的距离和角度，但不影响原本的模型结构。

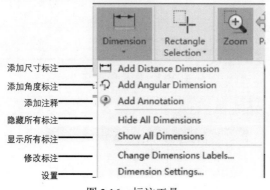

图 2.16　标注工具

下面详细介绍添加标注的步骤。

1. 添加尺寸标注

首先使用选取工具选取一条棱边或者两个点，然后在 Dimension 下拉菜单中单击 Add Distance Dimension 操作命令，如果尚未选取边或点，选取过程将会自动启动，在完成选取后，3D 视图会显示尺寸标注预览，用户可以使用鼠标光标确定尺寸标注与其原点的距离。如果需要改变标注的方向，按<Tab>键即可切换方向。

2. 添加角度标注

首先使用选取工具选取两条棱边或者三个点，然后在 Dimension 下拉菜单中单击 Add Angular Dimension 操作命令，如果尚未选取边或点，选取过程将会自动启动，在完成选取后，3D 视图会显示角度标注预览，角度尺寸始终以相应的选取所给出的平面为方向，如果尺寸是由三个选定点创建的，则可以按<Tab>键更改中心点。

3. 添加注释

注释是在 3D 视图中添加可视化提示的方法。首先使用选取工具选取点、边或面作为注释的原点，然后在 Dimension 下拉菜单中单击 Add Annotation 操作命令，如果尚未选取点、边或面，选取过程将会自动启动，在完成选取后，3D 视图会显示注释预览，系统会提示用户更改标签完成创建。

各类型标注效果如图 2.17 所示。

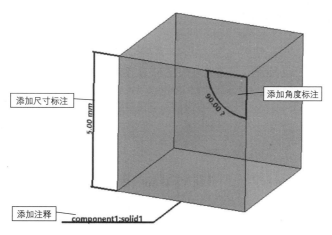

图 2.17 各类型标注效果图

2.4 工作坐标系

在 CST 中，建模用到的坐标系包括全局坐标系和局部坐标系，任意时刻都有一个坐标系处于激活状态。当激活全局坐标系时，所有建模操作都在 xyz 坐标系中执行，用户无法更改全局坐标轴的方向。前面章节中的建模均是基于全局坐标系。

使用局部坐标系使得建模更具有灵活性，用户可以定义不平行于全局坐标轴的模型。与全局坐标系的 x、y、z 轴对应，局部坐标系的三个坐标轴为 u、v、w。局部坐标系也称为工作坐标系，简称 WCS，其图标如图 2.18 所示。

图 2.18 WCS 对应图标

下面详细介绍 WCS 的相关操作命令。

1. 激活/取消激活 WCS

用户可以通过以下选项来切换 WCS 和全局坐标系：Modeling→WCS→Local WCS。激活 WCS 后，建模结构将显示在 uvw 坐标系视图中，绘图平面以 WCS 的原点为中心，并且与 uv 平面对齐。使用 Picks 工具选取的点、边或面的坐标均显示在 WCS 中。

2. 定义和测量 WCS 的参数

单击 Modeling→WCS→Local WCS 下拉菜单→Local Coordinate System Properties…，在弹出的对话框中设置 WCS 的参数，如图 2.19 所示。可设置参数包括 WCS 的原点以及 u、v、w 坐标轴的方向，WCS 相对于全局坐标系的相对位置和方向信息也显示在对话框中。此操作是定义 WCS 最常用的方法。

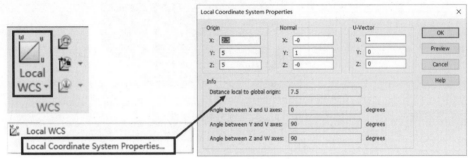

图 2.19　WCS 参数设置

3. 平移和旋转 WCS

用户可以根据已存在的 WCS 经过 Move(平移)和 Rotate(旋转)操作快速定义新的 WCS，具体方式为：单击 Modeling→WCS→Transform WCS，打开设置对话框，输入相应参数，如图 2.20 所示。此外，对于常用的旋转操作，可以通过快捷键实现，分别为<Shift> + <U>(使 WCS 绕 u 轴旋转 90°)、<Shift> + <V>(使 WCS 绕 v 轴旋转 90°)、<Shift> + <W>(使 WCS 绕 w 轴旋转 90°)。

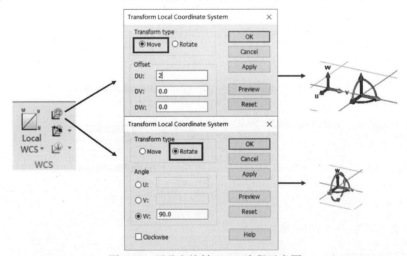

图 2.20　平移和旋转 WCS 流程示意图

4. 存储当前 WCS

当前激活的 WCS 可以进行存储以方便多次调用，设置方式为：单击 Modeling→WCS→Fix WCS→Store Current WCS…，打开对话框，为坐标系命名并存储，如图 2.21 所示。后续调用时，可通过 Restore Selected WCS 还原选定坐标系。用户可以在左侧 Navigation Tree 中单击 Components→WCS→wcs1，激活相应的 WCS。

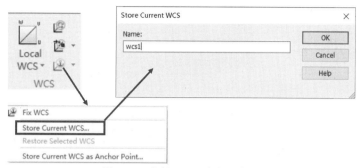

图 2.21　存储 WCS 流程示意图

5. 对齐 WCS

要将 WCS 与点、边或面对齐，可按<W>键或者单击 Modeling→WCS→Align WCS，系统会根据最近选取的元素(如点、边、面等)进行 WCS 对齐。如果未选取任何内容，则先进入选取操作。根据选取的点、边、面或 3 个点，将会执行以下对齐操作。

> 对齐 WCS 与选取的平面：单击 Modeling→WCS→Align WCS→Align WCS with Selected Face，该操作在选取平面后，将 WCS 的 uv 面与选取的平面对齐，并将 WCS 的原点移动到平面中心。如果该选取面不是平面，则 WCS 将移动到该面相对于当前 WCS 的最近点，WCS 的法线(w 轴)与选取面的法线对齐。

> 对齐 WCS 与选取的棱边：单击 Modeling→WCS→Align WCS→Align WCS with Selected Edge，该操作在选取棱边后，将 WCS 的 u 轴与选取的棱边对齐，并将 WCS 的原点移动到选取边的中间。注意，如果同时选取了面和边，且边与面直接连接，则 WCS 的原点移动到边的中间。u 轴与选取的边对齐，WCS 的法线(w 轴)平行于选取面的法线。

> 对齐 WCS 与选取的点：单击 Modeling→WCS→Align WCS→Align WCS with Selected Point，该操作将 WCS 的原点移动到最近选取的点上。

> 对齐 WCS 与选取的 3 个点：单击 Modeling→WCS→Align WCS→Align WCS with 3 Selected Points，该操作将 WCS 移动到最近选取的 3 个点上，其中第一个选取点定义为原点，第二个和第三个分别指向 u 轴和 v 轴。

> 对齐 WCS 与全局坐标系：单击 Modeling→WCS→Align WCS→Align WCS with Global Coordinates，WCS 的位置更改为全局坐标系，换而言之，将 WCS 重置到初始位置。

常见 WCS 使用方式如图 2.22 所示。

| WCS初始位置 | WCS与点对齐 | WCS与边对齐 | WCS与面对齐 |

图 2.22　常见 WCS 使用方式示意图

2.5 布尔操作

创建复杂形状最强大的方法可能就是通过布尔操作将简单的形状进行组合。布尔操作允许用户进行两个或多个形状相加、用一个形状减去另一个形状、用一个形状插入另一个形状，以及取两个形状的交集等操作。

用户在创建或修改形状时，该形状可能与其他形状相交，根据相交形状的材质，用户可能需要用到布尔操作，以便随后运行任何的求解器。如果用户单击 Modeling→Tools→Boolean→Intersections→Intersection Check Settings…，在弹出的对话框中选中任意设置，则在创建或修改形状时，将会自动执行交点检查。选择 Perform Intersection Check…，将对照其他形状检查所选形状。

下面通过两个简单形状(方体和球体)来演示布尔操作。图 2.23 与图 2.24 所示显示了方体与球体的初始形状以及布尔操作后的形状，其中方体为第一个形状，球体为第二个形状。

(1) Add(方体加入球体)：两个形状相加得到一个新形状，新形状的名称和材料属性与第一个形状一致，如图 2.23(b)所示。

(2) Subtract(方体减去球体)：用第一个形状减去第二个形状得到一个新形状，即方体减去球体后的新形状，新形状的名称和材料属性与被减形状一致，如图 2.23(c)所示。

(3) Intersect(方体与球体相交)：取两个形状的交集，交集形状的名称和材料属性与第一个形状一致，如图 2.23(d)所示。

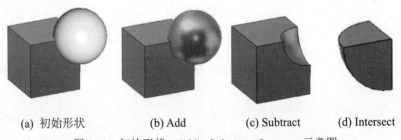

(a) 初始形状　　　(b) Add　　　(c) Subtract　　　(d) Intersect

图 2.23　初始形状、Add、Subtract、Intersect 示意图

(4) Insert(方体插入球体)：用方体的边框来裁剪球体，两个形状都被保留。方体将被插入球体，即方体形状不变，球体裁去相交部分，如图 2.24 所示。

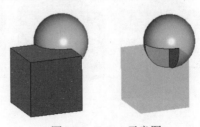

图 2.24　Insert 示意图

2.6 曲线工具

　　曲线作为较复杂的建模结构，难以利用基本建模工具创建，CST 微波工作室为用户提供了多种生成曲线及曲线实体的方式。熟练应用曲线工具，可以使用户完成更复杂可还原的模型创建。

2.6.1 创建 2D/3D 曲线

　　曲线创建与形状生成密切相关。曲线是 3D 空间的线元素，其本身不会影响仿真。除了前面提到的 WCS 和布尔操作，曲线工具也为创建复杂的 3D 实体形状提供了很大的灵活性。

　　单击 Modeling→Curves 创建曲线，Curves 的下拉菜单包含创建曲线操作命令以及部分曲线工具等。

　　(1) 单击 Modeling→Curves→Create 2D/3D Curves(其中包含所有 2D/3D 曲线的基本元素)。

　　(2) 进入交互式的曲线生成模式，可以根据绘图平面左上角的提示完成创建步骤(或者按 <Esc>键结束生成模式)。

　　(3) 生成模式结束后会弹出曲线参数对话框，在此对话框修改曲线参数并单击 OK 按钮完成曲线创建，生成曲线将显示在左侧的 Navigation Tree→Curves 中。

　　各类型曲线工具及其对应曲线如图 2.25 所示。

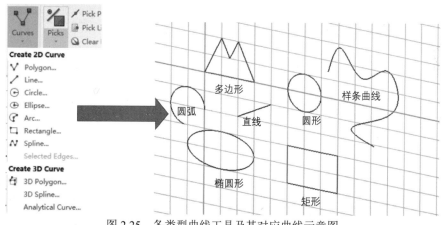

图 2.25　各类型曲线工具及其对应曲线示意图

　　值得注意的是 Create 3D Curve→Analytical Curve...的解析曲线，单击该选项会弹出一个对话框，用户输入解析曲线名称、$X(t)/Y(t)/Z(t)$关于 t 的表达式以及参数 t 的取值范围完成曲线创建。应用解析式创建空间螺旋曲线效果如图 2.26 所示。

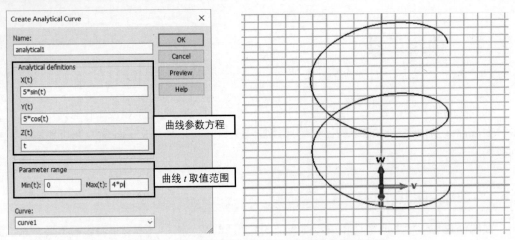

图 2.26　应用解析式创建空间螺旋曲线效果示意图

2.6.2　曲线工具(I)

Modeling→Curves 的下拉菜单包含部分曲线工具，仅当选中的目标是曲线时，相应工具栏或菜单中的曲线操作命令才会显示激活状态。下面详细介绍这些操作命令。

1. 倒圆角

单击 Modeling→Curve Tools→Blend Curve，可激活倒圆角工具，如图 2.27 所示。在选择此命令前，可以使用选取工具选取曲线上的点或者进入交互模式选取曲线上的点，然后在弹出的对话框内修改倒圆角曲线名称和指定过渡半径，单击 OK 按钮完成定义，新定义的倒圆角曲线会添加到 Navigation Tree 文件夹中。

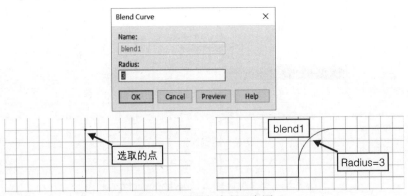

图 2.27　倒圆角流程示意图

2. 倒直角

单击 Modeling→Curve Tools→Chamfer Curve，可激活倒直角工具，如图 2.28 所示。在选择此命令前，可以使用选取工具选取曲线上的点或者进入交互模式选取曲线上的点，然后在弹出的对话框内修改倒直角曲线名称和指定过渡宽度，单击 OK 按钮完成定义，新定义的倒直角曲线会添加到 Navigation Tree 文件夹中。

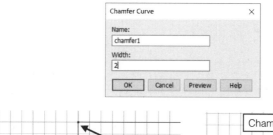

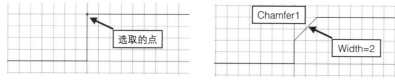

图 2.28　倒直角流程示意图

3. 曲线裁剪

单击 Modeling→Curve Tools→Trim Curves，可激活曲线裁剪工具，如图 2.29 所示。曲线裁剪类似于实体形状的布尔操作。

(1) 选择第一条曲线后，单击激活曲线裁剪工具，系统将提示用户双击第二条曲线。

(2) 选择第二条曲线后，按<Enter>键进行下一步操作。现在，两条曲线均被分割为线段，原曲线的交点都是线段的端点。

(3) 选择要删除的曲线段，在绘图平面移动鼠标，可选取的曲线段都将高亮显示，通过双击高亮显示的线段进行删除。

(4) 按<Enter>键完成操作，或者随时按<Esc>键终止该操作。

图 2.29 所示为圆形和矩形裁剪为"凸"字形状的曲线操作。

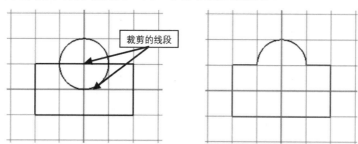

图 2.29　曲线段裁剪流程示意图

4. 删除曲线段

每个曲线项可由多个曲线段组成(例如，矩形由四条线段组成，而圆仅由一条线段组成)。删除曲线段操作允许用户单独删除这些线段中的任意段，而不会影响其他段，如图 2.30 所示。删除曲线段的操作步骤如下：

(1) 单击 Modeling→Curves→Delete Segments，进入交互模式，系统要求用户双击要删除的曲线段。

(2) 在绘图平面移动鼠标，可选取的曲线段都将高亮显示，通过双击高亮显示的曲线段进行删除。

(3) 按<Enter>键完成操作，或者随时按<Esc>键终止该操作。

图 2.30 所示为矩形删除其中一条曲线段。

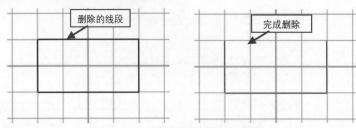

图 2.30　曲线段删除流程示意图

5. 包裹曲线

包裹曲线操作可以将选定的曲线包裹在指定的形状上，且保留原曲线的长度，如图 2.31 所示。需要注意的是，进行此操作前需要激活 WCS。

(1) 单击 Modeling→Curves→Wrap Curves，进入交互模式。首先选择要包裹的曲线，下一步选择曲线应缠绕的形状。按<Enter>键，弹出包裹曲线对话框。

(2) 对话框内容包括：目标形状的名称，是否自动检测目标面，是否在目标形状中嵌入包裹曲线，是否删除原曲线，以及曲线以 u 轴或 v 轴缠绕等。

(3) 确定选择后，单击 OK 按钮完成操作。

图 2.31 所示为一条直线段包裹圆柱。

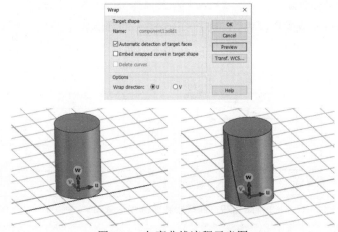

图 2.31　包裹曲线流程示意图

6. 投影曲线

投影曲线操作可以沿目标形状的曲面法线向形状投影所选的曲线，如图 2.32 所示。需要注意的是，投影曲线操作不会保留曲线长度。

(1) 单击 Modeling→Curves→Project Curves，进入交互模式。在该模式下，首先选择投影曲线，然后选择曲线投影的实体形状。按<Enter>键，弹出投影曲线对话框。

(2) 对话框内容包括：目标形状的名称，是否选择曲线嵌入实体形状，以及是否删除原曲线。

(3) 确定选择后，单击 OK 按钮完成操作。

图 2.32 所示分别为曲线在单个面、光滑边界和尖锐边界上的投影。

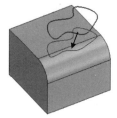

(a) 曲线在单个面上投影　　　(b) 曲线在光滑边界上投影　　(c) 曲线在尖锐边界上投影

图 2.32　投影曲线流程示意图

7. 追踪曲线

追踪曲线覆盖选中的曲线并获得基于该曲线生成的 3D 实体形状。

(1) 单击 Modeling→Curves→Trace Curves，进入交互模式。在该模式下，首先选择一条曲线。按<Enter>键，弹出追踪曲线对话框。

(2) 用户可以通过对话框为新的实体形状定义名称、厚度、宽度、组件和材质等，然后单击 OK 按钮完成操作。

如图 2.33 所示，选择 2.6.1 节解析创建的曲线，使用追踪曲线工具生成新的实体形状。

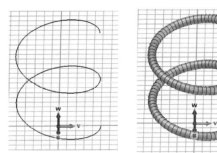

图 2.33　追踪曲线生成实体流程示意图

8. 修复曲线

此功能可以修复先前定义的曲线。此操作针对具有小间隙的曲线，这些间隙会影响 CST 一些函数的正常工作。用户可以定义一个距离阈值，在该阈值下，修复操作将曲线顶点重合为相同坐标，修复曲线设置如图 2.34 所示。

(1) 单击 Modeling→Curves→Heal Curves，进入交互模式，选择曲线。按<Enter>键，弹出修复曲线对话框。

(2) 用户可以通过对话框定义名称、距离阈值等。

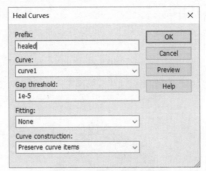

图 2.34　修复曲线设置

2.6.3　曲线工具(II)

曲线工具除了可以进行上述操作外，还有一个重要功能是由曲线创建实体形状。这些操作工具可通过 Modeling 选项卡的 Shapes 功能区打开，如图 2.35 所示。下面详细介绍由曲线创建各种实体形状的操作。

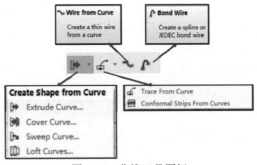

图 2.35　曲线工具图标

1. 拉伸平面曲线

单击 Modeling→Create Shape from Curve→Extrude Curve…，激活该曲线操作，进入交互模式。选取一条平面曲线(注意，3D 曲线系统会报错返回)，选择曲线后按<Enter>键，弹出拉伸平面曲线对话框。用户可以在对话框内为新的实体形状定义名称、厚度、扭转角、锥角、组件和材料，然后单击 OK 按钮完成操作。

2. 覆盖平面曲线

单击 Modeling→Create Shape from Curve→Cover Curve…，激活该曲线操作，进入交互模式。选取一条平面曲线(注意，3D 曲线系统会报错返回)，选择曲线后按<Enter>键，弹出覆盖平面曲线对话框。用户可以在对话框内为新的实体形状定义名称、组件和材料，然后单击 OK 按钮完成操作。

3. 扫描曲线

单击 Modeling→Create Shape from Curve→Sweep Curve…，激活该曲线操作，进入交互模式。选取一条(轮廓)曲线，然后选取另一条(路径)曲线(注意，轮廓曲线和路径曲线必须属于不同的曲线)。选择两条曲线后按<Enter>键，弹出扫描曲线对话框。用户可以在对话框内为新的实体形状定义名称、组件和材料，然后单击 OK 按钮完成操作。

4. 放样曲线

单击 Modeling→Create Shape from Curve→Loft Curve…，激活该曲线操作，进入交互模式。选取第一条(轮廓)曲线，然后以同样的方式选取第二条(轮廓)曲线(注意，请至少选择两条轮廓曲线，且两条轮廓曲线必须属于不同的曲线)。完成轮廓曲线选取后，可以指定曲线路径，或者按<Enter>键跳过此阶段。随后弹出放样曲线对话框，用户可以在对话框内为新的实体形状定义名称、组件和材料，然后单击 OK 按钮完成操作。

各曲线工具的应用效果如图 2.36 所示。

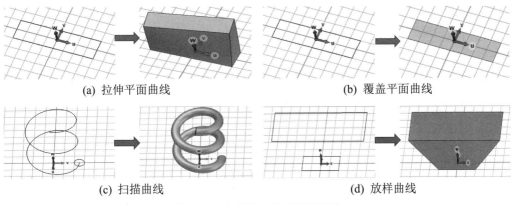

(a) 拉伸平面曲线   (b) 覆盖平面曲线

(c) 扫描曲线   (d) 放样曲线

图 2.36 各曲线工具应用效果图

5. 追踪平面曲线

单击 Modeling→Trace from Curve，激活该曲线操作，进入交互模式。选取一条平面曲线(注意，3D 曲线系统会报错返回)，选择曲线后按<Enter>键，弹出追踪平面曲线对话框。用户可以在对话框内为新的实体形状定义名称、厚度、宽度、组件和材料(此操作是以指定厚度、宽度和材料的矩形细条覆盖原曲线)，然后单击 OK 按钮完成操作。追踪平面曲线的应用效果如图 2.37 所示。

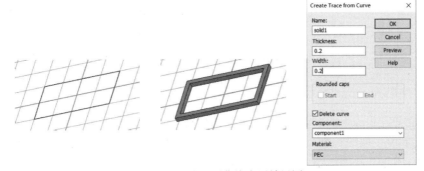

图 2.37 追踪平面曲线应用效果图

6. 由曲线生成导线

单击 Modeling→Wire from Curve，激活该曲线操作，进入交互模式。选取一条曲线，选择曲线后按<Enter>键，弹出曲线生成导线对话框。用户可以在对话框内为新的实体形状定义名称、文件夹、半径和材料(此操作是以指定半径导线覆盖原曲线)，然后单击 OK 按钮完成操作。由曲线生成导线效果如图 2.38 所示。

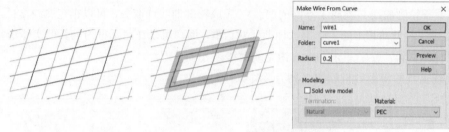

图 2.38　由曲线生成导线效果图

2.7　变换工具

变换工具本质上是通过已有实体形状生成新的实体形状。利用变换工具，用户能简化建模过程，快速创建具有特定联系的实体。

2.7.1　变换操作

实体形状的几何变换是建模时比较常用的操作。首先选择将要进行变换的实体形状，单击 Modeling→Tools→Transform，弹出变换对话框。在该对话框中有以下 4 种变换选择。

➢ Translate(平移)：让选中形状沿着一个矢量平移。

➢ Scale(缩放)：让选中形状沿着坐标轴方向缩放，用户可以对不同的坐标方向设置不同的缩放比例。

➢ Rotate(旋转)：让选中形状绕坐标轴旋转指定角度，用户可以在 Origin 栏指定任意点为旋转中心(系统默认是形状的中心)。旋转角和旋转轴在 Rotation angles 栏指定，例如，在 X 栏中输入 90，其余栏为 0，表示绕 x 轴旋转 90°。

➢ Mirror(镜像)：让选中形状以指定平面进行镜像，在 Mirror plane normal 和 Mirror plane origin 栏分别指定镜像平面的法向量和镜像平面上的一点，以此来确定镜像平面。

注意，上述变换操作均可以通过 Copy 选项来指定是否保留原形状，还可以在 Repetition factor 栏指定重复变换的次数。

各变换工具效果如图 2.39 所示。

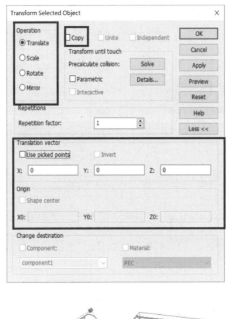

(a) 平移

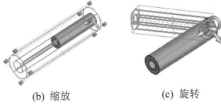

(b) 缩放　　　　(c) 旋转

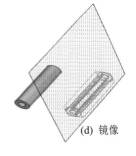

(d) 镜像

图 2.39　各变换工具效果图

当用户需要进行连续多次变换时，默认上一次变换生成的新形状和原形状，两个一起作为下一次变换的原形状。用户可以在变换对话框中勾选 Independent 选项使形状独立变换，即变换生成的新形状不参与新的变换操作，只对最初的形状进行连续多次的变化操作，如图 2.40 所示。注意，Independent 选项只针对简单形状有效，如果形状经过变换后(如布尔操作)，将不再有 Independent 选项。

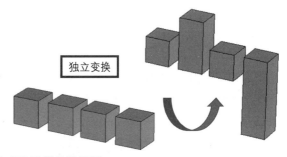

独立变换

图 2.40　独立变换设置及效果图

2.7.2　空壳操作

空壳操作可以挖空实体或者加厚薄片创建实体，这对于创建具有相同厚度的空壳结构非常有用。单击 Modeling→Tools→Shapes Tools→Shell Solid or Thicken Sheet…，弹出空壳对话框，在 Direction 栏选择方向，在 Thickness 栏指定厚度，然后单击 OK 按钮完成操作，如图 2.41 所示。

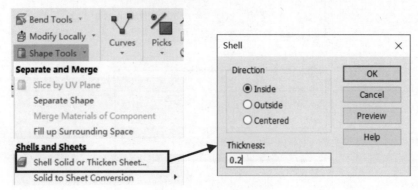

图 2.41　空壳操作设置

1. 挖空实体

挖空实体有以下两种选择：

(1) 选取实体端面。

(2) 不选取端面。

两者的区别在于是否去除端面部分，如图 2.42 所示。注意，在挖空实体空壳对话框中选择的方向，分别表示挖空内部后，Inside(内侧)保留的厚度、Outside(外侧)添加的厚度，以及 Centered(内外两侧)平均的厚度。

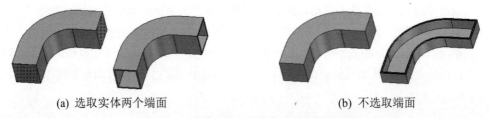

(a) 选取实体两个端面　　　　　　　　　　(b) 不选取端面

图 2.42　选取/不选取端面挖空操作对比图

2. 加厚薄片

将无厚度的薄片加厚生成指定厚度的实体，如图 2.43 所示。注意，在加厚薄片空壳对话框中选择的方向，分别表示 Inside(往上)、Outside(往下)、Centered(往两边)加厚。

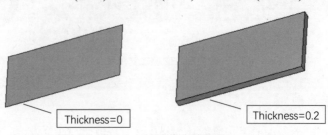

图 2.43　加厚薄片效果图

2.7.3　对齐操作

对齐操作可以将选定形状与当前形状对齐。对于复制和导入的形状,对齐操作将自动启动,其流程如图 2.44 所示。

(1) 选择要对齐的形状,单击 Modeling→Tools→Align,激活对齐操作。

(2) 使用选取工具选择要对齐的端面。

(3) 旋转形状确定合适的角度。

(4) 按<Enter>键完成对齐操作。

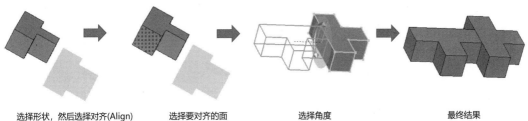

选择形状,然后选择对齐(Align)　　　选择要对齐的面　　　　选择角度　　　　　　最终结果

图 2.44　对齐操作流程图

2.8　高级创建操作

高级创建操作在常规建模时应用频率不高,但在特定需求下,这些较为复杂的工具可以帮助用户快速创建各种具有复杂结构的模型,达到提高仿真准确度或减少仿真运算量的目的。

2.8.1　倒直角与倒圆角

在 CST 微波工作室中,进行倒直角与倒圆角操作共分为以下两个步骤:

(1) 选中需要进行倒角操作的棱边。

(2) 设置倒角操作的有关参数。

倒直角与倒圆角是对棱边进行进一步修饰时的重要操作。本节将以对长方体的三条棱边进行倒角为例,介绍 CST 微波工作室中的倒角工具。

下面详细介绍建模过程。

1. 选择倒角工具

单击 Modeling→Picks→Pick Edge,选中需要进行倒角操作的棱边。单击 Tools 功能区中 Blend 图标右侧的箭头展开下拉列表,其中 Blend Edges…为倒圆角,Chamfer Edges…为倒直角,如图 2.45 所示。

2. 倒角参数设置

(1) 若选择倒圆角工具,在 Radius 栏设置倒角处相切圆的半径,如图 2.46 所示。

图 2.45　倒角操作对应图标

图 2.46　倒圆角参数设置

(2) 若选择倒直角工具，在 Chamfer width 栏设置倒直角宽度，在 Angle 栏设置倒直角角度。当倒直角角度不为 45°时存在倒角方向问题，勾选下方 Invert orientation 选项可以改变倒直角方向，如图 2.47 所示。

(3) 倒直角各参数对应含义如图 2.48 所示。

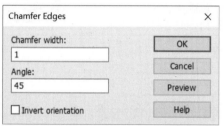

图 2.47　倒直角参数设置

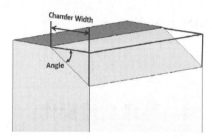

图 2.48　倒直角各参数对应含义示意图

3. 模型演示

倒圆角与倒直角效果如图 2.49 所示。

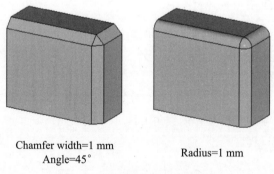

Chamfer width=1 mm
Angle=45°

Radius=1 mm

图 2.49　倒圆角与倒直角效果图

2.8.2　旋转操作

在 CST 微波工作室中，创建一个旋转体共分为以下 4 个步骤：

(1) 使用面选取工具 Pick Face 选中旋转面。

(2) 单击 Modeling→Shapes→Rotate Face。

(3) 定义旋转轴参数(建议参数化建模)。

(4) 定义旋转参数，包括旋转角度、螺旋高度、锥度角、旋转半径比、每段截断数和收口方式等。

本节将以创建一个螺旋结构为例介绍 CST 微波工作室中旋转工具的应用方法。由于参数化建模的需要，设螺旋结构的截面圆半径为 r，旋转半径为 R，螺旋整体高度为 H。本例中 $r = 5$ mm，$R = 15$ mm，$H = 50$ mm。

下面详细介绍建模过程。

1. 选择旋转工具

单击 Modeling→Picks→Pick Face，选中截面圆(2D 圆形建模方法详见 2.1 节)，圆心坐标为 $(-R，0，0)$。单击 Shapes→Rotate Face，如图 2.50 所示。需要注意的是，单击 Rotate Face 图标前必须先选择好截面，若未选择截面或所选截面不满足要求，将跳转至截面配置模式。

2. 旋转轴参数设置

设置旋转轴起点 (X_1, Y_1, Z_1) 与终点 (X_2, Y_2, Z_2) 参数，单击 Preview 按钮预览，确认无误后单击 OK 按钮，如图 2.51 所示。

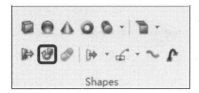

图 2.50　旋转操作对应图标

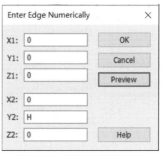

图 2.51　旋转轴参数设置

3. 旋转体参数设置

旋转轴参数设置完成后会弹出旋转体参数设置对话框，在 Name 栏更改旋转体名称。

(1) 旋转角度：在 Angle 栏设置旋转角度。

(2) 旋转体高度：在 Height 栏设置旋转体高度。

(3) 旋转半径比：在 Radius ratio 栏设置旋转半径比。

(4) 锥度角：在 Taper angle 栏设置锥度角。

(5) 每转截面数：在 Segments per turn 栏设置每转截面数。

(6) 收口方式：勾选 Cut end off 选项选择收口方式。

设置完毕后单击 Preview 按钮预览，确认无误后单击 OK 按钮即可生成旋转体，如图 2.52 所示。

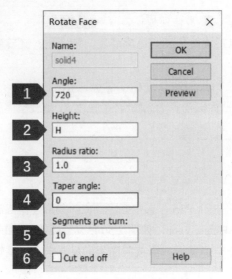

图 2.52　旋转体参数设置

4. 模型演示

旋转半径比、每转截面数对旋转体的影响如图 2.53 所示。

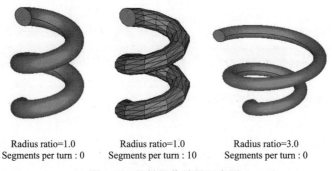

Radius ratio=1.0　　　　Radius ratio=1.0　　　　Radius ratio=3.0
Segments per turn : 0　　Segments per turn : 10　　Segments per turn : 0

图 2.53　旋转操作效果示意图

改变旋转半径比可以使旋转半径随着高度(以旋转轴所指方向为参考正方向)的变化而变化，当 Radius ratio>1 时，高度越高，旋转半径越大；当 0<Radius ratio<1 时，高度越高，旋转半径越小；当 Radius ratio＝1 时，旋转半径为恒定值。每转截面数设定的是每转中截面数的多少，截面数越多，过渡越平滑，越接近平滑曲面，当 Segments per turn＝0 时为平滑曲面。在计算精度允许的情况下，设置合理的截面数可以减少仿真时的计算量。

2.8.3　拉伸操作

在 CST 微波工作室中，生成一个拉伸形状共分为以下 3 个步骤：

(1) 使用面选取工具 Pick Face 选中基准面。

(2) 单击 Modeling→Shapes→Extrude Face。

(3) 设置拉伸参数，包括高度、旋转角度及锥度角。

本节将以创建一个拉伸长方体为例介绍 CST 微波工作室中拉伸工具的应用方法。由于参数化建模的需要，设拉伸长方体长为 L，宽为 W，高为 H。本例中 $L = 10$ mm，$W = 20$ mm，$H = 20$ mm。

下面详细介绍建模过程。

1. 选择拉伸工具

单击 Modeling→Picks→Pick Face，选中矩形基准面。单击 Shapes→Extrude Face，如图 2.54 所示。需要注意的是，单击 Extrude Face 图标前必须先选择好基准面(本例中为长方体上表面)，若未选择基准面或所选基准面不满足要求，将跳转至基准面配置模式。

图 2.54　拉伸操作对应图标

2. 拉伸参数设置

单击图标后会弹出参数设置对话框，在 Name 栏设置形状名称。

(1) 拉伸高度：在 Height 栏设置拉伸高度。

(2) 旋转角度：在 Twist 栏设置拉伸时的旋转角度。

(3) 锥度角：在 Taper 栏设置锥度角。

此外，当选中多个面和一个参考点时，勾选 Use picks 选项，拉伸长度由参考点与各平面之间的距离决定，否则需由用户输入拉伸长度；勾选 Height by 1st face 选项，可以将所有面的拉伸长度都定义为第一个选中的面与参考点间的距离。

设置完毕后单击 Preview 按钮预览，确认无误后单击 OK 按钮即可完成拉伸，如图 2.55 所示。

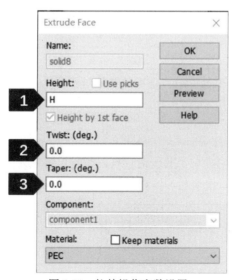

图 2.55　拉伸操作参数设置

3. 模型演示

拉伸高度、旋转角度和锥度角对图形的影响如图 2.56 所示。

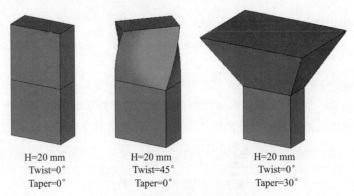

H=20 mm
Twist=0°
Taper=0°

H=20 mm
Twist=45°
Taper=0°

H=20 mm
Twist=0°
Taper=30°

图 2.56　拉伸操作效果示意图

旋转角度是指拉伸体上表面与下表面相比转过的角度，该角度既可以大于 360°，也可以小于 0°。通过改变锥度角，可以改变上下表面的大小比值，锥度角的取值范围为-89°~89°。

2.8.4　生成渐变图形

在 CST 微波工作室中，在两个选中面间生成渐变图形共分为以下 3 个步骤：

(1) 使用面选取工具 Pick Face 选择两个相对表面。

(2) 单击 Modeling→Shapes→Loft。

(3) 设置渐变图形顺滑度。

本节将以创建一个长方体与圆柱体间的渐变图形为例，介绍 CST 微波工作室中渐变工具的应用。由于参数化建模的需要，设长方体长为 L，宽为 W，圆柱体底面半径为 R，两者高度均为 H，两者相距 $3H$。本例中取 $L = 20$ mm，$W = 10$ mm，$R = 10$ mm，$H = 5$ mm。

下面详细介绍建模过程。

1. 选择渐变工具

单击 Modeling→Picks→Pick Face，选中长方体与圆柱体(建模过程省略)相对的两个面，单击 Shapes→Loft，如图 2.57 所示。

2. 渐变参数设置

单击图标后会弹出渐变图形参数设置对话框，如图 2.58 所示，在 Name 栏设置形状名称。

调节顺滑度：拖动标注的滑块栏可以调节渐变顺滑度，一般情况下，顺滑度无须设置过高，否则有可能出现设置失败报错。

设置完毕后单击 Preview 按钮预览，确认无误后单击 OK 按钮即可生成渐变图形。

图 2.57　渐变操作对应图标

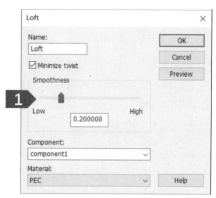

图 2.58　渐变操作参数设置

3. 模型演示

渐变图形在不同顺滑度下的效果如图 2.59 所示。

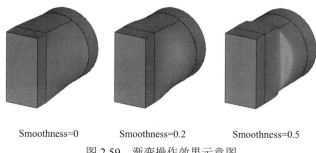

Smoothness=0　　　Smoothness=0.2　　　Smoothness=0.5

图 2.59　渐变操作效果示意图

2.8.5　弯曲工具

在 CST 微波工作室中，生成弯曲物体共分为以下 3 个步骤：

(1) 选中需要进行弯曲的物体。

(2) 单击 Modeling→Tools→Bend Tools。

(3) 选中参考曲面，即可生成沿参考曲面弯曲的图形。

本节将以创建一个沿圆柱体弯曲的长方体为例，介绍 CST 微波工作室中弯曲工具的应用。由于参数化建模的需要，设长方体长为 L，宽为 W，高为 H，圆柱体底面半径为 R，高度为 $10H$，两者相切。本例中取 $L = 20$ mm，$W = 1$ mm，$R = 5$ mm，$H = 2$ mm。

下面详细介绍建模过程。

1. 沿参考面弯曲

(1) 单击界面左侧 Navigation Tree→Components，展开已创建图形列表，选中长方体(建模过程省略)，单击 Modeling→Tools→Bend Tools→Bend shape，使用弯曲工具，如图 2.60 所示。

图 2.60　沿参考面弯曲操作对应图标

(2) 双击选中圆柱体侧面作为参考平面,按<Enter>键确认即可生成贴合圆柱的弯曲图形。弯曲效果如图 2.61 所示。

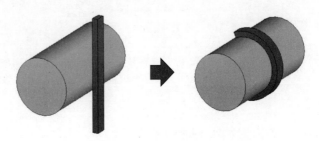

图 2.61　沿参考面弯曲效果示意图

需要注意的是,使用弯曲工具后原物体将会消失,若希望保留原物体,需提前进行复制并粘贴。待弯曲物体必须是未进行过弯曲操作且形状平坦的物体,此外,待弯曲物体需与参考结构贴合且不能互相嵌入。

2. 沿虚拟圆柱参考面弯曲

除了使用参考结构定义弯曲参考平面外,在 CST 微波工作室中,还可以采用设置虚拟圆柱参考面的方式快速定义弯曲物体。这将省去建立参考结构的烦琐步骤,提高建模效率。

此处仍以前面创建的长方体为例,来详细介绍建模过程。

(1) 单击 Modeling→WCS→Local WCS,设置合适的 WCS。

(2) 单击界面左侧 Navigation Tree→Components,展开已创建图形列表,选中长方体,单击 Tools→Bend Tools→Cylindrical Bend,如图 2.62 所示。

(3) 设置虚拟圆柱参数。

① 定义弯曲方向:点选 One sided 选项,长方体仅单侧弯曲;点选 Two sided 选项,长方体两侧弯曲。

② 定义弯曲曲度:点选 Angle 选项采用切角设置,在右侧输入框内输入物体与虚拟圆柱参考面的切角大小;点选 Radius 选项采用半径设置,在右侧输入框内输入虚拟圆柱参考半径。

③ 定义弯曲区域:勾选 U-Length 选项设定弯曲区域 U 方向边长,勾选 V-Length 选项设定弯曲区域 V 方向边长。

设置完毕后单击 Preview 按钮预览,确认无误后单击 OK 按钮即可生成弯曲图形,若需要调整 WCS 的位置,可单击右侧 Transf. WCS...按钮打开 WCS 属性对话框进行调节,如图 2.63 所示。

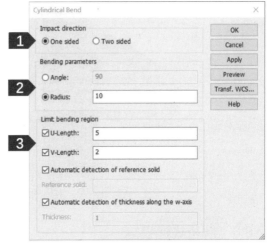

图 2.62　沿虚拟圆柱参考面弯曲对应图标　　　图 2.63　虚拟圆柱参数设置对话框

弯曲效果如图 2.64 所示。

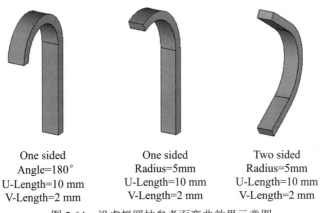

One sided
Angle=180°
U-Length=10 mm
V-Length=2 mm

One sided
Radius=5mm
U-Length=10 mm
V-Length=2 mm

Two sided
Radius=5mm
U-Length=10 mm
V-Length=2 mm

图 2.64　沿虚拟圆柱参考面弯曲效果示意图

3. 多层结构沿参考面弯曲

在某些特殊应用场景下，我们需要对多层结构(如 PCB)进行弯曲，此时需要应用多层结构弯曲工具 Bend Layer Stackup。本例中参考的圆柱体与前文一致，层叠结构由三层长为 L、宽为 W、高为 $5H$ 的长方体叠加而成(弯曲结构整体需满足一定的尺寸条件)。

下面详细介绍建模过程。

(1) 单击界面左侧 Navigation Tree→Components，展开已创建图形列表，选中所有需要进行弯曲操作的长方体(建模过程省略)，单击 Modeling→Tools→Bend Tools→Bend Layer Stackup。

(2) 双击选中圆柱体侧面作为参考平面，按<Enter>键确认即可生成贴合圆柱的弯曲图形。弯曲效果如图 2.65 所示。

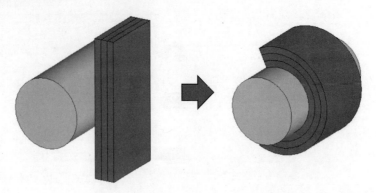

图 2.65　多层结构沿参考面弯曲效果示意图

2.8.6　解析式建模

在 CST 微波工作室中，有些复杂的曲线和曲面难以通过简单建模或选取工具创建，这时需要利用解析式建模工具。

下面详细介绍建模过程。

1. 选择解析式建模工具

单击 Modeling→Shapes→Faces→Analytical Face…，如图 2.66 所示。

2. 参数方程建模

(1) 定义解析式：依次输入目标模型 x、y、z 方向上的参数方程。

(2) 变量范围：设置参数 u、v 的取值范围(定义最大值 Max 和最小值 Min)。

设置完毕后单击 Preview 按钮预览，确认无误后单击 OK 按钮即可生成弯曲图形，如图 2.67 所示。

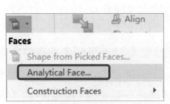

图 2.66　解析式建模对应图标

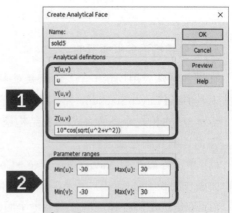

图 2.67　参数方程建模设置

3. 模型演示

建模效果如图 2.68 所示。

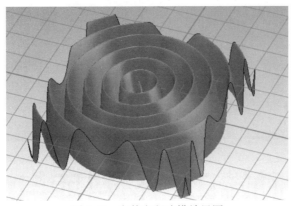

图 2.68　参数方程建模效果图

应用解析式创建曲线的步骤与其类似，单击 Modeling→Curves→Analytical Curves，即可打开参数方程建模对话框。

2.9 思考题

1. 请参考本章内容创建一个边长为 L、高度为 H 的长方体介质板，并将 L 设为 120 mm，H 设为 4 mm，起始点设为 $(-L/2, 0, 0)$。

2. 在第 1 题的基础上，在长方体上表面添加边长为 L_p 的方形贴片，并将 L_p 设为 $L/2$，贴片起始点设为 $(-L_p/2, 0, H)$，下表面添加边长为 L 的方形地板，地板起始点与介质板相同且厚度为 0。

3. 在第 2 题的基础上，结合 2.5 节布尔操作的知识，在贴片边缘创建一个宽为 W_s、深为 L_s 的矩形凹槽，并令 $W_s = 5$ mm，$L_s = 3$ mm。思考凹槽起始点应如何设置才能保证凹槽一直紧贴贴片边缘。此外，再创建一根长度为 L_f 的微带馈电线连通凹槽底部与介质板边缘，思考馈电线长度该如何设置才能保证其一直连通凹槽底部与介质板边缘。

4. 打开参数列表，改动结构中任意参数值，观察模型变化，浅谈参数化建模在复杂模型中的优势。此外，思考各参数该如何命名才能增加模型的可维护性。

5. 请参考 CST 组件库中的 Circular Horn Antenna(圆喇叭天线)模型，利用建模工具自行创建一个相同的模型。

第**3**章

激励端口、材料库与边界条件

在前面章节中，我们介绍了建模操作。在电磁场理论中，电磁问题的求解为 Maxwell(麦克斯韦)方程组的求解，CST 波动方程的求解同样是由麦克斯韦方程组推导得到的。其中，求解区域的边界条件以及不同材料物体交界处的电磁场特性，是求解麦克斯韦方程的基础。

本章我们将首先详细介绍 CST 中不同类型激励端口的应用及分配。激励端口是一种允许能量进入或流出几何结构的特殊边界条件类型。在 CST 中，激励是一种定义在 3D 物体表面或 2D 物体上的激励源，这种激励源可以是电磁波、电压源或者电流源。其次介绍如何使用材料库加载建模所需的物体材料与编辑材料属性等。然后介绍不同边界条件的定义，边界条件定义了跨越不连续边界处的电磁场特性，正确地理解、定义并设置边界条件，是仿真分析电磁场特性的前提。最后介绍一种特殊的边界条件——对称平面，它用来模拟理想电壁对称面或理想磁壁对称面，在 CST 中，应用对称平面边界条件可以沿着对称面将整体模型一分为二，建模时只需要创建整体模型的一部分，这样就可以减小模型的尺寸和设计的复杂性，从而有效地缩短问题求解的时间。

3.1 激励类型与设置

在 CST 中，激励是定义在 3D 物体表面或 2D 物体上的激励源，这种激励源可以是电磁波、电压源或者电流源。CST 软件可以设置多种激励方式，主要有 Waveguide Port(波导端口)、Discrete Port(离散端口)、Plane Wave(平面波)和 Field Source(场源)，如图 3.1 所示。下面详细介绍各种激励端口的定义及设置。

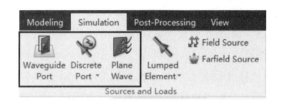

图 3.1　激励端口

3.1.1　波导端口

波导端口代表了计算域一种特殊的边界条件，既可以进行激励，也可以进行能量吸收。此端口模拟无限长的波导连接到结构上。

当端口中的波导模式与结构内部波导的模式完全匹配时，可以达到极低的反射水平。CST 微波工作室使用 2D 本征模求解器来计算波导端口模式。在某些情况下，可提供低于-100 dB 的极低反射水平。

根据波导端口的定义，要求在传输线的横截面上用端口区域封闭整个场域。然后，本征模求解器可以计算这些边界内的精确端口模式。求解器中要考虑的模式个数可以在波导端口对话框中定义。波导端口的定义和设置在一定程度上取决于传输线的类型。需要注意的是，激励波导端口的输入信号标准化为 1W 峰值功率。

创建一个波导端口的步骤如下：单击 Simulation→Waveguide Port，弹出波导端口对话框，如图 3.2 所示。下面详细介绍波导端口对话框。

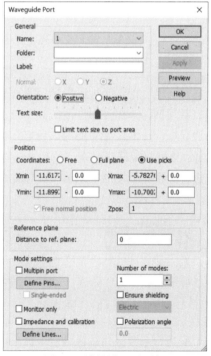

图 3.2　波导端口对话框

(1) General(常规)。用户在常规栏可以编辑端口名称、文件夹、标签、端口法线方向、传输方向以及标签文本的字体、大小。用户可以将文本大小限制为端口区域，自动调整文本大小以确保文本不会大于端口平面。

(2) Position(位置)。包括 3 种设置端口位置坐标的方式，分别是自定义平面、整个平面和使用 Picks 工具选取的平面。当选取自定义平面时，用户需要为矩形平面坐标最小值和最大值输入 4 个有效的表达式，输入的表达式取决于端口的法线。

(3) Reference plane(参考平面)。指定端口平面到参考平面的距离，以获得 S 参数的正确相位信息。

(4) Mode settings(模式设置)。包括定义多输入端口，指定要计算并用于仿真的模式个数，端口仅监控模式振幅，定义阻抗、校准和极化线，定义模式偏振角等操作选项。

3.1.2　波导端口的应用

本节介绍波导端口常见的应用。

1. Empty Waveguides(空心波导)

此类波导管中最常用的类型是矩形空心波导，如图 3.3 所示。

图 3.3　矩形空心波导

1) 端口创建

此类波导管的端口分配非常简单，但是必须确保端口覆盖整个波导管横截面。定义端口面的快捷方法是在打开波导端口对话框前，先使用选取工具选取点、边或面等结构元素，端口尺寸会自动调整为选取元素的边界框。一般波导管的内部为电介质材料，定义端口前只需选取波导管的端面即可。选取的端面边界框将精确定义端口的尺寸。当背景材料不是由 PEC 材料制成时，通常也需要对波导管壁进行建模。如图 3.4 所示，波导管内部由介质材料填充为实心，可以直接选取波导管的端面。

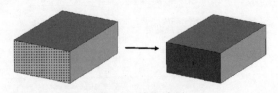

图 3.4　选取端面

对于矩形波导的端面为空心结构，通常在定义端口前需要选取波导管四周上的边缘或选取拐角上的两个相对端点，如图 3.5 所示。

图 3.5　选取边缘或端点

在上述两种选取情况下，选取元素的边界框将足够大，以覆盖波导的整个场填充横截面，生成的端口如图 3.6 所示。

图 3.6　空心波导端口创建

2) 端口模式

CST 微波工作室求解器通常允许在波导端口中使用多个基本模式，当然也需要考虑高阶模式的影响。

图 3.7 所示显示了波导管的前三种端口模式，按其各自的截止频率排序。传播模式的数量因所选频率范围而异。通常，波导端口处要考虑的模式数至少应为传播模式数，未考虑的模式将被端口反射。

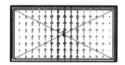 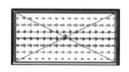 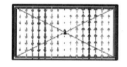

图 3.7　空心波导端口模式

如果选择 Evanescent(凋落)模式，如图 3.8 所示，将出现一个框显示端口模式衰减-40dB 位置到端口的距离。

图 3.8　凋落模式

不同的波导模式在模型结构的不连续处将能量相互转换。由于该现象，传播模式的 *S* 参数也会受到凋落模式的影响，因此要考虑一定数量的凋落模式。建议选择合适数量的模式用于仿真，以便考虑模式的-40dB 距离小于到下一个不连续点的距离，确保仿真中未考虑的模式对上述不同波导模式能量相互转换的贡献非常小。

2. Coaxial Waveguides(同轴波导)

此类波导管中最常用的类型是同轴电缆，如图 3.9 所示。

1) 端口创建

此类波导管的端口分配非常简单,但是必须确保端口覆盖整个波导管横截面。定义端口面的快捷方法是在打开波导端口对话框前,先使用选取工具选取点、边或面等结构元素,端口尺寸会自动调整为选取元素的边界框。一般同轴电缆的外导体部分采用实心圆柱体建模,只需选取同轴电缆的端面即可,如图 3.10 所示。

图 3.9　同轴电缆

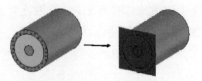

图 3.10　同轴波导端口创建

然后,选取的端面边界框将定义端口的尺寸。需要注意的是,波导管端口仍显示为矩形面。然而,波导模式的计算将自动限制在同轴电缆的内部。

如果由于某种原因无法选取外导体的端面,也可以选取同轴电缆圆周上的边或点,如空心波导部分所述。

2) 端口模式

通常,用户需要考虑同轴电缆的基本模式,而不必关心端口的模式数目。该模式自动极化,使电场从内导体指向外导体,如图 3.11 所示。

3. Microstrip Lines(微带线)

图 3.12 所示的微带线是高频器件中最常用的传输线之一。

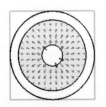

图 3.11　同轴波导端口模式

图 3.12　微带线

从电磁的角度来看,这种线型相对比较复杂,因此为此结构定义端口时会复杂一些。这种结构也需要对微带线上方的空气进行建模。实现这一点的最简单方法是在 Background Material(背景材料)对话框中指定背景材料。

1) 端口模式与端口尺寸

一般来说,端口的大小是一个非常重要的考虑因素。一方面,端口需要足够大,以容纳微带线基本准 TEM 模式的重要部分;另一方面,选择过大端口尺寸是不必要的,因为这可能会导致高阶波导模式在端口中传播。图 3.13 所示显示了微带线的基本模式和高阶模式。微带线的高阶模式与矩形波导中的模式非常相似。

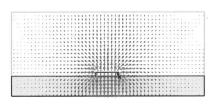
(a) 基本模式

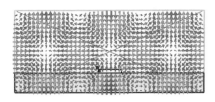
(b) 高阶模式

图 3.13　微带线的基本模式和高阶模式

端口越大，这些模式的截止频率越低。由于不应在仿真中考虑高阶模式，因此端口大小的选择应足够小，以使高阶模式无法传播，并且在端口处只选择一个(基本)模式。

如果高阶微带线模式开始传播，通常会分别导致瞬态仿真中非常缓慢的能量衰减和频域仿真结果中的尖峰。另一方面，选择太小的端口尺寸将导致 **S** 参数的精度降低，甚至影响瞬态求解器的稳定性。

通常，根据图 3.14 所示，端口的大小可由扩展系数 k 确定。

扩展系数 k 在 5~10 的范围内变化，通常取决于 w 与 h 比值、介质基板的介电常数和频率范围。可以使用 Calculate port extension coefficient(端口扩展系数宏)来估算 k 的值，如图 3.15 所示，以确保端口阻抗误差小于 1%。更精确的方法是从线路阻抗的收敛曲线评估 k 因子，同时 k 在合理范围内扫描，例如 k 在 3~15 范围内变化。

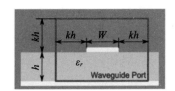

图 3.14　端口大小与扩展系数的关系

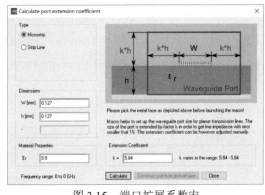

图 3.15　端口扩展系数宏

2) 端口创建

(1) 对于非屏蔽微带线问题，用户可以使用选取工具选取微带线的整个端面或选取位于介质基板上表面的端面边缘，如图 3.16 所示。

(a) 选取整个端面

(b) 选取端面边缘

图 3.16　非屏蔽微带线元素选取

选取上述元素后，单击 Simulation→Sources and Loads→Waveguide Port，打开图 3.17 所示的波导端口对话框，然后通过在相应的区域中输入距离表达式来指定选取端面周围端口的扩展。对于选取端面的边缘，还需要设置端口面的法线方向，因为无法从选取的边缘自动生成端口。

注意：请准确输入微带线下方端口扩展的介质基板高度，否则会在基板和接地金属之间引入一些不需要的额外空间，或者端口可能根本连接不到地板。建议为基板高度定义一个参数(如 h)，然后可以使用此参数指定底部扩展名，如图 3.17 所示。非屏蔽微带线波导端口创建如图 3.18 所示。

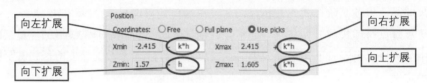

图 3.17　非屏蔽微带线端口扩展

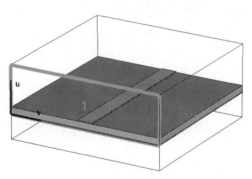

图 3.18　非屏蔽微带线波导端口创建

(2) 对于屏蔽微带线问题，可以选择覆盖整个结构尺寸的端口。屏蔽结构的端口，覆盖整个结构，每侧都有理想电壁，如图 3.19 所示。

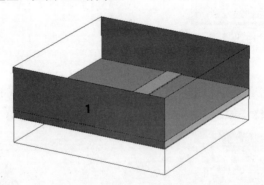

图 3.19　屏蔽微带线波导端口创建

4. Coplanar Lines(共面线)

共面线是高频器件常用的传输线，如图 3.20 所示，根据基板是否由金属屏蔽支撑，分为不接地共面线和接地共面线。

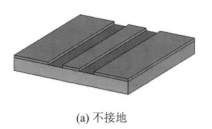 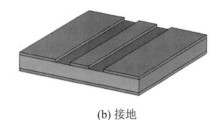

(a) 不接地　　　　　　　　　　　　　　　　(b) 接地

图 3.20　共面线

共面线结构与微带线结构考虑的问题类似，其端口尺寸是非常重要的因素：

➤ 端口要足够大，以容纳共面线场的显著部分。

➤ 选择过大端口尺寸是不必要的，会导致高阶波导模式在端口中传播。

图 3.21 所示显示了不接地共面线的基本奇偶模和高阶模。

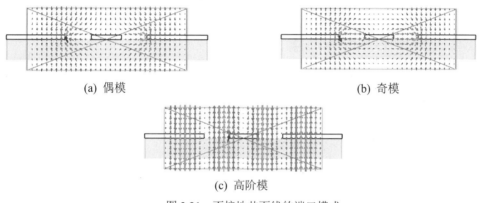

(a) 偶模　　　　　　　　　　　　　　　　(b) 奇模

(c) 高阶模

图 3.21　不接地共面线的端口模式

1) 端口模式与端口尺寸

如图 3.22 所示，对于不接地共面线的端口尺寸，理想端口宽度为 w 的 3 倍，由于几何结构的约束，宽度会减少，因此一般端口宽度为 $2\sim 3w$。垂直方向，端口应向上和向下延伸共一个 w 的宽度，即向上向下各延伸 $w/2$ 距离(其中，w 为内导体宽度+两个缝隙的宽度)。对于接地共面线的端口尺寸，一般端口宽度也是 $2\sim 3w$。垂直方向，向上也是延伸 $w/2$ 距离，向下使端口接触下方的地板即可。

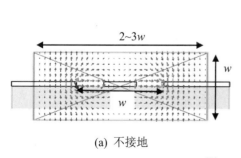 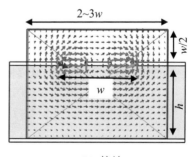

(a) 不接地　　　　　　　　　　　　　　　　(b) 接地

图 3.22　共面线端口尺寸

2) 端口创建

(1) 对于非屏蔽共面线问题，用户可以使用选取工具选取外导体的两个最内侧衬底角，如图 3.23 所示。

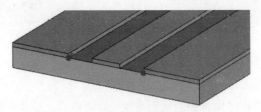

图 3.23　非屏蔽共面线元素选取

选取上述元素后，单击 Simulation→Sources and Loads→Waveguide Port，打开波导端口对话框，然后通过在相应的区域中输入距离表达式来指定选取端面周围端口的扩展，如图 3.24 所示。

图 3.24　非屏蔽共面线(不接地)端口扩展

非屏蔽共面线波导端口创建如图 3.25 所示。

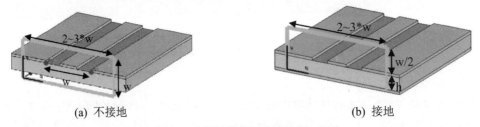

(a)　不接地　　　　　　　　　　　(b)　接地

图 3.25　非屏蔽共面线波导端口创建

(2) 屏蔽共面线问题与屏蔽微带线问题类似，通常可以选择覆盖整个结构尺寸的端口，如图 3.26 所示。

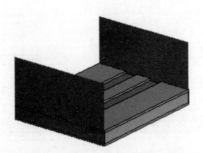

图 3.26　屏蔽共面线波导端口创建

3.1.3 波导端口的常规信息

1. 色散材料

如果波导端口包含色散或有损耗材料(如以介质基板的形式或有损耗金属)，则特定的求解器会出现一些限制：

> 对于瞬态求解器，可使用非均匀端口精度增强功能考虑一般材料色散(确保在特殊波导端口设置中选择了通用端口模式求解器)。

> 如果未激活增强功能，则使用中频下色散材料的恒定近似值来计算端口模式。与材料不均匀性的影响类似，这可能导致 2D/3D 场不匹配和端口边界出现轻微的非物理反射。然而，如果激活该功能，则可以通过考虑模式的频率依赖性来消除反射对 **S** 参数的影响。

> 频域求解器(除了具有六面体网格求算器)考虑端口中的有损耗材料，并计算复杂传播常数。

需要注意的是，基于六面体网格的端口模式求解器不支持有损耗金属的表面阻抗模型。在这种情况下，有损耗金属被视为 PEC。

2. 阻抗定义

1) 波阻抗

对于所有类型的波导端口，计算波阻抗值，对应于端口平面中所有网格点[i]的横向电场与横向磁场的平均比率，即

$$Z_W = \text{Average}\left(\frac{E_i}{H_i}\right) \tag{3-1}$$

2) 传输线阻抗

在存在静态模式(TEM 或 QTEM 模式)的任意多导体端口(同轴波导端口、微带线、连接器端口等)的情况下，计算线阻抗值。通过式(3-2)考虑进入结构的所有导体电流，分别对每种模式执行此操作：

$$Z = \frac{P}{I^2} \tag{3-2}$$

其中，功率表示为端口区域上坡印廷矢量的积分，电流通过积分导体表面周围一小段距离内的磁场来计算。

3. 模式校准

为了使计算出的模式电场具有一致的方向，软件根据一些特定的规则对模式电场进行校准；然后，磁场由激发端口的模式功率流方向来确定。这意味着，模式的坡印廷矢量总是指向端口辐射的方向。有了这个，就可以在 CST 设计工作室中连接各种结构的端口，而不会产生不必要的相移。

图 3.27 所示显示了端口模式相对于电场方向的校准。在一个空的波导中，电场分量是根据端口的局部坐标系 uvw 来定向的。如果发现端口结构有内部导体(对于具有两个或三个导体的

端口，如同轴电缆或者带状线)，则该导体处的电场散度为正，即电场指向地[图 3.27(b)、3.27 (c)]。

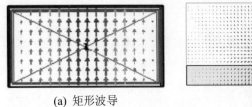

(a) 矩形波导   (b) 微带线   (c) 同轴波导

图 3.27　端口模式相对于电场方向的校准

如上所述，模式校准在整个端口区域自动执行。对于四面体网格表示的模型，可以使用校准线将模式校准限制在给定的区域，而不是使用整个端口区域。如果在端口区域使用不均匀材料，导致在不同于校准线的位置产生大电场，则校准线非常有用。

4. 模式极化

当出现模式退化时，共享一个传播常数的两个模式可以线性组合。根据使用的网格表示，有两种可能定义退化模式的偏振。尤其是在二阶模式或圆形波导中，模式极化是一个问题。图 3.28 给出了两种传播模式。默认情况下，这些模式的方向是任意的。

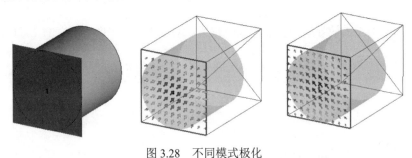

图 3.28　不同模式极化

需要注意的是，波导端口仍显示为矩形面。而波导模式的计算自动限制在波导管内部，重点是要保证端口的表面覆盖了波导管的整个横截面。

5. 端口屏蔽

对于内部波导端口，使用电屏蔽或磁屏蔽，以确保波导边界与计算域的一致集成。需要注意的是，端口屏蔽可能会影响边界条件，导体可能被电屏蔽短路。与磁屏蔽相比，电边界条件或 PEC 材料的优先级更高；基于六面体网格的求解器会检测端口是否包含外部区域(如在同轴线的拐角处)，这种情况，则不必使用屏蔽，因为屏蔽端口将不会产生任何影响。

图 3.29 所示为应用于内部波导端口的电屏蔽示意图。

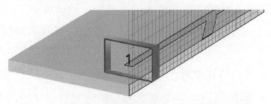

图 3.29　应用于内部波导端口的电屏蔽示意图

6. 六面体网格视图中的波导端口

在开始仿真之前，必须对每个结构进行空间离散化，包括波导端口。如图 3.30 所示，由于端口和结构使用相同的网格，端口定义的尺寸不一定与仿真中使用的尺寸相同。尺寸必须映射到网格上，因此尺寸可能会略有变化，但映射到网格上的端口尺寸只会增大。

(a) 微带线的端口尺寸　　　　(b) 映射到网格上的端口尺寸

图 3.30　六面体网格视图中的波导端口

7. 波导监视器

如图 3.31 所示，当勾选 Monitor only(仅监控)选项时，波导端口将仅监控求解器运行期间的模式信号。该模式信号既不能用作激励，也不再影响场解。监控的模式信号可用于获取有关模式分布的信息。此外，还可以检查波导定义横截面处的净功率流。

需要注意以下限制：

➤ 此功能当前仅适用于六面体时域求解器。

➤ 端口屏蔽不能应用于波导监测器，因为屏蔽会修改 3D 计算域。

➤ 不均匀端口精度增强功能不会考虑波导监测器，因为它们不是计算的 **S** 矩阵的一部分。在这种情况下，结果仅基于单一频率下的模式。

图 3.32 所示显示了在"单向传输线"示例的铁氧体嵌体前后各定义了两个波导监测器(位于结构中间)。

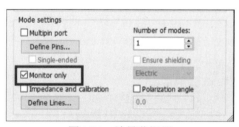 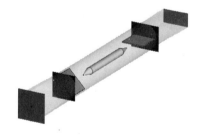

图 3.31　波导监视器　　　　　图 3.32　波导监测器

3.1.4　离散端口

除了波导端口和平面波激励之外，离散端口也是一种常用的激励端口。CST 主要提供两种离散端口类型：离散边缘端口和离散面端口。它们分为三种不同的子类型，端口激励为电压源或电流源，或是同时吸收功率并实现 **S** 参数计算的阻抗元件。

离散端口主要用于模拟计算域内的集总单元源(Lumped Element Sources)。在计算远场时，这些端口很好地近似于天线馈源点的源。在某些情况下，这些端口也可用于端接同轴电缆或微带线。然而，由于不同几何尺寸的传输线之间的传输，可能会发生比波导端口终端更大的反射。对于较低的频率(与离散端口的尺寸相比)，这些反射可能足够小，因此这些类型的端口也可以很好地用于多端口连接器的 S 参数计算。

下面分别介绍两种主要的离散端口。

1. Discrete Edge Port(离散边缘端口)

虽然波导端口是端接波导管的最精确方式，但离散边缘端口有时更便于使用。离散边缘端口有两只引脚，可以用它们连接到结构。这种端口通常用作天线的馈电点源或极低频传输线的终端。在较高频率下(如离散端口的长度超过波长的 1/10)，由于端口和结构之间的不正确匹配，S 参数可能与使用波导端口时的 S 参数不同。

下面详细介绍定义离散边缘端口的步骤。

如图 3.33 所示，先使用选取工具选取两点、一点一面或者直接输入坐标(不推荐直接输入坐标)。

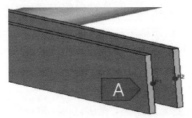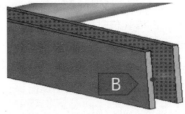

图 3.33　选取两点或一点一面

然后单击 Simulation→Sources and Loads→Discrete Port，在弹出的图 3.34 所示的离散边缘端口对话框中进行设置，包括端口类型(S 参数、电压或电流)、名称、文件夹、标签、阻抗、半径，以及显示选取点的坐标。单击 OK 按钮完成定义。

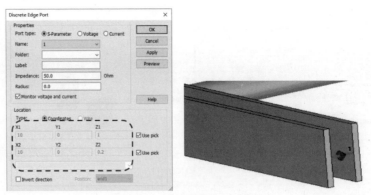

图 3.34　离散边缘端口设置

2. Discrete Face Port(离散面端口)

离散面端口是一种特殊的离散端口。它由积分方程求解器、瞬态求解器以及四面体网格的频域求解器支持。如果选择了任何其他求解器，则离散面端口将替换为离散边缘端。有两种不同类型的离散面端口可用，将激励视为电压或阻抗元件，也会吸收一些功率并实现 S 参数计算。

下面详细介绍定义离散面端口的步骤。

如图 3.35 所示，先使用选取工具选取两边或一边一面。

图 3.35　选取两边或一边一面

然后单击 Simulation→Sources and Loads→Discrete Port，在弹出的图 3.36 所示的离散面端口对话框中进行设置；包括端口类型(**S** 参数、电压或电流)、名称、文件夹、标签及阻抗等。单击 OK 按钮完成定义。

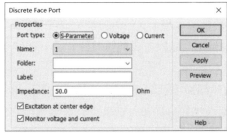

图 3.36　离散面端口设置

3.1.5　平面波激励源

平面波激励源可以模拟来自距离观测对象较远的源的入射波。结合远场监测器，可以计算散射体的散射雷达截面(RCS)。需要注意的是，由于电场矢量的用户定义值(单位为 V/m)，激励平面波的输入信号被归一化。平面波激励的相位参考位置是全局坐标系的原点(0,0,0)。当用平面波激励时，必须满足几个条件，这些条件将在下面讨论。注意：如果平面波激发到无限周期结构上，建议使用周期单元，可通过边界条件对话框设置周期单元。

1. 边界和背景材料

首先，必须在入射方向定义开放边界条件。如图 3.37 所示，平面波在(1，1，1)方向通过计算域。$x_{\min}$、$y_{\min}$ 和 $z_{\min}$ 处的边界必须定义为开放边界(对于未受干扰的传播，$x_{\max}$、$y_{\max}$ 和 $z_{\max}$ 处的边界也必须为开放边界)。

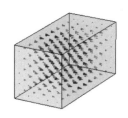

图 3.37　平面波边界条件

当使用平面波激励源时，其他激励端口不能位于边界条件上。此外，周围的空间应由均匀的材料分布组成。这意味着背景材料被设置为普通材料，而不是导电材料。

2. 多层背景

另一种选择是，可以用平面波激励源来激发分层材料的排列(目前它只适用于四面体网格的频域求解器)。在这种结构中，每一层都代表一个在两个方向上无限延伸的均匀物质块。这种材料是各向同性的，可能会有损耗。每一层的上下区域被认为是它们各自相邻层的延伸。解耦平面可能会拆分每一层，且欧姆薄片不能用作解耦平面。

多层背景可以使用 Background(背景属性)对话框中的编辑器来定义。多层可以定义在 x、y 或 z 方向。此外，还有一种自动检测多层背景的算法，该算法是在模型的 z 方向上手动创建的。

3. 解耦平面

如果计算区域与金属平面相交，且金属平面应延伸至无穷远，则有必要将该结构定义为解耦平面。任何接触边界的 PEC 平面将自动检测为解耦平面。如果检测失败或错误，可以在平面波对话框中手动定义解耦平面。仅支持与笛卡儿坐标轴对齐的解耦平面。如果打算模拟有限 PEC 结构，应在边界处添加空间。

解耦平面将平面波激励限制在前域，并将反射波适当地包含在激励中。图 3.38 所示说明了 3D 模拟中解耦平面的效果。典型的干涉图案在平面后面可见。此外，解耦平面也会影响结构的 RCS。根据定义，无限长 PEC 平面的 RCS 为零，因为反射波是激励的组成部分。因此，RCS 中只有其他特征可见(如图 3.38 中的插槽)。

4. 极化

对于平面波激发，可以定义三种不同的极化：线极化、圆极化和椭圆极化。

1) 线极化

对于线极化，一个电场矢量存在于具有固定方向的激发平面。该电场矢量根据所使用的激励信号改变其大小。图 3.39 所示显示了线极化平面波激励。

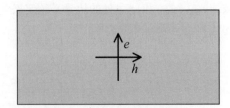

图 3.38 3D 模拟中解耦平面的效果   图 3.39 线极化平面波激励

2) 圆极化或椭圆极化

对于圆极化或椭圆极化，在相互垂直的激发面上存在两个 0 电场矢量。这两个电场矢量中的每一个都定义了一个线极化平面波。如果同时激发这两个线极化平面波，则产生的平面波为椭圆极化。圆极化和线极化是椭圆极化定义的特殊情况。两个电场矢量根据激励信号以一定的时间延迟激励。根据给定的参考频率和两个电场矢量之间的相移，计算该时间延迟。此外，两个电场矢量的大小可能不同。轴比定义了第一电场矢量和第二垂直电场矢量的大小比。如果两个电场矢量之间的相移为0°或180°，则得到线极化平面波激励的特殊情况。其中，相移始终与给定的相位参考频率有关。

3) 左旋圆极化和右旋圆极化

对于圆极化，轴比始终为 1，相移始终为+90°或-90°。因此，圆极化只有两种：左旋圆极化和右旋圆极化，如图 3.40 所示。

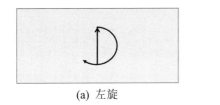

(a) 左旋　　　　　　　　　　　　　　　　　(b) 右旋

图 3.40　圆极化平面波

(1) 如果相移不同于+90°或-90°，或者轴比不等于 1，则为椭圆极化。椭圆极化类似于圆极化，如图 3.41 所示。

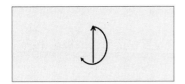　　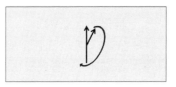

轴比=0.6667，相位差=90°　　　　轴比=1，相位差=60°　　　　轴比=0.6667，相位差=60°

图 3.41　椭圆极化平面波

(2) 图 3.42 所示显示了固定时间内右旋圆极化平面波激励的空间场分布。需要注意的是，对于右旋圆极化平面波，在固定时间内，场沿传播方向的空间旋转方向为左旋。

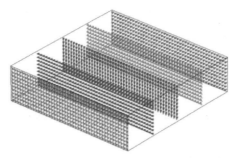

图 3.42　固定时间内右旋圆极化平面波激励的空间场分布

5. 平面波激励源的设置

单击 Simulation→Sources and Loads→Plane Wave，打开图 3.43 所示的平面波对话框。

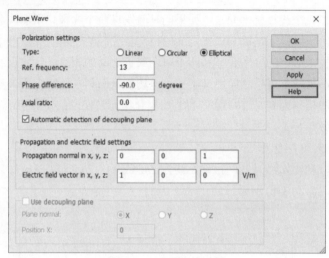

图 3.43　平面波对话框

1) 极化设置

➢ 极化类型：选择线极化、圆极化或椭圆极化。

➢ 参考频率：如果选择的类型是圆极化或椭圆极化，在这里输入平面波激励的参考频率。该设置只适用于椭圆极化和圆极化平面波激励。

➢ 相位差：此处输入椭圆极化平面波的两个激励矢量之间的相位差。该设置仅适用于椭圆极化平面波激励。

➢ 左/右：此处选择左旋圆极化或右旋圆极化平面波激励。该设置仅适用于圆极化平面波激励。当选择圆极化时，相应的单选按钮才可见。

➢ 轴比：定义用于椭圆极化的两个电场矢量振幅之间的比。该设置仅适用于椭圆极化平面波激励。

2) 传播方向和电场矢量设置

➢ 传播方向：通过输入 x、y、z 的有效表达式来指定传播方向。

➢ 电场矢量：以 V/m 为单位指定电场矢量分量。电场矢量必须与传播方向正交。如果情况并非如此，则询问用户是否应自动正交化电场矢量分量。需要注意的是，由于电场矢量的定义绝对值，激励平面波的输入信号被归一化。对于圆极化，电场矢量的长度定义了信号的振幅。对于椭圆极化，电场矢量的长度和方向定义了长轴的长度和方向。短轴的长度根据用户给定的轴比计算。

3) 解耦平面

如果一个结构包含将计算域分成两个独立部分的金属壁，则必须考虑平面波计算中的解耦平面。

➢ 自动检测：勾选此选项将自动检测可能的金属壁，从而激活相应的解耦平面。该检测程序仅识别在计算区域边界处没有不连续性的金属平面。如果未找到解耦平面，可以在下面的输入框指定解耦平面。

> 使用解耦平面：此选项仅在取消选择自动检测时可用。由下面的输入框定义解耦平面。
> 位置：通过输入有效表达式，设置解耦平面相对于平面法线的位置。如果金属平面的厚度有限，应指定反射面。
> 平面法线：为解耦平面选择法线方向。解耦平面需要和坐标轴对齐，所以在 x、y 或 z 中进行选择。

3.1.6 场源

1. 远场源

远场源(Farfield Source)可作为积分方程求解器或渐近求解器的激励，并通过远场源对话框进行设置。单击 Post-Processing→Exchange→Import/Export→Export→Farfield Source，可以从远场监视器记录的结果中导出所需的远场源数据。或者，外部数据可以远场源文件格式写入并导入。

远场源不仅能起到激励作用，还能够接收辐射。F 参数也是通过计算接收源周围表面上的反应积分(Reaction Integral)来计算的。由于该公式依赖于互易定理，因此它仅适用于使用互易材料创建远场源的情况。如果通过激励单个 S 参数端口记录了远场源，则得到一种特殊情况：如果 F 参数通过两个相关端口的入射电压波谱重新缩放，则可将其视为与端口参考阻抗归一化的 S 参数。

2. 近场源

利用等效原理，近场源可以代替部分模型。

通过场源对话框将所有近场源作为频域数据导入。在 CST 微波工作室积分方程求解器、频域求解器和渐近求解器中，数据在激发频率处插值。在 CST 微波工作室时域求解器中，数据通过宽带插值。在积分方程求解器和渐近求解器中，F 参数的计算方法与上述远场源相同。

3.2 材料

在 CST 中，每个 3D 物体模型都需要指定其材料属性。对于常用的各向同性材料，材料属性包括相对介电常数、相对磁导率、电导率、介质损耗正切和磁损耗正切等。对于各向异性材料，材料属性包括相对介电常数张量、相对磁导率张量、电导率张量、介质损耗正切张量和磁损耗正切张量等。

CST 软件自带一个系统的材料库，材料库拥有多种常用的物体材料，用户可以根据自己的需要选择物体材料。如果在系统材料库中没有用户所需的物体材料，用户可以向材料库添加自定义的新材料，同时用户可以对材料库中已存在的材料属性进行修改。

下面介绍系统自带的材料库和添加、编辑材料等操作。

3.2.1 材料库

单击 Modeling→Materials→Material Library→Load from Material Library…，打开图 3.44 所示的材料库对话框。在此对话框中，用户可以使用筛选器进行搜索，选定所需的材料，单击 Load 按钮加载到项目中。

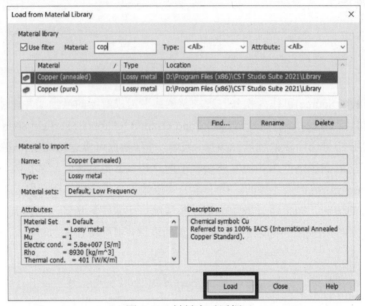

图 3.44 材料库对话框

材料加载到项目中后，用户可以在左侧 Navigation Tree→Materials 中查看到已经加载的材料，这些材料可用于创建新的形状模型，如图 3.45 所示。

图 3.45 已加载材料

3.2.2 添加新材料

单击 Modeling→Materials→New/Edit→New Material，打开图 3.46 所示的新材料对话框。此对话框中包含新材料属性。

General(常规)框架包括新材料名称、文件夹、材料类型、相对介电常数和相对磁导率、颜色以及透明度等信息；Conductivity(导率)框架包括电导率、磁导率以及频率范围等信息；Dispersion(色散)框架包括介质色散和磁色散等信息；还有 Thermal(热属性)、Mechanics(力学属性)和 Density(密度)框架。用户在编辑完成所有新材料信息后，单击 OK 按钮完成创建。

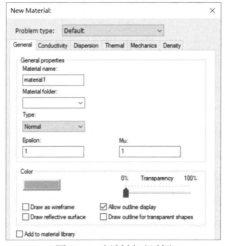

图 3.46　新材料对话框

3.2.3　编辑材料属性

编辑和修改已经定义的或者从材料库中加载的材料属性参数，此操作与添加新材料类似。在 Navigation Tree→Materials 文件夹下找到需要修改的材料名称，然后双击该材料，打开与新材料对话框基本相同的对话框。在该对话框内即可修改和编辑相应材料的属性参数。

3.3　边界条件

由于在电磁问题的分析中，Boundaries(边界)定义了求解区域边界以及不同物体交界处的电磁场特性(这是求解麦克斯韦方程组的基础)，且计算机只能求解有限展开的问题，因此需要指定边界条件。

单击 Simulation→Settings→Boundaries，打开边界条件对话框，包括 6 个边界面的边界条件，用户可以选择定义任意一个面的边界，如图 3.47 所示。

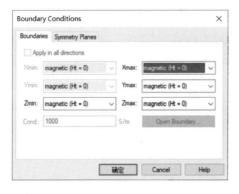
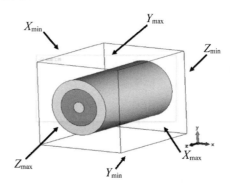

图 3.47　边界条件

常用的边界条件及其描述见表 3.1。

表 3.1　常用的边界条件及其描述

边界	描述
电壁(Electric)	无电场分量与边界面相切
磁壁(Magnetic)	无磁场分量与边界面相切
开放边界(Open)	像自由空间一样——波可以最小的反射通过这个边界，完全匹配层(PML)
开放边界(添加空间) [Open (add space)]	与开放边界相同，用于远场计算的额外空间(自动适应所需带宽的中心频率)
周期边界(Periodic)	为无限但周期性的结构建模
周期单元边界(Unit Cell)	为无限但周期性的结构建模
导电壁(Conducting Wall)	有限导电性导电壁

3.4　对称平面

除了上述讲到的边界条件，用户还可以设置 Symmetry Planes(对称平面)。对称平面条件模拟理想电壁对称平面[electric($E_t = 0$)]或者理想磁壁对称平面[magnetic($H_t = 0$)]。在 CST 中，使用对称平面可以沿着平面将模型一分为二，仿真时只模拟模型的一部分，这样可以有效地缩短问题求解的时间。同一个模型至多只能设置三个相互正交的对称平面，即 xz、yz 和 xy 平面。

使用对称平面之前，首先要创建整个模型结构，其次确定对称平面的类型。CST 中有理想电壁和理想磁壁两种类型的对称平面：若电场垂直于对称平面对称，则使用理想电壁对称平面；若磁场垂直于对称平面对称，则使用理想磁壁对称平面。

两种对称平面采用镜像原理：

➢ 理想电壁模拟的电场垂直于电壁且对称分布，磁场平行于电壁且幅度不变。

➢ 理想磁壁模拟的磁场垂直于磁壁且对称分布，电场平行于磁壁且幅度不变。

下面详细介绍对称平面类型的选择及设置操作。

单击 Simulation→Settings→Boundaries→Symmetry Planes，打开图 3.48 所示的对称平面对话框，选择对称的类型(理想电壁、理想磁壁或无)，再指定对称平面，计算域将整个模型一分为二。在图 3.48 中，对称类型为理想磁壁的 yz 和 xz 平面计算域。设置两个对称平面，因此计算时间是原来的 1/4。

当设置错误的对称平面时，系统仿真过程会报错。如图 3.49 所示的同轴电缆，在 yz 和 xz 平面的场分布规律为偶对称性，因此设置对称平面必须是磁壁[magnetic($H_t = 0$)]。

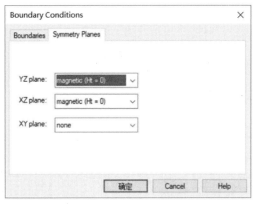
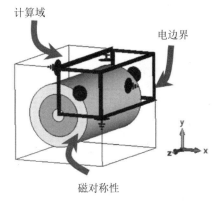

图 3.48　对称平面

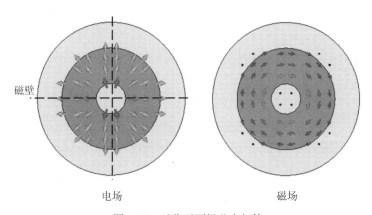

图 3.49　对称平面场分布规律

3.5　思考题

1. 不同激励类型的区别是什么(包括应用的区别以及端口创建的区别)？

2. 请尝试针对矩形/圆形空心波导、同轴波导、微带线、共面线等几种传输线设置端口，并且查看相应的端口模式。

3. 请添加一种新材料：名称为 Rogers RT5880，类型为常规，Epsilon=2.2，Mu=1，Electric tand=0.0009 (Const. fit)，Thermal cond.= 0.2 [W/K/m]，其他设置默认。

4. 常用的边界条件有哪些？它们的描述分别是什么？

5. 对称平面使用的原理是什么？请尝试在第 8 章微带贴片天线设计时使用对称平面，并且比较使用对称平面前后的仿真时间。提示：在 yz 面设置磁壁 magnetic(H_t=0)。

第 **4** 章

求解器与求解设置

求解器是仿真软件进行仿真和分析的核心算法。CST 微波工作室基于计算电磁学中不同的计算理论，衍生出了多种特点多样的求解器。通常情况下，CST 微波工作室求解器具有冗余特性，对某一特定的仿真任务至少会有两种求解器可用于求解，选择与仿真任务最为契合的求解器能提高仿真速度。在某些特定硬件环境下，能否选择适合的求解器直接决定了仿真任务是否可行。选定合适的求解器后，还需要对求解器的参数进行设置，其中最重要的就是网格的设置，网格设置过密会导致求解速度过慢，而网格设置过于稀疏，又会使得精度下降甚至产生错误结果。

本章将从计算电磁学的基本理论出发，为读者介绍 CST 微波工作室中各个求解器的特点及适用范围，并详细介绍与求解器相关的设置。

4.1 计算电磁学的基本概念

在使用 CST 微波工作室时，用户需要根据不同问题的特点选择合适的求解器。为了更好地理解各个求解器的区别与特点，下面介绍几个重要的计算电磁学基本概念。

4.1.1 电尺寸

电尺寸的定义是物体的几何尺寸与波长之比，电尺寸小于 5 称为电小，电尺寸大于 5 小于 50 称为电中，电尺寸大于 50 小于 500 称为电大，电尺寸大于 500 称为超电大。不同电尺寸的物体所适合的电磁算法不尽相同，用户需要根据实际情况综合计算速度和计算精度挑选最合适的算法。

4.1.2　电磁数值计算方法

电磁数值计算方法的任务从本质上来说就是基于麦克斯韦方程组，结合边界条件与初始条件，建立逼近实际问题的数学模型，进而给出具体电磁学问题的近似解。电磁数值计算方法可以分为全波算法(精确算法)和高频算法(近似算法)两大类。

全波算法通过将所求的电磁参量(如表面电流、电场强度)进行离散化，把目标结构划分为独立的求解单元，再对其逐个进行求解并加权叠加，最终获得问题的解。全波算法的计算精度与划分的网格数量正相关，网格密度越大，求解精度越高，但同时消耗运算资源也越大，由于网格数量有限，其仿真有最大电尺寸限制。常用的全波算法包括 Finite Difference Method(FDM，有限差分法)、Finite Integeral Technology(FIT，有限积分法)、Transmission-Line Modeling(TLM，传输线矩阵法)、Finite Element Method(FEM，有限元法)、Method of Moment(MoM，矩量法)及 Boundary Element Method(BEM，边界元法)。

高频算法适用于计算高频范围内电大尺寸复杂目标的电磁散射特性。高频算法基于场的局部性原理，即在高频极限条件下，电磁波的反射和绕射只取决于反射点和绕射点附近的几何性质与物理性质，将电磁问题近似简化为射线物理问题，提高了计算效率，但其精度略逊于全波算法，且仿真有最小电尺寸限制。常用的高频算法包括 Geometrical Optics(GO，几何光学法)、Physical Optics(PO，物理光学法)和 Shooting and Bouncing Ray(SBR，弹跳射线法)。

在计算资源及计算精度要求一定的条件下，对电小结构的仿真通常选择 MoM 或 BEM 算法，对电中结构的仿真通常选择 FEM 算法，对电大结构的仿真通常选择 FDM、FIT 或 TLM 算法，至于超电大结构，只能选择高频算法。

4.2　求解器的类型与特点

CST 微波工作室中集成了 Time Domain Solver(时域求解器)、Frequency Domain Solver(频域求解器)、Eigenmode Solver(本征模求解器)、Integral Equation Solver(积分方程求解器)、Asymptotic Solver(高频渐进求解器)和 Multilayer Solver(多层平面矩量法求解器)共 6 种求解器。

综合来看，各个求解器的性能表现主要受以下几个条件的影响：

➢ 求解模型的电尺寸与几何结构。

➢ 使用的材料类型与参数。

➢ 模型的共振。

➢ 网格类型与边界条件。

➢ 硬件条件对加速方式的限制。

用户需要结合求解器与模型的特点，选择计算精度和计算速度合适的求解器。值得注意的是，对于同一个工程，适用的求解器通常不止一个，利用此特点可以通过改变求解器类型快速完成仿真结果的交叉验算。下面介绍各求解器的特点。

4.2.1　时域求解器

时域求解器可以计算离散点和离散时间样本处场随时间的变化，也可以求得能量在各个端口、馈源或目标结构的开放空间中的传输情况。因此，时域求解器对于大多数高频应用(如连接器、滤波器、传输线及天线)都是十分有效的求解工具。

在 CST 微波工作室中，时域求解器分为使用 FIT 算法的瞬态时域求解器及使用 TLM 算法的 TLM 时域求解器两种类型，传统意义下，CST 微波工作室中的时域求解器是指瞬态时域求解器。

1) 时域求解器的求解范围

➢ 散射参数矩阵(S 参数)。

➢ 不同频率的电磁场分布。

➢ 天线辐射方向图和相关天线参数。

➢ Spice 网络模型提取。

➢ 信号分析(如上升时间、信号串扰等)。

➢ 利用优化器或参数扫描进行结构设计。

➢ 使用 TDR(时域反射计)计算阻抗。

➢ 使用远场/雷达截面监视器的雷达横截面计算。

➢ 色散材料的仿真。

2) 时域求解器的特点

(1) 瞬态时域求解器的特点如下：

➢ 支持多端口多模式激励，包括依次激励所有端口、单独激励某一端口、依次激励指定端口和同时激励选中的(或所有)端口共 4 种模式。

➢ 通过一次仿真计算就能获得整个宽频带内的 S 参量及特定频点的场分布。

➢ 能高效处理复杂几何结构。

➢ 采用 FIT 算法，适用范围较广，能处理电大结构。

➢ 能利用 GPU 加速。

➢ 低频时计算速度变慢。

➢ 处理高品质因数结构仿真问题时速度变慢。

(2) TLM 时域求解器的特点如下：

➢ TLM 时域求解器具有与瞬态时域求解器类似的适用范围，且特别适合 EMC / EMI / E3 这类电磁兼容问题的分析。

➢ 支持基于八叉树的网格划分算法，即通过变形与合并单元格减少网格数量的同时提高计算精度。

4.2.2　频域求解器

频域求解器也是 CST 微波工作室常用的求解器，可以采用 FIT 或 FEM 算法，在实际工程中后者更为常用。经典的频域计算必须对每个频点进行仿真计算，每一个频点都需要求解一个方程组，但频域求解器使用了特殊的宽带频率扫描技术，能从相对较少的频率样本中获得完整的宽带频谱。

　　1) 频域求解器的求解范围

➢ 散射参数矩阵(*S* 参数)。

➢ 不同频率的电磁场分布。

➢ 天线辐射方向图和相关天线参数。

➢ Spice 网络模型提取。

➢ 利用优化器或参数扫描进行结构设计。

➢ 拥有周期边界条件的无限大阵列单元。

➢ 使用远场/雷达横截面积(RCS)监视器的雷达横截面积计算。

➢ 色散材料的仿真。

　　2) 频域求解器的特点

➢ 适用范围与瞬态时域求解器类似，适用于大多数常见微波器件及天线问题。

➢ 工作频率可远低于 1 MHz。

➢ 可以处理高品质因数结构仿真问题。

➢ 可以处理电中及电小结构问题。

➢ 多核处理器可以极大地提高计算速度。

➢ 高度复杂的几何图形可能导致网格生成困难。

　　3) 时域求解器与频域求解器的对比分析

　　作为 CST 微波工作室中使用范围最广、使用频率最高的两种求解器，用户常常需要在这两种求解器间做出选择。两者的对比分析见表 4.1。

表 4.1　时域求解器与频域求解器的对比分析

对比项	时域求解器	频域求解器
求解宽带问题	✓	
求解复杂模型	✓	
求解低频问题		✓
求解高品质因数问题		✓
计算机 CPU 性能强		✓
计算机 GPU 性能强	✓	
计算机内存较小	✓	

4.2.3　本征模求解器

　　本征模求解器常用于分析封闭器件内的场分布，如强谐振结构、腔体和窄带结构。在 CST 微波工作室中，本征模求解器共包含 4 种算法，分别为默认算法、通用(有耗)算法、ASK 算法和 JDM 算法，其主要特点如下。

　　JDM 本征模求解器在分析仅涉及少量几种模式的问题时具有更高的可靠性，但其问题在于求解时间会随求解模式数目的增加而线性增加，在处理模式数目较大的问题时不如 ASK 本征模求解器快速。此外，对于包含电损耗或磁损耗材料的结构，若此材料可以用一个与频率无关的复介电常数或复磁阻做近似处理，则该问题适用于默认求解器或 JDM 本征模求解器，若无法做此近似处理，则需要使用通用(有耗)算法。最后，对于外部品质因数的计算，通用(有耗)算法具有更高的精确度。

    1) 本征模求解器的求解范围
- 不同频率下各模式的电磁场分布。
- 利用优化器或参数扫描进行结构设计。
- 外部品质因数的计算。

    2) 本征模求解器的特点
- 支持本征模计算。
- 支持外部品质因数计算。
- 采用本征模求解器进行仿真和分析时，不需要定义激励端口。

4.2.4　积分方程求解器

积分方程求解器常用于处理电大结构的散射与辐射问题。积分方程求解器在处理电大结构时使用 MLFMA(多层快速多极子)算法，将未知数聚集划分成不同大小的单元层级，优先对小单元进行计算，再通过移植、插值完成对大单元的计算，相较于直接求解，其大大减少了未知数数量，从而提高了计算速度。

    1) 积分方程求解器的求解范围
- 电大模型的仿真。
- 快速单静态 RCS 扫描。
- 散射参数矩阵(S 参数)。
- 电场分布、磁场分布与表面电流分布。
- 远场和 RCS 计算。
- 特征模分析。
- 近场源和远场源天线耦合计算。

    2) 积分方程求解器的特点
- 支持电大结构仿真，尤其是电大结构的散射问题。
- 支持特征模分析。

4.2.5　高频渐进求解器

高频渐进求解器基于 SBR 算法开发，能处理其他求解器无法解决的超电大天线布局问题或超大型结构散射问题。

    1) 高频渐进求解器的求解范围
- 超电大 PEC 材料的单基和双基散射计算，表面阻抗计算，全吸收或薄介电结构仿真。
- 远场或 RCS 计算。
- 使用近场源和远场源的电大天线布局计算。

- 使用 2D 平面上的场监测器和场探头(电场/ 磁场)进行近场散射分析。
- 近场源与远场源天线耦合计算。
- 场的显示分析。
2) 高频渐进求解器的特点
- 支持超电大结构的仿真。

4.2.6　多层平面矩量法求解器

多层平面矩量法求解器基于 MoM 算法开发,是一种专用于多层平面建模和分析的 3D 平面电磁求解器。该求解器支持从 3D 模型自动生成叠层结构、自动加密边缘网格及端口自动去嵌等功能,特别适用于各种平面结构(如平面微带天线、微波毫米波集成电路、低温共烧陶瓷电路及平面馈电网络)的分析与设计。
1) 多层平面矩量法求解器的求解范围
- 射频设计,如平面天线、滤波器及平面馈电网络设计。
- 特征模分析。
2) 多层平面矩量法求解器的特点
- 可以处理平面多层结构。

4.3　网格生成

作为仿真计算中最为关键的一步,网格的划分是否合理将直接影响着计算精度的高低,甚至左右着计算的正确与否。掌握网格设置相关的基本内容将有助于读者加深对仿真计算的整体把握。

4.3.1　网格概述

在建立了几何模型并分配了适当的激励和边界条件之后,必须将模型转换为适合仿真计算的表示形式。对于大多数电磁仿真算法而言,必须先将计算域细分为小单元,然后才能在小单元上求解麦克斯韦方程组。这些小单元便是所谓的网格。CST 微波工作室提供了各种网格和网格生成算法,通常对于同一项目会有多种网格划分方法可以对其进行仿真,以便于进行结果的交叉验证。

CST 微波工作室中常见的网格类型有三种:六面体网格 Hexahedral(常用于 FIT、TLM 算法),四面体网格 Tetrahedral(常用于 FEM 算法)及三角面元网格 Surface(常用于 MoM 算法)。单击 Home→Mesh→Global Properties,展开下拉列表即可选择当前求解器可用的网格类型,如图 4.1 所示。

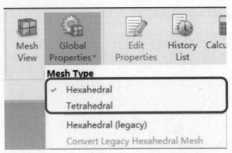

图 4.1　求解器网格设置对应图标

在实际操作中，当一个模型创建完成后，CST Expert System(专家系统)将会考虑频率范围、电介质、金属边缘等并给出一个初始网格划分，而使用合适的项目模板(项目模板设置方式见第 1 章)可以大大提高专家系统生成网格的准确性，因此在实际应用中更推荐使用项目模板创建模型。

4.3.2　网格优化

虽然专家系统自动生成的网格可以满足大部分使用场景，但有时仍会有计算资源利用率不高或精确度不足等问题存在。用户可以根据自身需要选择手动调整参数，或者利用 CST 微波工作室中的自适应网格加密功能进行更进一步的网格优化。

1. 手动网格设置(以常用的六面体网格为例)

单击 Home→Mesh→Global Properties→Hexahedral，打开网格属性设置对话框，如图 4.2 所示。

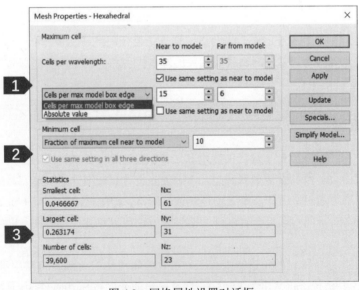

图 4.2　网格属性设置对话框

1) 最大网格尺寸

该组设置定义了计算域中允许的最大网格尺寸大小(所有单元格的维度都应该小于此值)，在没有其他优化细分的情况下，最大网格尺寸的大小将决定模型的最少网格数量的多少。最大网格尺寸可根据波长与模型尺寸定义，两者又均可根据空间划分，Near to model 定义模型边界内部网格数，Far from model 定义模型边界外部网格数。

> 根据波长定义：在 Cells per wavelength 右侧输入框内设置每波长(仿真频率范围内最高频率对应的波长)划分的网格数。该定义方式常用于高频仿真。

> 根据模型尺寸定义：单击选择 Cells per max model box edge，在其右侧 Near to model 输入框内输入合适的数值，最大网格尺寸即定义为模型最长的边长除以该数。该定义方式常用于低频仿真。

> 绝对值定义：单击选择 Absolute value，在其右侧输入框内设置数值，需要注意的是，选择该模式后，其他定义最大网格尺寸的方式将失效。

2) 最小网格尺寸

该组设置定义了最小网格尺寸，以避免模型中微小的几何细节(如平面区域或缝隙)引起网格过度细化。

> 根据最大网格尺寸定义：单击选择 Fraction of maximum cell near to model，在其右侧输入框内输入一个数，将最小网格尺寸定义为模型边界内最大网格尺寸除以该数。

> 绝对值定义：单击选择 Absolute value in x, y, z，在其右侧输入框内依次输入最小网格的长、宽、高尺寸。

3) 统计列表

该组设置给出了当前网格划分的相关数据，包括：

> Smallest cell(最小网格边长)。

> Largest cell(最大网格边长)。

> Number of cells(网格总数)。

> Nx / Ny / Nz(x、y、z 方向上的网格线数目)。

2. 基于六面体网格划分的典型结构的网格设置建议

(1) 同轴线。对于同轴线结构，应保证在内外导体间至少有一个网格填充。

(2) 平面结构。平面结构对网格划分非常敏感，其中最重要的参数就是最小网格尺寸，该参数限制了网格细分的最小尺寸，该参数设置过大将导致误差过大甚至仿真失败，过小又会增加仿真时间。专家系统会自动识别结构最薄处的厚度，保证网格不会被这些结构截断产生短路等问题。

通常情况下，建议微带线(最窄处)宽度方向需要 1~2 个网格，介质厚度(最薄处)至少需要 2~3 个网格。

(3) 螺旋结构。通常情况下，建议螺旋结构的横截面直径处设置至少 1~2 个网格，螺旋结构每匝间应设置 3~5 个网格。

3. 自适应网格加密

手动调整网格划分参数通常需要有大量仿真经验，对于初学者而言，使用 CST 微波工作室提供的 Adaptive Mesh Refinement(自适应网格加密)功能更为简便。自适应网格加密通过反复运行仿真并进行结果评估分析，迭代识别出电场线/磁场线分布密集或电场/磁场梯度变化较大的区域，并对其附近网格进行细化，直至前后两次结果偏差小于给定值结束仿真，如图 4.3 所示。

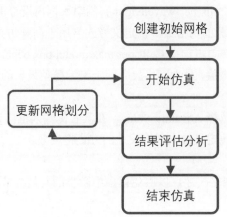

图 4.3　自适应网格加密流程

自适应网格加密有两种计算方法：Energy based(基于能量)和 Expert system based(基于专家系统)。

1) 基于能量的自适应网格加密

基于能量的自适应网格加密是传统的网格优化方法。其原理是在进行电磁场模拟时，记录计算区域中的能量密度，然后识别出能量密度高的区域，并对该区域进行局部细化网格。该方法的缺点是网格细化区域既不与结构部件相关，也不与全局网格参数相关，因此在进行参数扫描和参数优化时，会对每一个参数进行重复的自适应网格加密计算，这将增加计算的总时间。

2) 基于专家系统的自适应网格加密

基于专家系统的自适应网格加密与基于能量的自适应网格加密最大的不同在于，前者是通过依次改变网格专家系统的设置来实现网格细化，优化后的网格可以适应模型的小范围参数改动(如参数扫描或参数优化)，无须再经过自适应网格加密计算，而后者需要在每次参数改动后进行重新计算划分。

3) 自适应网格加密设置(以瞬态时域求解器为例)

单击 Simulation→Solver Setup Solver，打开求解器设置对话框，勾选 Adaptive mesh refinement 选项，单击右侧 Adaptive Properties…按钮打开自适应网格加密设置对话框。该对话框分为三个功能区，各功能区设置如下。

(1) 循环次数。

➢ 最小循环次数：在 Minimum 下方输入框内进行设置，如图 4.4 所示。即使运算结果已经满足网格自适应的终止条件，系统依旧会计算至所输入的最小循环轮次。

➢ 最大循环次数：在 Maximum 下方输入框内进行设置，即使没有满足网格自适应的终止条件，在此循环达到最大循环次数之后，网格自适应计算都将停止。对于复杂结构，最大循环次数应适当增加以保证网格划分精度，但同时也需要注意，过大的最大循环次数设置不利于控制整个仿真运行的时间。

图 4.4　循环次数设置

(2) 收敛条件。

➢ 使用 **S** 参数作为停止条件：勾选 Adapt to S-parameters 选项，使用 **S** 参数的变化作为停止条件，如图 4.5 所示。**S** 参数的变化幅度必须连续多次(通过 Number of checks 设置)低于所设置的阈值(通过 Maximum delta 设置)，自适应网格加密计算才能停止。

➢ 使用模板中的参数作为停止条件：勾选 Adapt to 0D result template 选项，在下方输入框内选择模板中的参数作为停止条件，与使用 **S** 参数作为停止条件类似，需要设置阈值 Maximum delta 与连续通过次数 Number of checks。

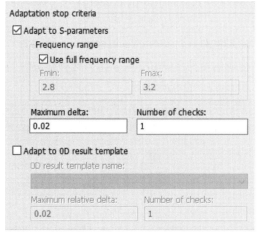

图 4.5　收敛条件设置

(3) 优化策略设置。

➢ 优化策略选择：在 Refinement strategy 的下拉列表中可选择 Engry based(基于能量的自适应网格加密)或 Expert system based(基于专家系统的自适应网格加密)。

当选择基于专家系统的自适应网格加密时，如图 4.6 所示。

➢ 网格增量：在 Mesh increment 下方输入框内输入参数改变网格增量，该参数通过控制专家系统设置中每波长网格数与最小网格数两个参数的变化量，进而影响自适应网格加密中的网格增量。

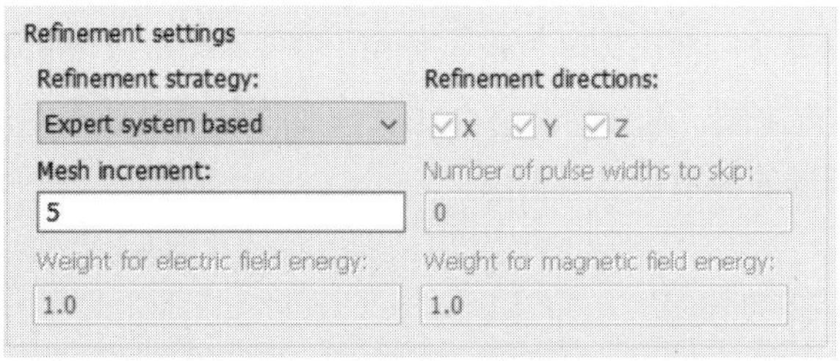

图 4.6　基于专家系统的自适应网格加密优化策略设置

当选择基于能量的自适应网格加密时，可设置自由度更高，如图 4.7 所示。

➢ 网格数量增长因子：在 Factor for mesh cell increase 下方输入框内设置网格数量增长因子，其大小表示网格增长的速度。例如图 4.7 中，增长因子 0.7 表示每次仿真计算的网格数将比上一个循环计算的网格数多 70%。

➢ 跳过脉冲宽度数：在 Number of pulse widths to skip 下方输入框内设置脉冲宽度，对于窄带结构，由于需要满足脉冲长度的要求，通常需要在较宽的频带内(相对于结构本身带宽而言)进行研究，但这会导致窄带结构接收到的大部分能量将在短时间内被反射至端口附近，只有一小部分落在频带内的能量留存在结构内。如果在此时进行网格加密，可能会在端口处带来不必要的网格过分细化。解决办法是跳过指定的脉冲数，等待反射能量完全离开窄带结构后再进行自适应网格加密计算。窄带结构的跳过脉冲宽度数通常设置为 1~3，而宽带结构常设置为 0。

➢ 电场能量权重：在 Weight for electric field energy 下方输入框内设置电场能量权重，自适应网格加密计算过程中，网格的细化是根据结构内部的电磁能量密度进行的，通常情况下，电场能量与磁场能量在计算中的重要性相当，即权重相同。然而，对一些结构而言，其电磁特征与电场的变化更密切相关，如果这种相关性是已知的，调节电场能量权重可以提高自适应网格加密的准确性。

➢ 磁场能量权重：在 Weight for magnetic field energy 下方输入框内设置磁场能量权重，如上所述，当结构的电磁特征与磁场变化相关性更高时，调节磁场能量权重可以提高自适应网格加密的准确性。

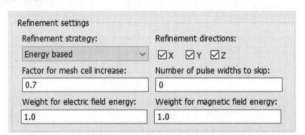

图 4.7 基于能量的自适应网格加密优化策略设置

 求解器参数设置

在选择合适的求解器并完成相应的网格设置后，用户还需要设置相关求解器参数以保证求解的顺利进行。由于篇幅限制，本书仅介绍 CST 微波工作室中时域求解器、频域求解器与本征模求解器 3 种核心求解器的参数设置。

4.4.1 时域求解器参数设置

单击 Simulation→Solver→Setup Solver，打开求解器参数设置对话框，如图 4.8 所示。

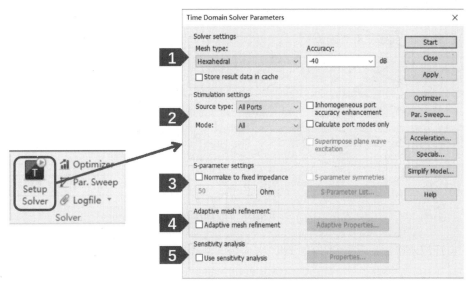

图 4.8　时域求解器参数设置对话框

1) 求解器设置

➤ 选择网格种类：单击 Mesh type 下方箭头展开下拉列表，选择 Hexahedral 对应使用瞬态时域求解器，选择 Hexahedral TLM 对应使用 TLM 时域求解器。

➤ 数据缓存：勾选 Store result data in cache 选项即可将结果保留在数据缓存区中。

➤ 设置求解精度：在 Accuracy 下方输入框内输入求解精度，其本质是设置一个由计算域中能量决定的终止条件，数值上等于仿真结束时计算域中能量与输入能量(1W)之比。

➤ 由于时域求解器每次仿真都会在某一时刻停止，这意味着输入信号会在这个时刻被截断，又由于输入的高斯脉冲信号在时域上是无限长的，截断将使傅里叶变换产生误差，且截断部分所含能量越大，误差就越大。因此，为了在频域中能获得较为精确的带宽结果(如 S 参数)，需要使计算域中的能量充分衰减(在左侧 Navigation Tree→1D results→Energy 中可以查看能量衰减曲线)。值得注意的是，该设置并不能无限提高时域求解器的求解精度，其只决定处理时间信号时引入的误差，由结构离散化引入的误差需要通过网格设置调节。

2) 仿真设置

(1) 设置端口类型：在 Source type 右侧输入框内可以定义本次仿真激励的数量与类型，选择 All Ports 将依次激励所有端口，并计算任意两端口间的 S 参数，共计 $N\times N$ 个 S 参数(N 为结构中端口个数)，若选择结构中的某一个端口，则只会激励该端口并计算该端口与其他端口间共 N 个 S 参数，如图 4.9 所示。

(2) 选择激励模式：在 Mode 右侧输入框内指定所要进行仿真计算的模式。

➤ S 参数设置：归一化阻抗默认值为 50 Ω，勾选 Normalize to fixed impedance 选项，在下方输入框内可更改归一化阻抗值。

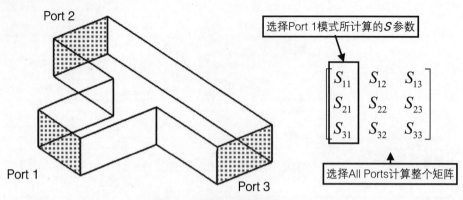

图 4.9　不同端口设置对应含义

> 自适应网格加密设置(不适用于 TLM 时域求解器)：勾选 Adaptive mesh refinement 选项启用自适应网格加密，单击右侧 Adaptive Properties...按钮打开自适应网格加密设置对话框(具体操作详见 4.3 节)。

> 敏感度分析设置(不适用于 TLM 时域求解器)：勾选 Use sensitivity analysis 选项启用敏感度分析，该功能可以辅助分析现实中各种制造误差对结构性能的影响，单击右侧 Properties...按钮打开敏感度分析对话框，可以指定进行敏感度分析的参数，其分析结果可在左侧 Navigation Tree→1D Results 中查看。需要注意的是，敏感度分析仅支持简单参数，将鼠标悬停于无法选中的参数上时，会出现其不支持敏感度分析的原因。

4.4.2　频域求解器参数设置

单击 Simulation→Solver→Setup Solver，打开求解器参数设置对话框，如图 4.10 所示。其中，Excitation、Adaptive mesh refinement 及 Sensitivity analysis 组的设置与时域求解器类似，此处不再赘述。

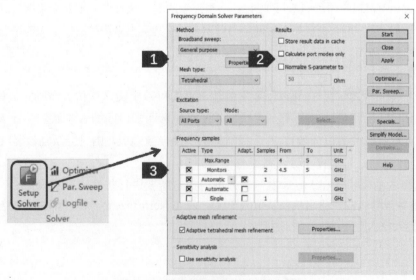

图 4.10　频域求解器参数设置对话框

1) 求解算法设置

(1) 求解算法选择：单击 Broadband sweep 下方箭头展开下拉列表，选择求解算法，频域求解器的求解算法共有以下 3 种。

➤ General purpose 作为通用求解器具有宽带扫频功能，适用范围最广，可以看作是瞬态时域求解器的对标求解器。

➤ Fast reduce order model(快速降阶模式)可以作为通用求解器的替代方案，其最主要的优势就是能简化方程组计算过程，快速高效地获取宽带结果。

➤ Discrete samples only(离散样本求解)适用于仅对特定频点求解的情形。

(2) 求解属性设置：单击 Properties 按钮打开求解算法属性对话框，可以设置 S 参数求解收敛条件、快速扫频分辨率及离散求解频点个数等求解算法属性。

(3) 网格类型：单击 Mesh type 下方箭头展开下拉列表，可以选择六面体网格划分或四面体网格划分(频域求解器大多数功能均支持四面体网格划分)。

2) 仿真结果设置

➤ 勾选 Store result data in cache 选项，将仿真结果保存至数据缓存区，缓存文件可在项目文件夹 Result→Cache 中访问。

➤ 勾选 Calculate port modes only 选项，将在不完整运行仿真程序的情况下计算波导端口在中心频率的模式。

➤ 勾选 Normalize S-parameter to 选项，可在下方设置 S 参数归一化阻抗值。

3) 频率采样设置

频率采样设置使用表格的形式进行，如图 4.11 所示。其主要设置如下。

➤ 监视器设置：单击 Monitors 左侧勾选框可选择激活或关闭监视器。

➤ 激活设置：单击 Active 列勾选框可选择激活或关闭某行设置。

➤ 频点分布方式：单击 Type 列右侧箭头展开下拉列表，可选择频点分布类型，包括 Single(单点分布)、Automatic(自动选择频点分布)、Equidistant(等距分布)及 Logarithmic(对数分布)。

➤ 自适应网格设置：单击 Adapt.列勾选框可选择激活或关闭自适应网格设置，激活设置后会对每一个采样频点进行自适应网格划分。

➤ 设置频点个数：双击 Samples 列输入框设置频点个数，若未给定频点个数(留空)，则程序将计算至 S 参数满足收敛条件后自动停止。

➤ 设置频率采样范围：双击 From、To 列输入框设置频率范围，若未给定频率范围，将默认使用全局频率范围，此范围会显示在第一行中，若希望改动该范围，须单击 Simulation →Settings→Frequency 更改频率设置。

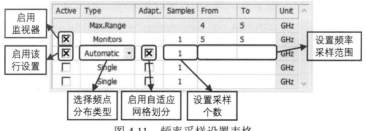

图 4.11　频率采样设置表格

4.4.3　本征模求解器参数设置

单击 Simulation→Solver→Setup Solver，打开求解器参数设置对话框，如图 4.12 所示。其中，Adaptive mesh refinement 及 Sensitivity analysis 组的设置与时域求解器类似，此处不再赘述。

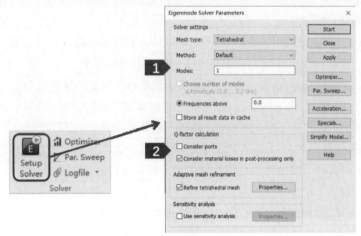

图 4.12　本征模求解器参数设置对话框

1) 求解器设置

➢ 网格类型设置：单击 Mesh type 右侧箭头展开下拉列表，本征模求解器提供四面体及六面体两种网格。

➢ 算法选择：单击 Method 右侧箭头展开下拉列表选择算法，其中六面体网格 Hexahedral 对应 AKS 算法与 JDM 算法，四面体网格 Tetrahedral 对应 Default(默认)算法与 Genral(Lossy)通用(有损耗)算法。

➢ 模式设置：在 Modes 右侧输入框内设置本次仿真所要计算的模式数量，当使用 JDM 算法时，点选下方 Choose number of modes 选项可以选择计算求解频段内的所有模式，省去了后续增加计算模式数量的麻烦。此外，除去 ASK 算法外的 3 种算法均可以使用 Frequencies above 升序求解功能，在右侧输入框内输入最低频率，求解器将按升序计算求解频率内该最低频率以上的本征模。

2) 品质因数计算设置

勾选 Consider ports 选项启用计算时考虑端口功能，对默认本征模求解器及 JDM 本征模求解器，其代表运行时自动计算外部品质因数(该设置需要先激活 Consider material losses in post-processing only)。对通用(有损耗)本征模求解器，其代表计算总品质因数时考虑端口。

勾选 Consider material losses in post-processing only 选项，启用仅在后处理时考虑材料损耗功能，该设置仅适用于默认本征模求解器和 JDM 本征模求解器，启用后可以简化本征模计算步骤，在计算时忽略材料损耗，在后处理时再进行近似计算，从而加快了计算速度。

4.5 思考题

1. 哪些条件会影响求解器性能的实现？

2. 一般情况下，当需要求解宽带仿真时，使用哪种求解器最合适？为什么？

3. 基于第 2 题的讨论，在处理低频问题时，使用哪种求解器更合适？请简要说明理由。

4. 自适应网格加密的参考条件分为哪几种类型？在实际应用中，检查网格划分时应注意模型中哪些部分的网格划分？

5. 试讨论时域求解器求解误差的组成部分及对应的改善方法。

第 **5** 章

结果查看与数据后处理

众所周知，不同的天线在设计过程中所关心的技术指标不尽相同，自然每次求解需要获得的结果也各有不同。CST 微波工作室支持多种形式的结果获得方式，包括每次仿真默认计算的标准结果、基于监视器获得的监视器结果，以及基于后处理模板获得的后处理结果。此外，CST 微波工作室还支持多种可视化的结果查看方式，用户通过相关视图设置，可获得兼具可读性与美观性的结果。本章简单介绍了数据处理中宏的使用方式，通过应用宏可大大简化烦琐重复的建模或数据处理过程，提高工作效率。

5.1 结果查看及相关设置

CST 微波工作室中有多种多样的结果，其获得方式、查看方式及相关设置不尽相同。本章将从 CST 微波工作室中的结果分类出发，向读者介绍其相关设置及查看方式。

5.1.1 结果类型

在 CST 微波工作室中，仿真结果共分为 3 种类型，分别为标准结果、监视器结果及后处理模板结果，如图 5.1 所示。标准结果占用计算资源小且地位重要(如 S 参数)，每次运行仿真程序都会默认自动计算标准结果。监视器结果与标准结果的不同在于，其占用的计算资源较多(如电场/磁场分布)，若同标准结果一样每次运行都默认计算，将大幅增加仿真计算的时间，故需要用户在仿真前指定所要查看的参数。以上两种方式得到的都是相对固定的结果数据，而后处理模板允许用户根据需求自行定义结果的生成方式，从现有可用结果中派生出模板结果，例如提取现有 S 参数中的最小值等。

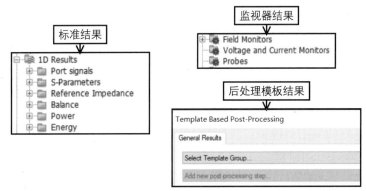

图 5.1　仿真结果类型

5.1.2　标准结果查看

在仿真任务结束后，单击主界面左侧的 Navigation Tree→1D Results，可展开 1D 标准结果导航树，其主要结果选项各项含义如下。

- ➤ Port signals：查看各个端口的输入信号图。
- ➤ S-Parameters：查看 *S* 参数图，其默认采用分贝图，单击 1D Plot 进入 1D 视图设置，在 Plot Type 分组可以选择绘制 *S* 参数幅度、相位、实部、虚部，以及显示为极坐标或史密斯图。
- ➤ Reference Impedance：参考阻抗图。
- ➤ Balance：查看 *S* 参数能量平衡图，此图仅在没有选择开放边界的情况下才有意义。
- ➤ Power：查看各类功率曲线图。
- ➤ Energy：查看计算域中能量随时间变化图，Energy 的结果可以显示能量的衰减，对时域求解器而言，可以分析计算脉冲的时间是否足够。

由于篇幅限制，此处无法列举全部标准参数含义，读者可通过 Help→1D Result View/2D/3D Result View 自行查阅。

5.1.3　监视器相关设置及结果查看

要得到监视器结果，需要在仿真任务开始前设置监视器，具体设置方式如下。

1. 选择监视器类型

单击 Simulation 选项卡的 Monitors 功能区中的图标选择监视器类型，包括场监视器、电压监视器、电流监视器及场探头监视器，如图 5.2 所示。

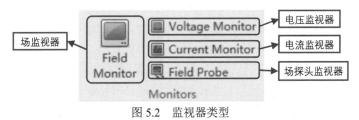

图 5.2　监视器类型

2. 设置监视器参数

1) 场监视器参数设置

单击 Field Monitor 图标打开场监视器设置对话框,如图 5.3 所示。在 Label 组中勾选/取消 Automatic 选项可激活/关闭自动命名。关闭自动命名后可在 Name 右侧输入框内自定义监视器名称。

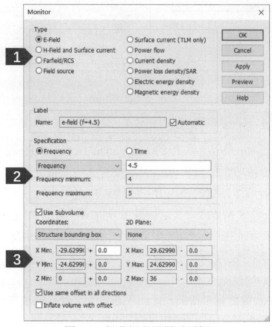

图 5.3　场监视器设置对话框

(1) 选择监视参数类型。

➤ E-Field:该监视器会储存计算域中的电场分布。

➤ H-Field and Surface current:该监视器会储存计算域中的磁场分布与表面电流,其中,表面电流结果由 PEC 材料或有损耗材料表面的磁场分布给出。

➤ Farfield/RCS:该监视器会储存结构的远场分布或雷达截面积。

➤ Field source:该监视器将记录规定表面上的切向场,其数据可作为其他项目的近场源进行计算。

➤ Surface current(TLM only):仅计算表面电流(该监视器仅适用于 TLM 时域求解器)。

➤ Power flow:该监视器会储存计算域中每一点上的坡印廷矢量(即电磁场中的平均能流密度矢量)。

➤ Current density:该监视器会储存计算域中有损耗材料内部的电流密度,值得注意的是,时域监视器只储存导电材料内部电流,而频域监视器可以储存任何类型的电色散材料中的电流。

➤ Power loss density/SAR:该监视器会储存有损耗材料内部耗散的电磁功率。

➤ Electric energy density/Magnetic energy density:该监视器会储存计算域中的电能密度/磁能密度。

(2) 设置监视范围。

选择监视器类型：点选 Frequency 选项为频域监视器，点选 Time 选项为时域监视器。对频域监视器来说，需要定义监视频点。

单击 Frequency 下方箭头展开下拉列表，设置监视器的监视范围。

➤ 选择 Frequency 模式，可以离散定义一个或多个监视频点(不同频点间用分号隔开)。

➤ 选择 Step width (Linear)(步进定义)模式，将在定义的频段间按照步长依次取点，右侧输入框从上往下需要依次定义步长、最小频点及最大频点。

➤ 选择 Samples (Linear)(等距采样)模式，将在给定频段范围内等距采样出频点，右侧输入框从上往下需要依次定义频点数量、最小频点及最大频点。

➤ 选择 Samples (Log.)(对数采样)模式，将在给定频段内进行对数采样，右侧输入框从上往下需要依次定义频点数量、最小频点及最大频点。

对时域监视器来说，需要定义监视器记录的起始时间和步长(默认不定义结束时间)。

➤ 勾选/取消 End time 选项可选择激活/关闭结束时间设置，若未定义结束时间，则监视器会记录至计算结束，否则将记录至用户所定义的结束时间。

(3) 设置监视器工作子区域。

勾选 Use Subvolume 选项启用定义监视器工作子区域功能(若未勾选，则默认为计算域边界)。

单击 Coordinates 下方箭头展开下拉列表，选择划分模式，包括：

➤ Free(自由)模式，此模式下工作子区域根据下方设置的坐标范围决定。

➤ Calculation domain(计算域)模式，此模式下工作子区域由计算域决定，在下方输入框内可设置偏移量。

➤ Structure bounding box(结构)模式，此模式下工作子区域由结构边界决定，在下方输入框内可设置偏移量。勾选 Use same offset in all directions 选项，将所有方向上的偏移量设置为同一数值；勾选 Inflate volume with offest 选项，将偏移量极性翻转。

(4) 单击 Preview 按钮预览监视器设置，确认无误后单击 OK 按钮即可完成场监视器设置(已设置完成的场监视器可以在 CST 主界面左侧 Navigation Free→Field Monitors 中查看)。

2) 电压监视器参数设置

定义电压监视器前需要创建一条曲线作为积分路径(创建曲线方式详见第 3 章)，电压监视器将记录该路径上的电场强度积分最终获得此路径上的电压。其大致设置流程如图 5.4 所示，详细设置步骤如下：

(1) 单击 Voltage Monitor 图标打开电压监视器(电压监视器必须在时域求解器中应用)。

(2) 进入曲线选择模式，双击选择预先创建的积分路径，按<Enter>键确认。需要注意的是，尽管定义时积分路径是光滑曲线，但在实际计算中，监视器所处理的数据是路径穿过的网格中的电场，网格划分会对结果产生影响，最好在设置前进行确认。

(3) 弹出电压监视器设置对话框后，在 Name 下方输入框中输入电压监视器名称，勾选 Invert orientation 选项调整积分方向，单击 OK 按钮即可完成电压监视器设置。

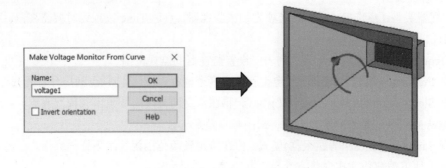

图 5.4　电压监视器设置流程图

3) 电流监视器参数设置

定义电流监视器前需要创建一条闭合曲线(创建曲线方式详见第 2 章)，电流监视器将记录该回路上的磁场强度积分最终获得此回路中的电流。其大致设置流程如图 5.5 所示，详细设置步骤如下：

(1) 单击 Current Monitor 图标打开电流监视器(电流监视器必须在时域求解器中应用)。

(2) 进入曲线选择模式，双击选择预先创建的积分路径(该路径必须为闭合曲线)，按<Enter>键确认。与电压监视器类似，虽然其积分路径由闭合光滑曲线定义，但该路径仍受网格划分的影响，在仿真前需确认路径处网格密度与仿真要求的精度相匹配。

(3) 弹出电流监视器设置对话框后，在 Name 下方输入框中输入电流监视器名称，勾选 Invert orientation 选项调整积分方向，单击 OK 按钮即可完成电流监视器设置(已设置完成的电压/电流监视器可以在 CST 主界面左侧 Navigation Tree→Voltage Monitors/Current Monitors 中查看)。

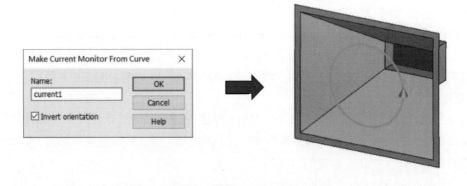

图 5.5　电流监视器设置流程图

4) 场探头监视器参数设置

场探头监视器主要用于记录指定位置某一特定电磁场分量，其所在位置可以在计算域内，也可以在计算域外。用于时域求解器的探头被称为时域场探头，用于通用频域求解器(四面体网格)的探头被称为频域场探头。根据探头类型的不同，在 Probe 对话框中有 3 个与其对应的设置选项卡，分别为 General(通用设置)选项卡、Origin(参考点设置)选项卡及 Decoupling Plane(解耦平面设置)选项卡，详细介绍如下。

(1) 通用设置选项卡如图 5.6 所示。

➢ 名称设置：在 Name 下方输入框中设置名称，勾选 Automatic labeling 选项启用自动命名功能。

➢ 场类型设置：单击 Field 下方箭头展开下拉列表，即可选择要记录的电磁场类型。若探头位于计算域内，可以选择 E_field(电场)探头或 H_field(磁场)探头；若探头位于计算域外，可以选择 E_field(Farfield)(远场电场)探头、H_Field(Farfield)(远场磁场)探头或 RCS(雷达截面积)探头。

➢ 参考坐标系设置：单击 Coordinate system 下方箭头展开下拉列表，可选择探头设置时所使用的参考坐标系类型(计算域内探头仅支持全局坐标系定义)。

➢ 探头朝向设置：勾选 Orientation 组内选项可设置探头记录方向，该坐标分量(极化方向)上的电磁场将按时间顺序被记录。

➢ 探头位置设置：在 Position 组内输入框中可设置探头位置。

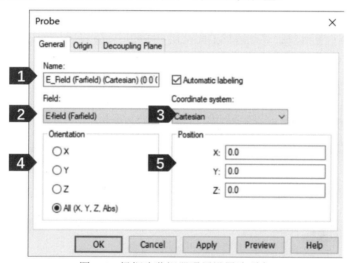

图 5.6　场探头监视器通用设置选项卡

(2) 参考点设置选项卡如图 5.7 所示。

计算参考点设置：该设置框用于设置模型内所有远场探头的计算原点位置，共包括 3 种定义方式。

➢ 点选 Center of bounding box 选项，将计算参考点设置在边界框中心。

➢ 点选 Origin of coordinate system 选项，将计算参考点设置在坐标系原点，为避免定义错误，务必确认当前已关闭 Local Coordinate System 选项。

➢ 点选 Free 选项，将计算参考点定义为任意坐标(全局坐标系)，在下方输入框内输入坐标值。

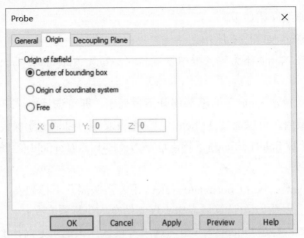

图 5.7　场探头监视器参考点设置选项卡

(3) 解耦平面设置选项卡如图 5.8 所示。

对于包含无限理想导体(PEC)平面结构的远场仿真，必须应用解耦平面将整个无限大平面分离成两个半空间进行远场计算。解耦平面设置方式如下。

➤ 自动解耦平面设置：勾选 Automatic detection 选项，系统将自动设置解耦平面位置。

➤ 点选 Decoupling plane 选项激活解耦平面设置。

➤ 解耦平面位置设置：点选 Plane normal 右侧选项选择解耦平面法向，在 Position X/Y/Z 右侧输入框定义解耦平面中心点在法向方向上的坐标。

图 5.8　场探头监视器解耦平面设置选项卡

完成选项卡设置后，单击 Preview 按钮预览，确认设置无误后单击 OK 按钮即可完成设置(设置完成的场探头监视器可在 CST 主界面左侧 Navigation Tree→Probes 中查看)。

3. 结果查看

仿真运算结束后，可在 CST 主界面左侧 Navigation Tree 结果部分查看监视器记录的结果。不同的监视器查看方式如下：

> ➤ 场监视器记录的结果主要在 2D/3D Results/Farfields 中查看。
> ➤ 电压监视器及电流监视器结果在 1D Results→Voltage Monitors/Current Monitors 中查看。
> ➤ 场探头监视器结果在 1D Results→Probes 中查看。

5.1.4　后处理模板相关设置及结果查看

在处理 2D/3D 场分布、复数 1D 信号、实数 1D 信号及标量值等多种形式的结果时,通过应用后处理模板,结果处理的灵活度可以得到大幅提高。后处理模板将在求解器计算任务结束后进行运算,因而其不必像监视器一样在求解任务开始前进行设置。用户可以在观察分析标准结果与监视器结果后,视情况利用后处理模板对求解数据进行进一步处理。后处理模板又分为预加载模板与自定义模板两种,预加载模板为 CST 已有的后处理,自定义模板为用户根据已有的后处理进行运算组合定义新的计算物理量。本节主要介绍预加载模板的应用。

1.后处理模板设置

1) 打开后处理模板设置对话框

单击 Post-Processing→Tools→Result Templates,打开后处理模板设置对话框,如图 5.9 所示。

2) 设置后处理模板属性参数

(1) 模板选择。

> ➤ 单击首行右侧箭头展开下拉列表选择模板类型,单击下方 Add new post processing step…将新建模板加入到模板列表的最后一行。

(2) 模板列表。

> ➤ 结果名称:在模板列表中单击选中模板,再单击 Result name 下方单元格可更改模板结果名称。
> ➤ 数据类型:Type 下方单元格显示此模板结果的数据类型,0D 模板将生成一个浮点数作为结果,1D 模板将生成实值 1D 曲线,1DC 模板将生成复值 1D 曲线,若类型后有-P 后缀,代表此模板具有后验属性(Posteriori)。
> ➤ 模板名称:Template name 下方单元格显示所用模板名称。
> ➤ 计算结果:Value 下方单元格显示模板计算结果(仅限 0D 结果)。
> ➤ 模板结果储存设置:单击 Active On/Off 下方单元格右侧箭头展开下拉列表,可选择模板结果储存方式,分别为 On 计算模板结果,不保存其他参数结果;On (Parametric)计算模板结果,且保存其他参数结果;Off 不计算模板结果。
> ➤ 参数设置:单击 Settings…按钮打开当前选中模板的设置对话框。
> ➤ 删除选中模板:单击 Delete 按钮删除当前选中模板。
> ➤ 复制选中模板:单击 Duplicate 按钮复制当前选中模板,该功能可以在需要大量设置相似模板时简化设置步骤。复制/粘贴操作也可以通过右键选中目标模板,单击 Copy to Clipboard/Paste to Clipboard 完成。
> ➤ 计算选中模板:单击 Evaluate 按钮计算当前选中模板。

➤ 调整模板顺序：单击上下箭头图标调整模板排列顺序。运行模板列表计算时，系统将从上往下依次计算列表中的模板，若各个模板中存在结果引用，需要先计算被引用模板。

➤ 删除所有模板：单击 Delete All 按钮删除列表中的所有模板。

➤ 计算所有模板：单击 Evaluate All 按钮计算所有模板。

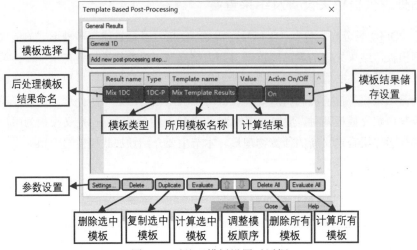

图 5.9　后处理模板设置对话框

2. 常用后处理模板

CST 微波工作室中内置了非常丰富的模板，由于篇幅原因无法一一介绍其内容及设置方法，读者可通过浏览模板选择菜单了解模板种类，并通过单击每个模板的参数设置界面的 Help 文档了解该模板使用详情。常用后处理模板见表 5.1。

表 5.1　常用后处理模板

模板名称	功能
2D/3D Field Results→Evaluated Field…	提取点、线及子空间内的近场结果或计算近场结果在点、线及子空间内的积分
Farfield and Antenna Properties→Farfield Result	提取各种远场结果
General 1D→Mix Template Results	应用代数表达式组合 0D/1D/1DC 结果
General 1D→Fourier Transform	计算(逆)傅里叶变换或(逆)傅里叶级数
General 1D→0D/1D(C) Result from 1D(C) Result	应用各种数学方式(最小值、最大值等)从 1D(C) 结果中得到的 0D 或 1D(C)结果

3. 后处理模板结果查看

后处理模板结果可在 CST 主界面左侧 Navigation Tree→Table 文件夹中查看，根据模板结果的数据类型可分为以下 3 种。

(1) 1D 图像 1D(C) result：Table→1D result→…。

(2) 浮点数值 0D result：Table→0D result…(0D result 的最近一次计算结果也会显示在模板

列表中)。

(3) 其他结果：带有"-"标记的模板结果不会将结果储存在 Table 文件夹中，详细储存位置需要查看该模板对应的 Help 文档。

5.2 1D 结果视图选项

CST 微波工作室支持自动生成基于 1D 结果的多种 1D 图像，同时支持用户对这些图像进行多维度的自定义优化，以达到突出重点、便于理解和简化分析过程的效果。当用户在 CST 主界面左侧 Navigation Tree 中单击选中 1D 结果时，软件将自动打开 1D 绘图窗口，其工具栏如图 5.10 所示。

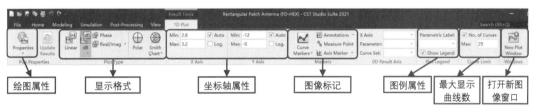

图 5.10 1D 结果绘图工具栏

5.2.1 绘图属性

单击 1D Plot→Plot Properties→Properties，展开下拉列表，列表中各设置对话框如图 5.11 所示。

1) 设置坐标轴属性

➤ 单击 Plot Properties…打开视图属性对话框，用户可通过此对话框修改 1D 图像的坐标轴格式，如 Min/Max(坐标范围)、Tick(坐标间距)和 Font(字体属性)。

➤ 勾选 Auto range(自动缩放)和 Auto tick(自动划分)选项可以重置默认设置。

2) 设置曲线属性

➤ 单击 Curves style…打开曲线属性设置对话框，用户可通过此对话框修改任意曲线的 Line type(曲线类型)、Line width(曲线宽度)、User defined color(曲线颜色)，以及 Marker style(标记样式)。

3) 选择显示曲线

➤ 单击 Select Curves…打开曲线选择对话框。曲线选择对话框中包含两个列表，1D 图像中所有可能出现的曲线均包含在这两个列表中，绘图窗口将显示 Displayed Curves 列表中的曲线并隐藏 Hidden Curves 列表中的曲线，单击两列表间的箭头图标可调整列表中的曲线。

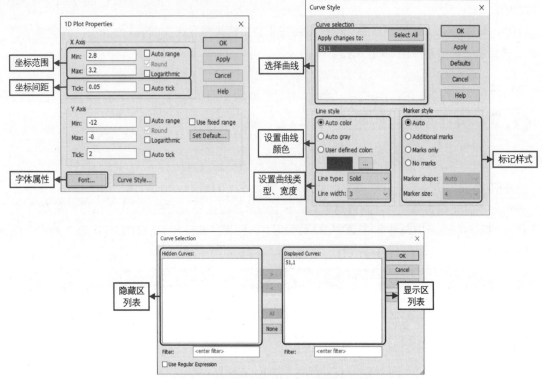

图 5.11 Properties 列表中各设置对话框

5.2.2 显示格式

单击 Plot Type 功能区中的图标指定不同 1D 图像格式，共包括 8 种类型。

➢ Real Part：显示结果的实部。

➢ Image Part：显示结果的虚部。

➢ Linear：采用线性坐标度量。

➢ dB：采用分贝度量。

➢ Phase：显示结果相位。

➢ Polar：采用极坐标表示结果。

➢ Z Smith Chart：采用阻抗史密斯原图表示结果。

➢ Y Smith Chart：采用导纳史密斯原图表示结果。

5.2.3 坐标轴属性

该部分坐标轴功能与坐标轴属性对话框相同，在 Min/Max 栏可以设置坐标轴范围，勾选 Auto 选项启用自动设置，勾选 Log 选项启用对数坐标轴。

5.2.4 图像标记

单击 Markers 功能区中的图标设置图像标记或注释。各类型标记如图 5.12 所示。

1) 设置曲线标记

➤ 单击 Curves Markers 展开下拉列表。

➤ 单击 Add Curves Markers 进入曲线标志设置模式，双击曲线，在选中点设置标记。

➤ 单击 Remove All Curves Markers 清空图表中所有标记。

➤ 勾选/取消 Show Curves Markers 选项显示/隐藏标记。

2) 设置标签

➤ 单击 Add Annotations…打开标签设置对话框，输入标签内容并设置字体格式、字体颜色等属性，单击 OK 按钮即可完成标签设置。

3) 设置测量点

➤ 单击 Measure Point 进入测量模式，双击选中 1D 图像中的一点为基准点并移动鼠标，鼠标下侧会显示当前鼠标位置与基准线之间的测量结果。

4) 设置坐标轴标记

➤ 单击 Axis Marker 右侧箭头展开下拉列表。

➤ 单击 Axis Marker 激活坐标轴标记，标记右侧会出现当前标记与曲线交点的纵坐标。

➤ 单击 Move Marker to Minimum 将坐标轴置于曲线最小值点，单击 Move Marker to Maximum 将坐标轴置于曲线最大值点。

➤ 单击 Measure Line 进入线测量模式，测量线的一端将显示当前测量线对应坐标值，另一侧将显示两测量线的间距。

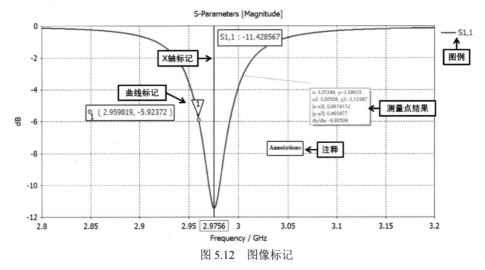

图 5.12　图像标记

5.3　2D/3D 结果视图选项

CST 微波工作室具有一个功能强大且交互友好的可视化引擎，当用户选择 2D/3D 结果时，软件将自动生成交互式立体效果图，方便用户更直观地检查模型。根据所选择的结果类型不同，

CST 微波工作室中的 2D/3D 视图被分为矢量图与标量图两大类，两种视图支持包括箭头图、气泡图、地毯图、等值线图在内的多种显示方式，用户可应用 2D/3D Plot 选项卡进行设置，如图 5.13 所示。

图 5.13　2D/3D Plot 选项卡

5.3.1　绘图属性

绘图属性框内共包括 3 个图标：单击 Update Results 可以更新当前结果；单击 All Transparent 可以将 2D/3D 结果视图中的结构透明化，方便观察细节；单击 Properties→Plot Properties，打开绘图属性设置对话框，对话框内包含 5 个选项卡，分别为：

➢ Scalar Plots(标量图设置)选项卡。

➢ Arrows and Bubbles(箭头图与气泡图设置)选项卡。

➢ Streamlines(流线图设置)选项卡。

➢ Color Ramp(渐变图例设置)选项卡。

➢ Animation(动画设置)选项卡。

各选项卡如图 5.14 及图 5.15 所示，详细介绍如下。

1) 标量图设置选项卡

(1) 3D 等值线图设置。点选 3D contour 框内 Plot inside field 选项，依照结构表面内侧的四面体作图；点选 Plot outside field 选项，依照结构表面外侧的四面体作图。需要注意的是，六面体网格不支持生成 3D 等值线图。

(2) 2D 等值线图设置。勾选 2D contour 框内 Show 3D Contour plot 选项，可激活 3D 等值线显示；勾选 094Selected shapes only 选项，仅显示选定部分的 2D 等值线图。

(3) 等值面图设置。在 Isosurface 框的 Iso value 下方输入框内输入绘制等值面参考值。

(4) 地毯图设置。拖动 Carpet 框内的 Scaling 滑块可调节地毯图比例大小。

2) 箭头图与气泡图选项卡

不同类型的箭头图可以用于显示各种 2D 或 3D 矢量场图像，气泡图则用于显示 3D 标量场图像。通过该选项卡可调节箭头图与气泡图的参数设置，使其能更好地反应出结果的特点。

(1) 图像样式设置。

➢ 单击 Arrow type 下方箭头展开下拉列表，可选择箭头类型。

➢ 单击 Subvolume…按钮打开子空间设置对话框，可将箭头限制于指定空间内。

图 5.14　标量图设置选项卡及箭头图与气泡图设置选项卡

(2) 分布样式设置。

➤ 单击 Distribution 框内 Type 下方箭头展开下拉列表，可选择箭头或气泡的分布方式，包括 Grid based(基于栅格)、Element based(基于网格单元)和 Surface based(基于表面)3 种分布方式。

➤ 拖动 Density 下方滑块调节箭头或气泡分布密度。

➤ 处于基于表面分布模式时，拖动 Surface Offset 下方滑块调节箭头或气泡与表面间的最大距离。

➤ 勾选 Zoom adaptive 选项激活自适应分布，在缩放查看图像时，系统将根据目前显示范围重新分配箭头或气泡分布，反之箭头或气泡分布方式将保持不变。

(3) 尺寸设置。

➤ 拖动 Maximum size 下方滑块调节箭头或气泡的最大尺寸。

➤ 拖动 Minimum size 下方滑块调节箭头或气泡的最小尺寸(滑块置于中间时，最小尺寸等于最大尺寸的一半)。

➤ 拖动 Aspect ratio 下方滑块调节箭头长宽比例，越往右划箭头越粗，反之箭头越细。

➤ 勾选 Zoom adaptive 选项，箭头尺寸将根据缩放比例自适应调节，保持相对屏幕显示尺寸恒定，反之箭头尺寸将相对于 3D 空间恒定。

➤ 勾选 Length/Width by value 选项，箭头或气泡尺寸将根据其表示参数大小改变，反之箭头或气泡尺寸与参数无关。

3) 流线图设置选项卡

(1) 图像样式设计。单击 Line type 下方箭头展开下拉列表，可选择流线样式，Tubes 为管状，Lines 为线状。

(2) 密度与尺寸。拖动 Density 下方滑块调节流线密度；拖动 Size 下方滑块调节流线尺寸。

4) 渐变图例设置选项卡

CST 微波工作室中常采用渐变图例表示 2D/3D 图像中结果的大小,通过选择合适的渐变图例参数，能够更直观地突出仿真结果的变化趋势。

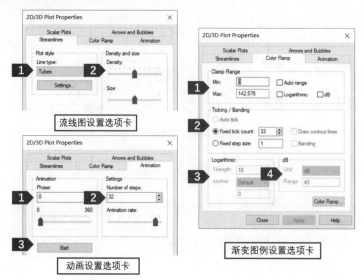

图 5.15　流线图设置选项卡、渐变图例设置选项卡及动画设置选项卡

(1) 图例范围。

➢ 在 Min 和 Max 右侧输入框内手动设置图例范围。

➢ 勾选 Auto range 选项激活自适应图例范围。

➢ 勾选 Logarithmic 选项使用对数刻度的图例范围。

➢ 勾选 dB 选项使用分贝刻度的图例范围。

(2) 刻度与图例条带设置。

➢ 点选 Auto tick 选项启用自适应刻度分配，软件将根据图例范围自动分配合适的步长。

➢ 点选 Fixed tick count 选项启用自定义刻度数量功能，并在右侧输入框内输入所要定义的刻度数量，将图例范围划分成 N 份(N 为输入框中的数)。

➢ 点选 Fixed step size 选项启用自定义步长功能，并在右侧输入框内输入步长大小，两刻度将相隔 N 个单位(N 为输入框中的数)。需要注意的是，当步长过小导致刻度过于密集时，软件将省略部分刻度。此外，该功能不支持对数刻度。

➢ 勾选 Draw contour lines 选项启用等值线划分功能，2D/3D 图像中颜色相接的部分将用黑线勾出(相当于等值线)。该功能不支持自适应刻度划分。

➢ 勾选 Banding 选项激活色块模式，两相邻刻度间的区域将由同一色块填充，图例范围内的不同色块按渐变色排列。自适应刻度分配默认关闭色块模式，此时图例将是一整条连续变化的渐变色带。

(3) 对数刻度设置。

➢ 在 Strength 右侧输入框内输入强度值，该值越大，锚点处刻度划分越细。

➢ 锚点设置一般由软件自动完成，如需手动设置感兴趣的锚点，单击 Anchor 右侧箭头展开下拉列表，选择 Custom 并在下方输入框内输入相应参数。

(4) 分贝刻度设置。

➢ 单击 Unit 右侧箭头展开下拉列表，选择需要的单位，选择 Max = 0 dB，结果将归一化至 2D/3D 结果的最大值。

➢ 在 Range 右侧输入框内输入分贝刻度范围。

5) 动画设置选项卡

(1) 相位/时间设置。在 Animation 框内的 Phase 栏或拖动滑块可设置动画的初始相位(当求解器为时域求解器时，设置的是初始时间)。

(2) 帧数设置。

➢ 在 Settings 框内的 Number of steps 栏设置动画的帧数。

➢ 拖动 Animation rate 下方滑块可改变动画播放速度。

(3) 确认设置无误后，单击 Start 按钮生成动画。

5.3.2 显示格式

显示格式框内分为 3 部分，最左侧两个输入框用于指定 2D/3D 图像类型，中间的 Animate Fields 图标用于生成及保存动画，右侧图标用于选择结果类型。其中，动画窗格的设置方式与第一部分的动画设置选项卡相同，此处不再赘述。

1) 2D/3D 图像类型

单击显示格式框内最左侧输入框展开下拉列表，可得到当前选中结果可用的图像类型。矢量结果多用箭头图与场线图显示，其设置详见 Plot Properties 中的 Arrows and Bubbles(箭头图与气泡图设置)选项卡及 Streamlines(流线图设置)选项卡。标量图或矢量图在某一方向上的分量多用等值线图或等值面图显示，其设置详见 Scalar Plots(标量图设置)选项卡。各类型 2D/3D 图像如图 5.16 所示。

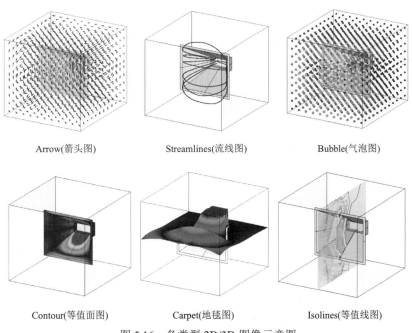

Arrow(箭头图)　　　Streamlines(流线图)　　　Bubble(气泡图)

Contour(等值面图)　　　Carpet(地毯图)　　　Isolines(等值线图)

图 5.16　各类型 2D/3D 图像示意图

2) 结果类型

当选择复数类型的结果时，单击右侧图标可以设置图像显示的结果类型。每个图标对应含义见表 5.2，需要注意的是，不同的结果类型支持的结果类型不尽相同，且相同的图标在不同的求解器下(时域或频域)对应的具体含义也会有所改变。

表 5.2　复数结果类型

名称	含义
Instantaneous(瞬时结果)	显示给定相位/时间的瞬时结果
Real Part(实部)	显示结果的实部
Image. Part(虚部)	显示结果的虚部
Maximum(最大值)	显示结果在仿真的相位/时间中的最大值
Average(平均值)	显示结果的平均值
RMS(均方根值)	显示结果的均方根值(有效值)
dB(分贝值)	以分贝为单位显示结果
Phase(相位)	显示结果的相位

5.3.3　剖视图设置

单击 Fields on Plane 激活 2D/3D 图像中的剖视图功能，该功能可以将 3D 场结果的横截面绘制为 2D 的矢量图或标量图(根据所选结果的类型而定)。

➢ 单击 Fields on Plane 下方箭头展开下拉列表，可同时设置不同方向上的多个剖视图。

➢ 单击 Activate All Cross Sections 可以快速激活各个方向上可用的剖视图，单击 Deactivate All Cross Sections 可快速关闭所有剖视图。

➢ 单击 Normal 右侧箭头展开下拉列表，选择剖视图的方向，拖动剖视图设置框内的滑块或直接在 Position 右侧输入框中输入数值，可调整对应剖视图位置。

➢ Cutting Plane 功能与 View 选项卡中的切割透视功能类似，此处不再赘述。需要注意的是，使用该功能时会默认激活与切割透视方向相同的剖视图。

5.3.4　渐变图例设置

单击该区域内图标可以快速对渐变图例进行设置或清除设置。

➢ 单击 Smart Scaling，系统将根据所选中位置的 2D/3D 结果变化自动规划渐变图例显示范围，在该模式下，自适应图例范围 Auto 将会被关闭，而对数刻度图例 Log 可能会开启(取决于结果变化程度)。

➢ 单击 Reset Scaling，可以将渐变图例设置重置为默认设置。单击图标右侧箭头展开下拉列表，单击 Color Ramping Settings…可设置渐变颜色。

➢ 单击 Special Clamping 右侧箭头展开下拉列表，单击 Hide outside/inside range 可以将结果数值落在图例范围外/内的区域隐藏，单击 Fixed color outside/inside range 可以改变结果数值落在图例范围外/内的区域的颜色。

➢ 单击 Unit 右侧箭头展开下拉列表，可以更改图例对应的单位值。

右侧输入框中的内容与渐变图例设置选项卡中的内容一致，此处不再赘述。

5.4 宏与 VBA 引擎

除去可视化交互，VBA(Visual Basic for Applications)语言为用户提供了另一种控制 CST 微波工作室的方式，其能极大地提高用户处理重复任务的效率。举个例子，当我们需要构建由多个阵元单位组成的阵列时，若采用可视化建模的方式，必须重复多次复制粘贴操作并逐个点开属性对话框修改坐标参数，而利用宏命令进行建模仅需修改语句中的参数即可。宏语言能完成的任务类型被分为两种，即结构建模任务和控制任务，完成对应任务的宏被称为结构宏及控件宏。结构宏和控件宏均由 VBA 语言定义，这两者最主要的区别在于，结构宏的操作会被储存在历史列表中，而控件宏不会。

下面将结合实例介绍 CST 微波工作室中宏的常见用法。

5.4.1 通过历史列表生成宏

结构宏常被用于修改结构或设置相关监视器等操作，其操作将存储在历史列表 History List 中，同样地，我们也可以通过历史列表快捷地生成结构宏，其主要流程如图 5.17 所示。

(1) 通过参数化建模利用常用建模方式建立模型(详见第 2 章)。

(2) 在历史列表选中所有建模操作。

(3) 编辑宏属性，将所选中的操作储存为宏。

(4) 单击 Home→Macros→Macros，即可调用所设置的宏，通过更改宏中的参数值可快速重现需要进行的建模操作。

下面将以创建一个沿坐标轴平移的新长方体为例展示利用结构宏创建物体的方法。设原长方体的结构为：$x= [-W/2, W/2]$, $y= [0, L]$, $z= [0, L]$，且令 $L = 10$ mm、$W = 5$ mm、$H = 3$ mm，初始建模步骤此处省略(推荐使用参数化建模)。

(1) 单击 Home→Edit→History List 打开历史列表，单击选中建模操作(本例中操作仅为一行，当操作较为复杂时，可按住<Shift>键或<Ctrl>键多选所需操作)，双击建模操作行可查看此操作对应的 VBA 语言代码。

(2) 单击 More 按钮展开专家选项，单击 Macro...按钮生成选中操作对应的宏。

(3) 在弹出的设置对话框中为该结构宏命名，如图 5.18 所示。勾选 Make globally available 选项将其设置为全局宏，勾选后该宏可在其他项目中访问，否则只存在于当前项目。设置完毕后单击 OK 按钮。本例中将宏命名为 Rectangle，并设置为局部宏。

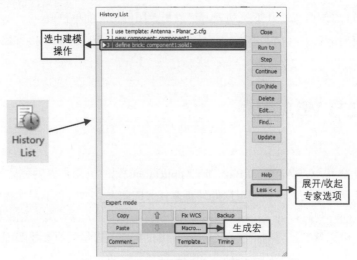

图 5.17　通过历史列表生成结构宏流程

图 5.18　结构宏属性设置

(4) 完成设置后系统将跳转至宏编辑器界面，用户可在此确认参数及操作步骤是否设置无误，确认后单击 Close Macro Editor 按钮关闭宏编辑器。

(5) 单击 Home→Macros→Macros，可以看到我们创建的 Rectangle 建构宏已添加进宏列表中，单击 Edit/Move/Delete VBA Macro…→Project marco→Rectangle，单击 Edit 按钮打开宏编辑器，设置平移后的长方体名称(注意与平移前不能重名)及相关参数，单击宏编辑器中 Save 图标保存设置，单击 Close Macro Editor 按钮关闭宏编辑器，如图 5.19 所示。

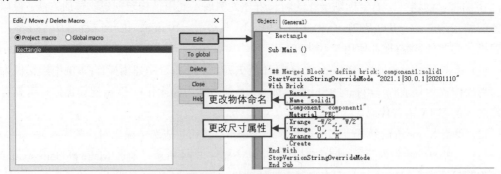

图 5.19　结构宏编辑过程

(6) 完成以上设置后，仅需单击 Home→Macros→Macros→Rectangle，即可快速创建一个沿 x 轴方向平移 $3/2 \times W$ 后的长方体，如图 5.20 所示。

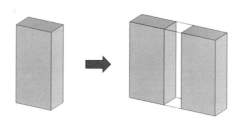

图 5.20　创建结果

5.4.2　预加载宏

CST 微波工作室预加载了许多常用于工程实际中的全局宏，其类型见表 5.3。单击 Home→Macros→Macros，下方箭头展开下拉列表即可启用。

表 5.3　CST 微波工作室中预加载的全局宏

分组名称	功能
Calculate	该分组中的宏常用于计算仿真中所需参数
Construct	该分组中的宏常用于实现复杂结构建模操作
File	该分组中的宏常用于文件或结果导入
Matching Circuits	该分组中的宏常用于匹配电路
Materials	该分组中的宏常用于生成不同材料
Parameters	该分组中的宏可进行参数的相关设置
Report and Graphics	该分组中的宏常用于结果图表的导出设置
Results	该分组中的宏常用于进行仿真结果后处理
Solver	该分组中的宏常用于设置求解器、监视器和端口
Wizard	该分组中的宏能提供一些特殊的向导说明

更多关于预加载宏的详细解释可在 Help 文档中搜索 Preloaded Macros Overview 获得。单击 Home→Macros→Macros→Edit/Move/Delete VBA Macro...→Global macro，单击选中相关条目，单击 Edit 按钮即可查看对应全局宏的源代码。

对于初学者而言，利用好 CST 微波工作室中预加载的宏模板并掌握从历史列表中生成宏的方法即可满足日常使用需求，若需要更进一步自主编写 VBA 宏，可参考 Help 文档中 CST MWS/CST CS VBA Objects 及 CST MWS/CST CS VBA Examples 中的内容。

5.5　思考题

1. 基于组件库中的 Rectangle Patch Antenna(矩形贴片天线)模型，分别查看其 *S* 参数幅度、相位、实部、虚部，并尝试改变其 1D 曲线形式。

2. 在第 1 题的基础上，在矩形贴片天线 S 参数的最小值处做出标记，并利用 Y 轴标记计算出其-10 dB 阻抗带宽。

3. 基于组件库中的 Rectangle Patch Antenna(矩形贴片天线)模型，设置场监视器观察谐振频率上贴片天线周围空间中的场分布，并思考如何查看贴片表面的电场分布。

4. 基于组件库中的 Circular Horn Antenna(圆形喇叭天线)模型，做出其 3D 电场分布箭头图及气泡图，尝试更改箭头与气泡的大小、密度与颜色，思考如何设置能更清晰地展示出电场分布的特点。

5. 尝试利用结构宏创建一个 3×3 贴片阵列天线，各项参数自拟即可。

第6章

优化器与高性能计算

　　优化器是 CST 中的设计优化模块，通过自动分析设计参数的变化对仿真结果的影响，实现 Parameter Sweep(参数扫描)、Optimizer(优化设计)。其中，参数扫描用来分析模型的性能随着指定变量的变化而变化的关系，优化设计前一般先进行参数扫描来确定优化变量的合理区间；优化设计是根据特定的优化算法，在所有可能的设计中找到一个满足设计要求的变量值的过程。通过优化设计，CST 软件可以自动分析找出满足设计要求的变量值。

　　CST 加速计算包括硬件加速技术和软件加速技术，可用于提高整体仿真性能。其中，硬件加速技术包括 CPU 多线程和 GPU 计算；软件加速技术包括分布式计算和 MPI 计算。

　　本章 6.1 节~6.3 节分别介绍了参数扫描和优化设计，并给出了一个腔体滤波器优化设计应用实例；6.4 节简要阐述了 CST 求解过程中的高性能计算技术。

6.1　参数扫描

　　参数扫描用来分析模型的性能随着指定变量的变化而变化的关系，优化设计前一般先进行参数扫描来确定优化变量的合理区间。

　　进行参数扫描前，建模需要定义一个或多个变量。假设当前模型中已经定义了参数变量 par_a 和 par_b，参数扫描的设置操作步骤如下。

　　(1) 单击 Simulation→Solver→Par.Sweep，打开图 6.1 所示的参数扫描对话框。

　　(2) 单击 New Seq.按钮添加一个新的参数序列(Sequence 1)，序列由一组参数组成。

　　(3) 单击 New Par...按钮打开图 6.1 所示的参数扫描参数对话框，为选定序列指定需要扫描参数的变量，包括指定扫描参数的类型、取值区间、步长等信息。编辑完成后，单击 OK 按钮。

　　(4) 单击 Check 按钮检查变量变化时设计的完整性，以及设计中是否存在错误。

(5) 如果设计完整且正确，单击 Start 按钮开始参数扫描，对不同的参数进行单独的仿真，每一个仿真结果均进行存储。仿真完成后，可以在 Result Navigator(结果导航区)对话框选择查看结果。

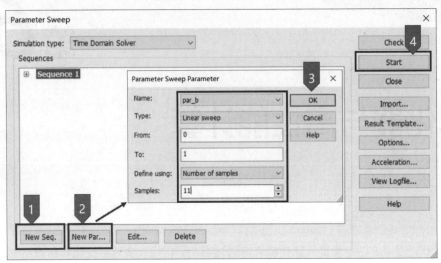

图 6.1　参数扫描对话框

6.2　优化设计

优化设计是在一定的条件下根据特定的优化算法对设计模型中的某些参数进行调整，从所有可能的参数中找到满足设计要求的最佳值。进行优化设计需要确定设计的要求或者目标，用户首先根据设计要求进行初始参数化建模，定义优化变量并构造目标函数，然后指定优化算法进行优化。优化设计流程如图 6.2 所示。

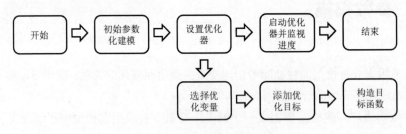

图 6.2　优化设计流程图

6.2.1　初始化参数建模

用户根据理论知识和实际经验给出初始设计，创建初始模型。初始模型应尽量接近实际要求，避免优化时间过长，导致无法得到最优求解。

初始化建模时，添加需要优化的参数变量。优化设计前先进行参数扫描，确定优化变量的初始值和合理变化区间(最小值和最大值)。以图 6.3 所示的微带贴片天线初始模型为例，需要优化变量 offset 为馈电位置(y 轴上的偏置距离，初始值为 4mm)。

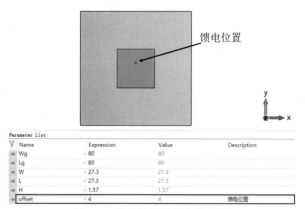

图 6.3 微带贴片天线初始模型

6.2.2 设置优化器

单击 Simulation→Solver→Optimizer，打开图 6.4 所示的优化器对话框，对话框包含 Settings(设置)、Goals(目标)及 Info(信息)3 部分。

1. 选择要优化的参数变量

单击 Settings，在变量名前勾选指定要优化的参数及其取值区间(最小值和最大值)。

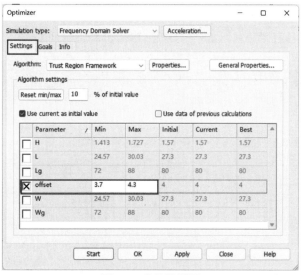

图 6.4 优化器设置

2. 添加优化目标

单击 Goals→Add New Goal...，打开图 6.5 所示的定义优化目标对话框，选择优化的结果名称(Result Name)、指定结果类型(Type)、指定达到优化结果的条件(Conditions)和覆盖频率范围(Range)，单击 OK 按钮完成添加。

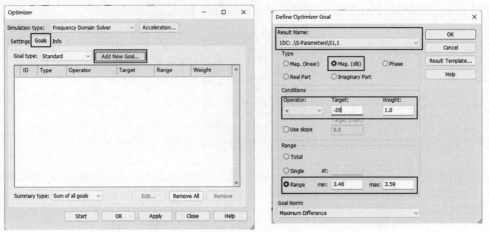

图 6.5　添加优化目标

3. 构造目标函数

特殊的优化结果条件也可以使用构造目标函数来确定，在定义优化目标对话框中单击 Result Template...按钮打开后处理模板，或者单击 Post-Processing→Tools→Result Templates 打开，如图 6.6 所示。选择需要的结果模块，构造目标函数评估模板。

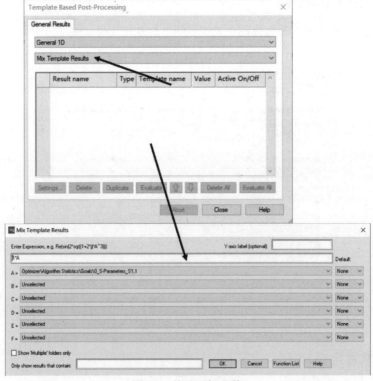

图 6.6　构造目标函数

4. 选择优化算法

在优化器对话框中单击 Settings→Algorithm 右侧箭头展开下拉列表，选择优化算法，如图 6.7 所示，包括信赖域框架、Nelder-Mead 单纯形算法、CMA 进化策略、遗传算法、粒子群优化法、插值拟牛顿法和经典 Powell 法共 7 种算法。下面分别对这 7 种优化算法进行简单的介绍。

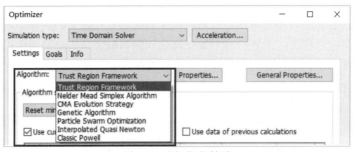

图 6.7　选择优化算法

1) Trust Region Framework(信赖域框架)

信赖域框架是最现代的实现算法。它在原始数据上使用局部线性模型，并且能够利用求解器提供的灵敏度信息，选择嵌入在信赖域框架中的优化技术。该算法可以是局部优化方法，也可以是全局优化方法，具体取决于设置。该算法首先在起点周围的"信赖"区域中对原始数据建立线性模型。为建立该模型，将利用原始数据的敏感性信息(如果提供)。基于此局部模型进行快速优化，以获得新求解器评估的候选求解器。如果模型不够精确，信赖域的半径将减小，并在新信赖域上创建模型。一旦信赖域半径或到下一个预测最优值的距离小于指定的域精度，算法的局部优化将停止。

如果将该方法设置为全局优化，则仅当预期改进超过某个阈值时才使用线性模型。如果不是这样，该算法将在参数空间的不同位置创建新的线性模型。一旦全局方法满足所有定义的目标，或者没有为新的线性模型找到另一个位置，它将停止优化。通过设置最大评估次数，可以直接限制功能评估次数。

2) Nelder Mead Simplex Algorithm(Nelder-Mead 单纯形算法)

由 Nelder 和 Mead 选择局部单纯形优化算法。该方法是一种局部优化技术。如果有 N 个参数，则从分布在参数空间中的 $N+1$ 点开始。

该算法生成一组起始点，不需要梯度信息来确定其搜索方向。当变量数量增加时，这是一个优于局部算法的优势。它也较少依赖于所选的起点，因为它从分布在参数空间中的一组点开始。

3) CMA Evolution Strategy(CMA 进化策略)

CMA(Covariance Matrix Adaptation，协方差矩阵自适应)进化策略是一种分布式估计算法，其在中等规模的复杂优化问题上具备很好的效果。其主要用于非线性、非凸函数、连续优化问题。对多个参数进行高斯分布采样，并得到新解，然后选择其中较好的解更新高斯分布的参数，从而提升产生好解的概率。

4) Genetic Algorithm(遗传算法)

遗传算法是借鉴生物进化的原理而设计的一种优化算法，其通过模拟达尔文生物进化理论，搜索全局优化问题的优化方法。该算法通过数学方式模拟生物进化中的染色体交叉、变异、选择等过程，其总是选择好的个体产生下一代，从而实现优化过程。跟传统方法相比，其具有全局优化的能力，能够跳出局部最优，搜索到全局最优解，因此可以采用复杂的目标函数。

5) Particle Swarm Optimization(PSO，粒子群优化法)

粒子群优化法也是一种进化算法，是通过模拟鸟群觅食行为中的群体信息共享、协作而产生的一种随机搜索优化算法。在 PSO 中，每个优化问题的解都是搜索空间中的一只鸟，称之为"粒子"，其中所有的粒子都随着当前最佳的粒子搜索最优解。其不需要遗传算法中的交叉变异等，具有收敛速度快、易编程、并行等优点。

6) Interpolated Quasi Newton(插值拟牛顿法)

选择支持原始数据插值的局部优化器。与经典的 Powell 优化器相比，该优化器速度快，但精确度可能较低。此外，用户可以为此优化器类型设置优化器通过次数 N(1~10)。大于 1 的数字 N 将强制优化器重新启动(N-1)次。在每次优化过程中，参数的最小和最大设置都会更改为接近最佳参数设置。将通过次数增加到大于 1 的值(如 2 或 3)，以获得更准确的结果。对于最常见的 EM(electromagnetic 电磁)优化，如果结果不合适，建议不要增加大于 3 的参数，而是增加参数列表中的样本数量。优化的相应数值求解器将仅针对定义的样本进行评估。所有的其他参数组合将通过使用原始数据插值进行评估。在每次优化过程结束时，将通过数值求解器的另一次评估来验证通过该方法预测的优化。

7) Classic Powell(经典 Powell 法)

选择本地优化器，而不插入原始数据。此外，还需要设置精度，这会影响优化参数设置的精度和优化过程的终止时间。对于具有多个参数的优化，信赖域框架、插值拟牛顿法或 Neloler-Mead 单纯形算法应优先于该技术。

优化算法可以利用分布式计算并行求解样本，表 6.1 显示了不同算法对应的平行样本数量。

表 6.1　不同算法及其平行样本数量

优化策略	平行样本数量
信赖域框架	参数数量+1
Nelder-Mead 单纯形算法	参数数量+1
CMA 进化策略	4+3×log(参数数量)
遗传算法	Population size(在属性中设置)
粒子群优化法	Swarm size(在属性中设置)
插值拟牛顿法	所有参数中每个参数的样本总数(至少 1 个)
Powell 算法	1

5. 监视进度

如图 6.8 所示，用户可以在优化器运行时查看当前的状态和最优参数。

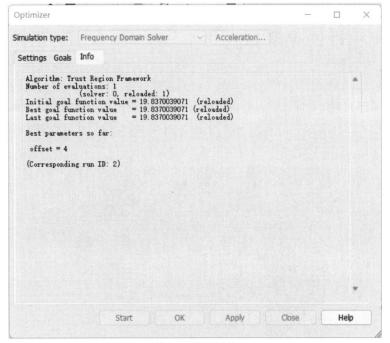

图 6.8　监视进度

如图 6.9 所示，用户可以随时终止仿真，选择重新加载最佳参数结果、保留当前参数或者放弃所有参数更改。

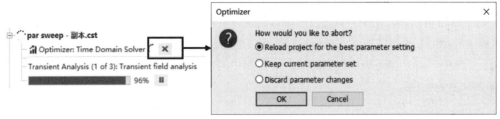

图 6.9　终止操作

如图 6.10 所示，用户可以在 Navigation Tree→1D Result→Optimizer 文件夹实时跟踪优化器进度，分别可以查看目标值、参数值及结果曲线。

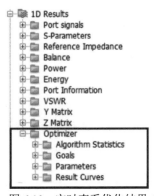

图 6.10　实时查看优化结果

6.3 优化设计应用实例

前面介绍了参数扫描、优化设计的相关知识，下面将以一个腔体滤波器分析实例来讲解参数扫描、优化设计的详细操作。如图 6.11 所示，腔体滤波器的具体建模参考第 7 章 7.1 节的内容。

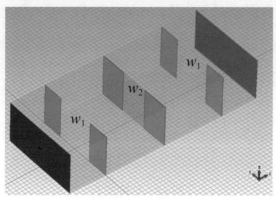

图 6.11 腔体滤波器

6.3.1 参数扫描实例

如图 6.12 所示，在完成腔体滤波器参数化建模后，即使用变量表示模型的尺寸大小。下面来讲解如何使用参数扫描功能，来分析腔体滤波器的 S_{11} 参数随腔体内耦合窗间距 w_1、w_2 的变化关系，其中，w_1 是指两边耦合窗间距，w_2 是指中间耦合窗间距。

	Name	Expression	Value	Description
✕	L	= 16.6	16.6	
✕	a	= 22	22	
✕	b	= 10	10	
✕	w1	= 12	12	两边耦合窗间距
✕	w2	= 9	9	中间耦合窗间距
	<new parameter>			

图 6.12 初始参数列表

1. 添加参数扫描设置及运行参数扫描

(1) 单击 Simulation→Solver→Par.Sweep，打开图 6.13 所示的参数扫描对话框。

(2) 单击 New Seq.按钮添加一个新的参数序列(Sequence 1)。

(3) 单击 New Par…按钮打开参数扫描参数对话框，为选定序列指定参数变量 w_1 和 w_2，编辑其类型为线性扫描(Linear sweep)、取值区间 w_1=8~12、w_2=5~9、步长 Step width = 0.5。完成编辑后，单击 OK 按钮。

(4) 单击 Check 按钮检查设计的完整性以及设计中是否存在错误。如果设计完整且正确，单击 Start 按钮开始运行参数扫描。

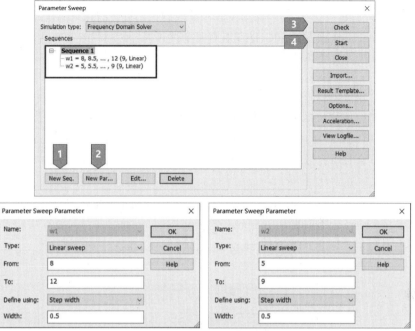

图 6.13　参数扫描步骤

2. 查看参数扫描结果

(1) 分析完成后，可以在 Result Navigator(结果导航区)对话框选择查看结果，如图 6.14 所示。这里分别查看 S_{11} 参数随腔体内耦合窗间距 w_1、w_2 的变化关系。

(2) 在结果导航区对话框选择查看的指定参数取值对应的结果，然后单击 Navigation Tree→1D Results→S-Parameters 查看对应的 S 参数。

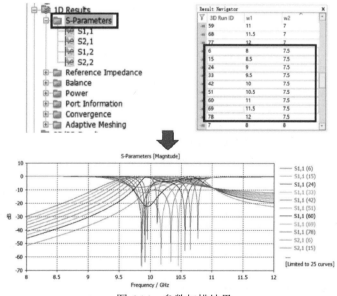

图 6.14　参数扫描结果

6.3.2 优化设计实例

打开 6.3.1 节的设计工程，本节将讲解腔体滤波器优化设计的详细操作过程。这里的优化设计目标是：在中心工作频率为 10GHz 左右有两个模式耦合，同时改变 w_1 和 w_2，使两个模式的带宽尽量宽，从而实现整体的宽带滤波器。

1. 添加优化变量 w_1、w_2

(1) 6.3.1 节对腔体滤波器进行参数扫描，根据参数扫描的结果分析得到优化设计的一个合理区间。在两边耦合窗 $w_1 = 10$mm，中间耦合窗 $w_2 = 7$mm 时，腔体滤波器 S_{11} 参数在 10GHz 附近有两个模式耦合且有比较宽的带宽。因此设置 w_1 的优化范围为 9~11mm，w_2 的优化范围为 6~8mm。

(2) 单击 Simulation→Solver→Optimizer，打开图 6.15 所示的优化器对话框。

(3) 单击 Settings，选择算法为 Interpolated Quasi Newton(插值拟牛顿法)，添加优化变量 w_1、w_2 并编辑其优化区间，w_1 区间为 9~11mm，w_2 区间为 6~8mm。

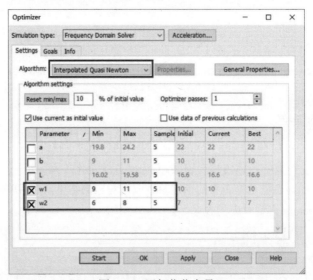

图 6.15　添加优化变量

2. 添加优化目标

(1) 单击 Goals，单击 Add New Goal...按钮打开定义优化目标对话框，如图 6.16 所示，选择优化的结果名称为 S_{11}，指定结果类型为 Mag.(dB)，指定达到优化结果的条件为 <-20dB，覆盖频率范围为 9.8~9.9GHz，单击 OK 按钮完成添加。

(2) 重复上述操作，添加第二个优化目标，结果类型及优化条件不变，覆盖频率范围为 10.1~10.2GHz，单击 OK 按钮完成添加。

(3) 这里设置优化条件不需要构造目标函数，直接输入目标条件值即可。

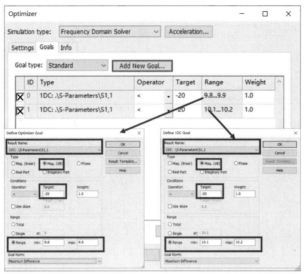

图 6.16　添加优化目标

3. 运行优化设计分析及监视进度

（1）单击 Start 按钮开始运行优化设计分析。

（2）单击 Info，如图 6.17 所示，可以在优化器运行时查看当前的状态和最优参数，可知最优参数为 $w_1 = 10.6035mm$，$w_2 = 7.56549mm$。

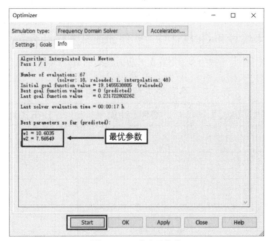

图 6.17　监视进度

4. 查看优化结果

（1）优化完成后，w_1、w_2 的最优参数会自动更新到参数列表。

（2）单击 Home→Simulation→Start Simulation，开始当前参数的仿真。

（3）完成仿真后，单击 Navigation Tree→1D Results→S-Parameters 查看最优参数对应的 S_{11}，如图 6.18 所示，同时对比初始 $w_1 = 10mm$、$w_2 = 7mm$ 对应的 S_{11}。

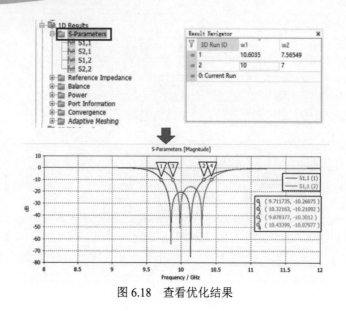

图 6.18　查看优化结果

6.4　高性能计算

CST 加速计算包括硬件加速技术和软件加速技术,可用于提高整体仿真性能的功能。其中,硬件加速技术包括 CPU 多线程和 GPU 计算;软件加速技术包括分布式计算和 MPI 计算。不同的求解器适用的加速方法不同。表 6.2 列出了不同的求解器使用的加速技术。

表 6.2　不同的求解器使用的加速技术

求解器	CPU 多线程	GPU 计算	分布式计算	MPI 计算
T	✓	✓	✓	✓
F	✓		✓	
I	✓	✓	✓	✓
A	✓	✓	✓	
Pic	✓	✓	✓	
WAK	✓		✓	✓

用户可以单击 Simulation→Solver→Setup Solver,打开求解器设置对话框,在对话框内单击 Acceleration...按钮打开加速对话框,如图 6.19 所示。对话框内容包括 CPU 加速、分布式计算(DC)、MPI 计算。

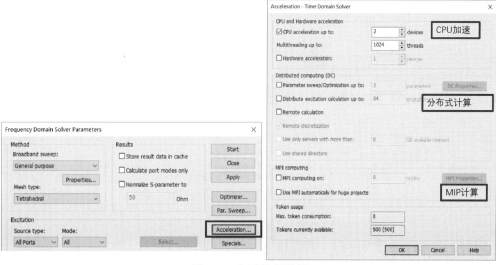

图 6.19　加速计算设置

6.4.1　硬件加速技术

1. CPU 多线程

CPU 加速——利用多插槽、多 CPU 设备机器的功能。计算将分为相应的部分，并在不同的设备上并行运行，以节省仿真时间。用户可以选择所需 CPU 设备的数量。

多线程加速——计算将被分成相应的部分，并在不同线程中并行运行，以节省仿真时间。用户可以选择所需线程数，定义线程个数将分布在所选的 CPU 设备上。

需要注意的是，某些处理器向系统宣布的内核数量超过了实际拥有的数量(虚拟内核)。对于英特尔处理器，此功能称为"超线程"。将这些虚拟核用在 CST 求解器过程会降低性能。因此，CST 求解器将只使用物理处理器核，而不使用虚拟处理器核。

在分布式计算的情况下，CPU 核心数、CPU 设备数和 GPU 设备数的设置是指每个 DC 求解器服务器；在 MPI 计算的情况下，CPU 核心数、CPU 设备数和 GPU 设备数的设置是指每个 MPI 节点；在本地 MPI 计算的情况下，CPU 核心数、CPU 设备数和 GPU 设备数的设置是指每台主机的对应设备数。多线程可扩展性对不同求解器性能的影响如下。

- ➤ 多线程可扩展性对频域求解器性能的影响：求解器算法为多核操作做好了充分的准备，并显示出良好的可扩展性，频域求解器的性能主要受算力限制，如图 6.20 所示。注意，多核并行化包含在每个求解器许可证中，最多可在 2 个 CPU 设备/插槽上免费使用。
- ➤ 多线程可扩展性对瞬态求解器性能的影响：限制瞬态求解器性能的是系统的内存大小，即瞬态求解器算法受内存限制，如图 6.21 所示。因为许多 CPU 内核都在争夺内存访问权，因此解决方案是硬件加速，即增加内存条。

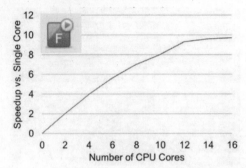

图 6.20　多线程可扩展性对频域求解器性能的影响

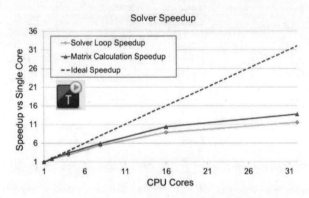

图 6.21　多线程可扩展性对瞬态求解器性能的影响

2. GPU 计算

电磁 PIC 求解器支持使用多个 GPU 设备进行加速。静电 PIC 求解器不支持多 GPU 加速。CST 工作室套装目前在单个主机系统中最多支持 8 个 GPU 设备。

多 GPU PIC 求解器基于区域分解法。对于 PIC 求解器，这意味着计算域将沿 z 轴拆分为子域。目前不支持 x 方向和 y 方向的拆分。每个子域由一个 GPU 处理。拆分位置由求解器自动计算。如果每个 GPU 处理的粒子数大致相同，则多 GPU 的加速比是最佳的。为了检查该条件是否为真，PIC 求解器提供了一个特殊的 1D 求解器结果，即每个 GPU 的粒子与时间图，如图 6.22 所示。用户可以在 Navigation Tree→1D Results→Solver Statistics [PIC]→MultiGPU 中查看。

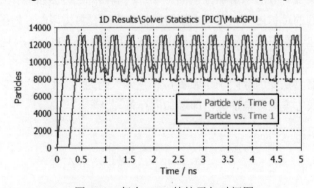

图 6.22　每个 GPU 的粒子与时间图

6.4.2　软件加速技术

1. 分布式计算

1) 分布式计算概述

仿真任务的某些部分计算时相互独立。例如:

➢ 频域求解器与积分方程求解器在不同频点处的计算。

➢ 参数扫描或优化期间执行的仿真。

➢ 多个顺序端口的激励。

分布式计算支持将单个项目中拆分成多个类似的独立仿真计算任务,在同一个网络的不同系统中计算,达到了硬件资源共享的效果。

2) 分布式计算的工作原理

➢ 用户从前端向主控制器提交仿真任务。

➢ 主控制器根据在求解器的设置中输入的标准选择合适的求解服务器。

➢ 主控制器通过网络将仿真任务发送到选定且可用的求解器服务器中,仿真结果按先到先得原则提交。

➢ 当求解器在服务器上完成仿真任务时,该仿真结果将被发送回主控制器,排队等待最终传输回到相应的前端。

2. MPI 计算

1) MPI 计算概述

➢ MPI 计算可以拆分仿真任务的计算负荷,并分配给在共享内存或分布式内存等环境中的计算资源进行计算。

➢ MPI 与分布式计算的不同之处在于,它可以将彼此不独立的计算任务分配给不同计算资源,以并行处理任务(如对 3D 模型的不同区域进行场计算)。

➢ MPI 计算为仿真大结构、复杂的模型提供了选择,运用 MPI 计算可以使大结构、复杂的模型在单个工作站或服务器中计算。

➢ 一些适用于 MPI 计算的应用场景:超电大结构(如飞机的雷达截面积或雷击仿真);极其复杂的结构(如全封装的集成电路仿真)。

2) MPI 计算的工作原理

➢ MPI 计算基于仿真域的分解。

➢ 通过节点间的负荷自平衡让性能保持在最佳状态。

➢ 在 Windows 或 Linux 系统间可以跨平台工作。

➢ 计算节点间需要满足高速/低延时条件的互联网络以提高计算性能。

6.5 思考题

1. 参数扫描和优化设计的流程是什么？请参考 6.3 节完成对腔体滤波器的参数扫描和优化设计。

2. 请结合 8.2 节的实例，对短路钉位置 offset_pin 进行参数扫描，分析短路钉位置 offset_pin 与贴片天线输入阻抗的关系，以及主瓣增益的关系。

3. 请结合第 2 题实例，对短路钉位置 offset_pin 进行优化设计，寻找主瓣增益最大值大于 10 dBi 所对应的 offset_pin。

4. 简述不同求解器可使用的加速技术。

5. 简述分布式计算和 MPI 计算的工作原理。

第 **7** 章

微波滤波器

本章分为两小节，分别介绍腔体滤波器和超宽带多模滤波器。7.1 节以腔体谐振器为例，介绍了传统带通滤波器的设计方法，包括滤波器外部品质因数和谐振器间耦合系数的提取方法。7.2 节介绍了基于微带线多模谐振器的超宽带多模滤波器，该滤波器具有结构简单和机理清晰的特点，有助于读者了解和掌握该类滤波器的设计方法。滤波器种类繁多，理论和设计方法完备，进一步深入学习可以参考相关的专业书籍。

7.1 腔体滤波器

波导腔体滤波器是早期微波滤波器的主要实现形式，具有高品质因数、高功率容量、低损耗等特点，现在仍被广泛应用于各种通信系统。目前，腔体滤波器主要基于耦合系数和外部 Q 值进行设计。下面将介绍基于低通滤波器原型计算带通滤波器的耦合系数和外部 Q 值，进而设计腔体带通滤波器。

7.1.1 耦合谐振器滤波器概述

1. 耦合谐振器

图 7.1 所示为耦合谐振器滤波器的一般拓扑，其中，S 为信号源(Source)，其内阻为 R_1，L 为终端负载(Load)，阻值为 R_n，n 个相互耦合的 LC 串联或并联谐振器用数字 1, 2, 3,···, n 表示，第 i 和第 j 谐振器间的耦合系数表示为 m_{ij}，连接源和负载处谐振器的外部品质因数分别表示为 Q_{e1} 和 Q_{en}。

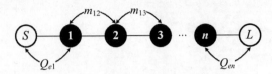

图 7.1　n 个谐振器级联耦合的拓扑图

若 n 个 LC 串联谐振器之间通过磁耦合(感性耦合)相互作用，根据基尔霍夫电压定律列出电流回路方程，可以得到以下归一化阻抗矩阵[1]：

$$
\left[\overline{Z}\right]=\begin{bmatrix}
\dfrac{1}{q_{e1}}+p & -\mathrm{j}m_{12} & \cdots & -\mathrm{j}m_{1n} \\
-\mathrm{j}m_{21} & p & \cdots & -\mathrm{j}m_{2n} \\
\vdots & \vdots & \vdots & \vdots \\
-\mathrm{j}m_{n1} & -\mathrm{j}m_{n2} & \cdots & \dfrac{1}{q_{en}}+p
\end{bmatrix}
\tag{7-1}
$$

其中，q_{e1} 和 q_{en} 为归一化外部 Q 值，即 $q_{ei}=Q_{ei}\cdot B_r$；外部 Q 值可表示为感抗与实部电阻的比值，即 $R_i/\omega_0 L=1/Q_{ei}$；相对带宽 $B_r=\Delta\omega/\omega_0$；$m_{ij}$ 为归一化耦合系数，$m_{ij}=M_{ij}/B_r$，耦合系数 M_{ij} 等于互感与自感的比值，即 $M_{ij}=L_{ij}/L$；并且 p 为复低通频率变量，即

$$
p=\mathrm{j}\frac{1}{B_r}\left(\frac{\omega}{\omega_0}-\frac{\omega_0}{\omega}\right)
$$

将滤波器视为二端口网络，由 $\boldsymbol{S}$ 参数与电压电流关系，S_{21} 和 S_{11} 可以表示为该网络 $\boldsymbol{Z}$ 矩阵的函数：

$$
S_{21}=\frac{2\sqrt{R_1 R_n i_n}}{e_s}=\frac{2\sqrt{R_1 R_n}}{\omega_0 L\cdot B_r}\left[\overline{Z}\right]_{n1}^{-1}=2\frac{1}{\sqrt{q_{e1}\cdot q_{en}}}\left[\overline{Z}\right]_{n1}^{-1}
\tag{7-2}
$$

$$
S_{11}=1-\frac{2R_1 i_1}{e_s}=1-\frac{2R_1}{\omega_0 L\cdot B_r}\left[\overline{Z}\right]_{11}^{-1}=1-\frac{2}{q_{e1}}\left[\overline{Z}\right]_{11}^{-1}
\tag{7-3}
$$

这说明，该滤波器的 $\boldsymbol{S}$ 参数仅由归一化外部 Q 值和归一化 $\boldsymbol{Z}$ 矩阵的逆矩阵的第 n 行第 1 列元素决定。对于电耦合(容性耦合)并联 LC 谐振器，也可得到相似的结论，只需将上式的归一化 $\boldsymbol{Z}$ 矩阵替换为归一化 $\boldsymbol{Y}$ 矩阵即可。具体的理论推导过程请参阅本章参考文献[1]。

由于耦合谐振器网络的 $\boldsymbol{Z}$ 矩阵和 $\boldsymbol{Y}$ 矩阵由外部 Q 值和耦合系数共同确定，因此，只要给定外部 Q 值和耦合系数，就能直接得到滤波器的 $\boldsymbol{S}$ 参数响应，与具体的滤波器结构无关。在实际的设计中，根据给定的指标确定滤波器的阶数、外部 Q 值和耦合系数，然后通过 3D 仿真提取实际物理结构的外部 Q 值和耦合系数，确定馈线与谐振器的连接位置和谐振器之间的耦合间距，最终完成整个滤波器设计。

2. 归一化低通原型滤波器

现代微波滤波器往往以归一化低通原型滤波器为基础，通过阻抗变换和频率变换得到。在设计实际滤波器时，需要先确定其归一化低通原型滤波器。假设已知滤波器的中心频率 ω_0，在

特定频率 ω 处需满足的最小衰减值，以及滤波器的相对带宽，就可以通过理论计算得到所需的滤波器阶数，然后找出给定波纹条件下的低通原型的元件值。例如，3 阶滤波器在 0.1 dB 波纹条件下，其低通原型的各个元件值分别为 $g_0 = 1.0$，$g_1 = 1.0316$，$g_2 = 1.1474$，$g_3 = 1.0316$，$g_4 = 1.0$。

设计耦合谐振器带通滤波器，关键在于确定两个终端的外部 Q 值和谐振器间的耦合系数 k。当低通滤波器原型的元件值确定后，可以根据以下公式计算出外部 Q 值和耦合系数 k：

$$Q_{e1} = \frac{g_0 g_1}{B_r} \tag{7-4}$$

$$Q_{en} = \frac{g_n g_{n+1}}{B_r} \tag{7-5}$$

$$k_{i,i+1} = \frac{B_r}{\sqrt{g_i g_{i+1}}}, i = 1, 2, \cdots, \ n-1 \tag{7-6}$$

其中，g_i 为低通滤波器原型的元件值，可通过查表得到[1]。这里给出 0.1 dB 通带波纹低通滤波器原型的元件值，见表 7.1。

表 7.1 等波纹低通滤波器原型的元件值(通带波纹 L_{Ar}= 0.1 dB，g_0 =1)

n	g_1	g_2	g_3	g_4	g_5	g_6	g_7	g_8	g_9	g_{10}
1	0.3052	1.0								
2	0.8431	0.6220	1.3554							
3	1.0316	1.1474	1.0316	1.0						
4	1.1088	1.3062	1.7704	0.8181	1.3554					
5	1.1468	1.3712	1.9750	1.3712	1.1468	1.0				
6	1.1681	1.4040	2.0562	1.5171	1.9029	0.8618	1.3554			
7	1.1812	1.4228	2.0967	1.5734	2.0967	1.4228	1.1812	1.0		
8	1.1898	1.4346	2.1199	1.6010	2.1700	1.5641	1.9445	0.8778	1.3554	
9	1.1957	1.4426	2.1346	1.6167	2.2054	1.6167	2.1346	1.4426	1.1957	1.0

3. 耦合谐振器带通滤波器设计

要求: 基于波导谐振器设计一个 2 阶带通滤波器，其带内波纹为 0.1dB，中心频率为 10 GHz，相对带宽为 5%。

计算过程:

根据表 7.1 选取低通滤波器原型的元件值。滤波器阶数为 2，带内波纹为 0.1 dB 时，有 $g_0 = 1.0$，$g_1 = 0.8431$，$g_2 = 0.6220$，$g_3 = 1.3554$。

最后根据式(7-4)~式(7-6)，计算得到滤波器的外部 Q 值和各谐振器之间的耦合系数：$Q_{e1} = 1 \times 0.8431/0.05 = 16.862$，$Q_{en} = 0.6220 \times 1.3554/0.05 = 16.681$，$k_{12} = 0.05/(0.8431 \times 0.6220)^{1/2} = 0.069$。

下面基于理论计算得到的结果，通过 3D 电磁仿真来确定滤波器的结构和尺寸。

7.1.2 腔体滤波器仿真设计

1. 设计概述

如图 7.2 所示，本节需要依次仿真 4 个模型，分别为模型 1、模型 2、模型 3 和模型 4。其中，无端口激励的模型 1、模型 2 和模型 3 使用本征模求解器仿真，分别用于提取谐振频率、耦合系数和外部 Q 值；模型 4 是完整的滤波器，基于前面 3 个模型仿真的结果来确定结构和尺寸，使用频域求解器仿真。

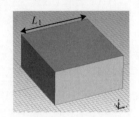

(a) 模型 1(提取谐振频率)

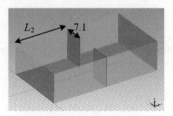

(b) 模型 2(提取耦合系数)

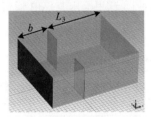

(c) 模型 3(提取外部 Q 值)

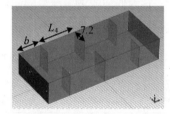

(d) 模型 4(完整的带通滤波器)

图 7.2　本节仿真的 4 个腔体模型

模型 1 是一个以空气为介质的长方体腔体，其外表面为电壁；模型 2 的中间插入金属片，形成左侧和右侧两个子长方体腔体，这两个腔体间的耦合强度与两金属片的间隔有关。模型 3 是一个以波导端口激励的长方体腔体，插入了金属片，其位置用以调整谐振频率，间距用于调节与端口的耦合；模型 4 关于中间的金属片对称，可以看成两个镜像的模型 3 对接而成。在 CST 中建模时，模型 1 加入端口后形成模型 3，模型 2 加入端口后形成模型 4。

2. 4 个模型的对比

所设计的滤波器中心频率为 10 GHz，选取 WR90 波导，波导横截面长和宽分别为 22 mm 和 10 mm。特别的是，这 4 个模型的单个腔体在 x 轴方向的长度都不相同。其长度依次递减：模型 1 为 20.5 mm，模型 2 为 19.2 mm，模型 3 为 17.8 mm，模型 4 为 16.6 mm，这是因为耦合效应缩短了谐振器的长度。

模型 1 仿真单个腔体谐振器，调整腔体长度使其谐振频率为 10 GHz，得到腔体长度为 $L_1 = 20.5$mm。模型 2 是两个腔体谐振器耦合，两个腔体存在耦合(此时为磁耦合)，会形成"阻抗倒相器"；当存在磁耦合时，原有单腔体的自感 (L) 会加上阻抗倒相器的互感 $(-L_m)$；因此存在耦合时总的电感为 $L-L_m$，单个腔体的长度会变短。通过仿真确定腔体谐振器长度减少量为 $\Delta_1 = (20.5-19.2)$mm$=1.3$ mm。

模型 3 是输入端口与腔体谐振器耦合，同样地，耦合效应使得右边的腔体长度变短，通过仿真确定腔体谐振器长度减少量为$\Delta_2=(20.5-17.8)\text{mm}=2.7\text{ mm}$。模型 4 是整体滤波器仿真模型，腔体谐振器长度为$L_1-\Delta_1-\Delta_2$，最后再通过仿真对滤波器尺寸进行微调，优化性能。

3. 模型 1——单个介质谐振腔的本征模仿真

1) 新建工程模板并设计建模

(1) 运行 CST 并创建工程模板。

➤ 双击软件图标打开软件，单击 New Template，开始新建工程模板。

➤ 单击 Microwaves & RF/Optical，选择微波与射频/光学应用。

➤ 单击 Circuit & Components，选择电路应用；接着进行下一步操作，单击 Next 按钮。

➤ 单击 Waveguide & Cavity Filters，以选择平面滤波器的工作流；接着进行下一步操作，单击 Next 按钮。

(2) 设置求解器类型和求解频率。

➤ 单击 Eigenmode，选择本征求解器；接着进行下一步操作，单击 Next 按钮。

➤ 默认尺寸单位为 mm，默认频率单位为 GHz；接着进行下一步操作，单击 Next 按钮。

➤ 检查模板的参数(求解器、单位、设置)，Template name 默认，单击 Finish 按钮完成工程模板的创建。

➤ 保存当前文件，同时按住<Ctrl>+<S>键，文件名称和文件地址需读者自定义。

(3) 设计建模。

➤ 单击 Modeling 选项卡的 Shapes 功能区中的 (长方体)，出现 Double click first point in working plane (Press ESC to show dialog box) 后，按<Esc>键。

➤ 在弹出的 Brick 对话框中输入模型的名称和尺寸，并选择模型的材料，如图 7.3(a)所示。

➤ 单击 OK 按钮，然后在弹出的对话框中输入各个参数的具体数值，如图 7.3(b)所示。建立的模型如图 7.2(a)所示。

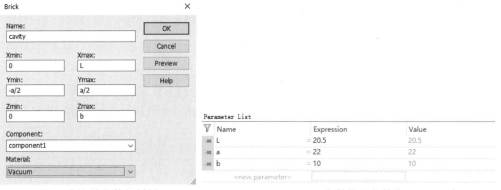

(a) 空腔的参数与材料   (b) 参数的具体数值

图 7.3　模型的参数和数值

(4) 查看边界条件。单击 Simulation→Settings→Boundaries，弹出 Boundary Conditions 对话框，如图 7.4 所示，可以观察到图 7.4(a)所示的 6 个面均为电壁，说明介质的外表面被金属包裹。然后单击"确定"按钮退出。

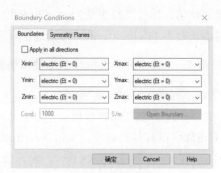

(a) 查看 3D 模型的边界　　　　　　　(b) 边界的设置面板

图 7.4　6 个面的边界情况

2) 开始仿真并查看仿真结果

(1) 设置求解器参数并开始仿真。单击 Home 选项卡，然后单击本征模求解器的图标 ，弹出 Frequency Range Settings 对话框，输入频率范围 9~12 GHz，如图 7.5(a)所示。然后单击 OK 按钮确认频率，会弹出 Eigenmode Solver Parameters 对话框，如图 7.5(b)所示。在 Modes 栏输入数字 2，在 Frequencies above 栏输入数字 9，以在 9 GHz 附近查找 2 个模式。然后单击 Start 按钮开始仿真。

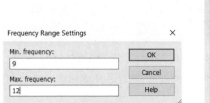

(a) 设置频率范围　　　　　　　　(b) 设置求解器参数

图 7.5　设置频率范围与求解器参数

(2) 查看结果。单击左侧 1D Results 文件夹前的加号 ，展开并查看两个模式的频率，如图 7.6(a)所示。然后单击 Mode Frequencies，出现图 7.6(c)所示的数据。单击左侧 2D/3D Results、Modes、Mode 1 和 Mode 2 文件夹前的加号 ，展开并查看两个模式的场分布，如图 7.6(b)所示。单击 h 观察模式的磁场分布，两个模式的磁场分布及电场分布如图 7.6(d)~7.6(g)所示。

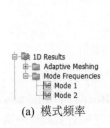
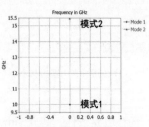

(a) 模式频率　　　　　(b) 模式场分布　　　　　(c) 两个模式的谐振频率

图 7.6　仿真结果

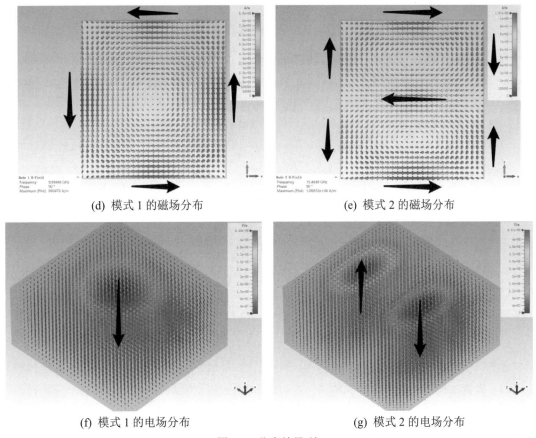

(d) 模式 1 的磁场分布　　　　　　　(e) 模式 2 的磁场分布

(f) 模式 1 的电场分布　　　　　　　(g) 模式 2 的电场分布

图 7.6　仿真结果(续)

4. 模型 2——耦合介质谐振腔的本征模仿真

1) 设计建模

复制模型 1。将鼠标移动到模型 1 的 CST 文件处，单击选择该文件，然后进行复制粘贴操作：按<Ctrl>+<C>键进行复制，按<Ctrl>+<V>键进行粘贴。读者可以给粘贴后得到的文件重新命名为模型 2。双击模型 2 打开文件。

将尺寸长 L 改为 38.4 mm。如图 7.7 所示，单击主界面中的 Parameter List，在展开的表格中重新输入尺寸。在 L 行的 Expression 列，输入数字 38.4，按<Enter>键，会提示：Some variables have been modified. Press 'Home: Edit->Parametric Update (F7)'，然后单击 Home 选项卡，单击 Edit 中的图标 ⬚ 更新尺寸。

Parameter List			
▽ Name	Expression	Value	Description
L	= 38.4	38.4	
a	= 22	22	
b	= 10	10	
<new parameter>			

Parameter List	Result Navigator

图 7.7　参数与数据列表

单击 Modeling 选项卡的 Shapes 功能区中的 ⬚(长方体)，出现 Double click first point in working plane(Press ESC to show dialog box)后，按<Esc>键。在弹出的 Brick 对话框中输入模型

的名称和尺寸，并选择模型的材料为 PEC，如图 7.8(a)所示。单击 OK 按钮，然后在弹出的对话框中输入 t_2 的数值为 7.1。

镜像复制刚建立的金属片。单击左侧 Components 文件夹内的 iris_k，然后单击 Modeling→Tools→Transform 的图标，弹出 Transform Selected Object 对话框，如图 7.8(b)所示，点选 Mirror 选项，勾选 Copy 选项，在 Y 栏输入数字 1，然后单击 OK 按钮，建立的模型如图 7.2(b)所示。

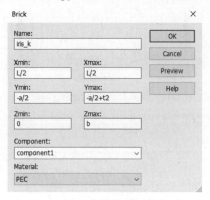 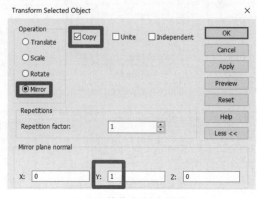

(a) 单个金属片的尺寸　　　　　　　(b) 镜像复制金属片

图 7.8　建立一对金属片

2) 开始仿真并查看仿真结果

(1) 设置求解器参数并开始仿真。

单击 Home 选项卡，然后单击本征模求解器的图标，弹出 Eigenmode Solver Parameters 对话框，如图 7.9 所示，在 Modes 栏输入数字 4，在 Frequencies above 栏输入数字 8.5，以在 8.5 GHz 以上查找 4 个模式。最后单击 Start 按钮开始仿真。

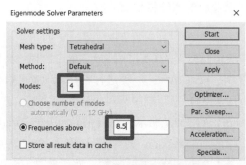

图 7.9　本征模求解器参数设置

(2) 查看结果。

单击左侧 1D Results 文件夹前的加号，展开并查看两个模式的频率，如图 7.10(a)所示。然后单击 Mode Frequencies，出现图 7.10(b)所示的数据。

单击左侧 2D/3D Results、Modes、Mode 1/和 Mode 2 文件夹前的加号，展开并查看 4 个模式的场分布，如图 7.10(a)所示。单击 e 观察模式的电场分布，然后单击 2D/3D Plot 选项卡中图标下的 Fields on Plane，依次单击 Cross Section A、Cross Section B、Cross Section C 查看 3 个切面，最后位于 10 GHz 附近的 2 个模式(偶模和奇模)的电场分布如图 7.11 所示。f_1 = 9.6897 GHz，f_2 = 10.3623 GHz，

耦合系数 $k_{12} = (f_2^2 - f_1^2)/(f_2^2 + f_1^2) = 0.067$。

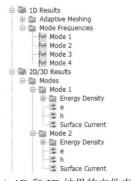

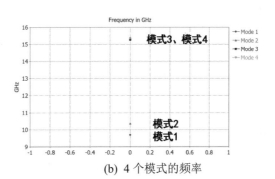

(a) 1D 和 3D 结果的文件夹　　　　　　　(b) 4 个模式的频率

图 7.10　查看结果

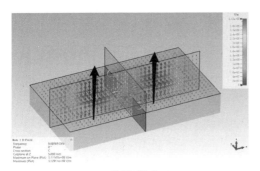

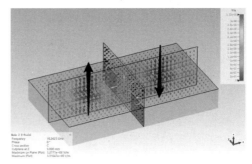

(a) 偶模(模式 1)　　　　　　　　　　(b) 奇模(模式 2)

图 7.11　前 2 个模式的电场分布

5. 模型 3——波导端口激励单个介质谐振腔

1) 设计建模

复制模型 1。将鼠标移动到模型 1 的 CST 文件处，单击选择该文件，然后进行复制粘贴操作：按<Ctrl>+<C>键进行复制，按<Ctrl>+<V>键进行粘贴。读者可以给粘贴后得到的文件重新命名为模型 3。双击模型 3 打开文件。

改变谐振腔的尺寸。单击左侧 Components 文件夹前的加号 ⊞，双击里面的 ▦ cavity，弹出 History Tree 对话框，然后双击 Define brick，弹出 Brick 对话框，将 Xmin 下面的文本框改为-b，如图 7.12 所示。然后依次单击 OK 按钮和 Close 按钮，完成谐振腔尺寸的修改。

图 7.12　修改模型参数

然后修改参数 L 的数值为 17.8 mm，操作与模型 2 类似。

插入金属片。先创建一片长金属片：单击 Modeling 选项卡的 Shapes 功能区中的 ▣(长方体)，

出现 `Double click first point in working plane (Press ESC to show dialog box)` 后，按<Esc>键，在弹出的 Brick 对话框中输入金属的名称和尺寸，并选择材料为 PEC，如图 7.13(a)、7.13(c)所示。然后创建一片短金属片：按照同样的操作建立另一片金属，如图 7.13(b)、7.13(d)所示。其中，w_1 为 10.5 mm。

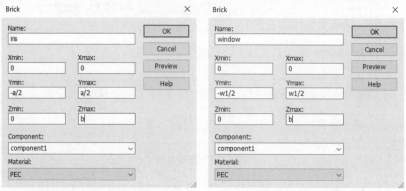

(a) 长金属片的参数　　　　　　(b) 短金属片的参数

　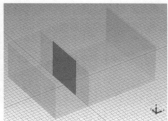　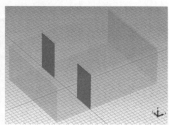

(c) 长金属片　　　　　(d) 短金属片　　　　　(e) "长"减"短"

图 7.13　创建一对金属片

对这两片金属片做减法。单击 🖼 iris，然后在英文输入法情况下按<–>键，会出现 `Select object(s) to subtract from: component1:iris (Press ESC to cancel)` 的提示，然后单击 🖼 window，最后按<Enter>键，得到相减后的模型，如图 7.13(e)所示。

波导端口馈电。首先在英文输入法的情况下，按<F>键开始选择"面"；将鼠标移动至介质块的左侧面，该面会变红；然后双击选中该面，该面会出现红色斑点；然后右击 Navigation Tree 中的 Ports 文件夹 🚥 Ports，在弹出的快捷菜单中单击 New Waveguide Port... 🖼，弹出 Modify Waveguide Port 对话框，然后单击 OK 按钮。

2) 开始仿真并查看仿真结果

设置本征模求解器参数。单击 Home 选项卡，然后单击本征模求解器的图标 🖼，弹出 Eigenmode Solver Parameters 对话框，如图 7.14 所示，将 Method 类型改为 General(Lossy)，并勾选 Consider ports 选项。

提高仿真精度。单击 Specials...按钮，在弹出的对话框中，将 Accuracy 栏改为 1e-12，将 Solver order 栏改为 3rd (high accuracy)。然后单击 OK 按钮确定修改，再单击 Start 按钮开始仿真。

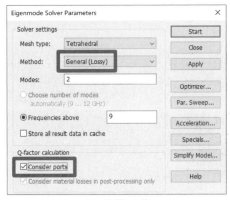
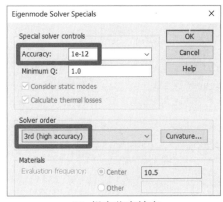

(a) 计算 Q 值　　　　　　　　　　(b) 提高仿真精度

图 7.14　设置求解器

单击左侧 1D Results 文件夹内的 total Q，模式 Q 值约 16.06；单击左侧 2D/3D Results→Modes→Mode1 的 e，模式 1 的频率约为 9.995 GHz，结果如图 7.15 所示。

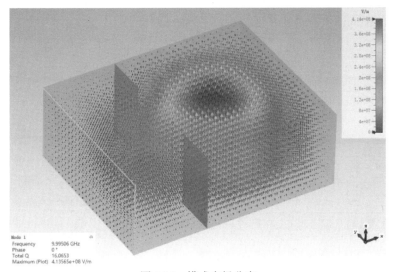

图 7.15　模式电场分布

6. 模型 4——耦合介质腔体带通滤波器

1) 设计建模

复制模型 3。将鼠标移动到模型 3 的 CST 文件处，单击选择该文件，然后进行复制粘贴操作：按<Ctrl>+<C>键进行复制，按<Ctrl>+<V>键进行粘贴。读者可以给粘贴后得到的文件重新命名为模型 4。双击模型 4 打开文件。

镜像复制腔体和金属片。按住<Ctrl>键的同时，单击"腔体" cavity 和"金属片" iris，然后单击 Modeling→Tools→Transform，弹出 Transform Selected Object 对话框，如图 7.16(a)所示。点选 Mirror 选项，勾选 Copy 选项，在 X 栏输入数字 1，在 X0 栏输入字母 L，以沿着 $x=L$ 的平面镜像复制所选物体。然后单击 OK 按钮，结果如图 7.16(b)所示。

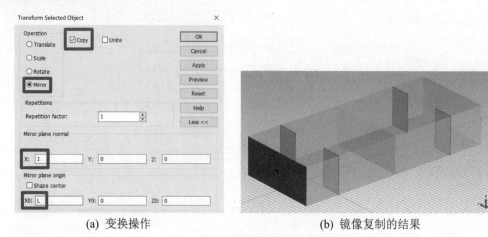

(a) 变换操作   (b) 镜像复制的结果

图 7.16　镜像复制腔体和金属片

创建两片金属片，分别为长的 iris2 和短的 window2；然后做相减运算(iris2 减去 window2)。两片金属片的参数如图 7.17 所示，其中 $w_2 = 7.2$ mm，即单块薄片的宽度为 7.2 mm。并将尺寸改为长 $L= 16.6$ mm，在介质的右侧加入第二个波导端口。以上操作不再赘述，滤波器结构如图 7.18 所示。

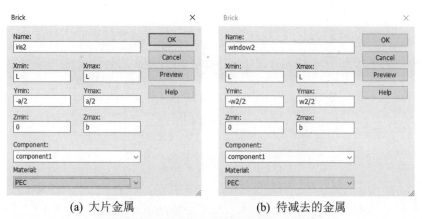

(a) 大片金属   (b) 待减去的金属

图 7.17　两片金属片的参数

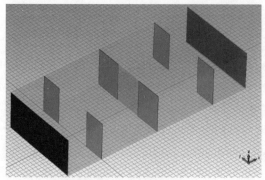

图 7.18　带通滤波器

改变频率范围，将 9~12 GHz 改为 8~12 GHz。单击 Simulation→Settings→Frequency，在弹

出的对话框中将频率范围改为 8~12 GHz，如图 7.19 所示。

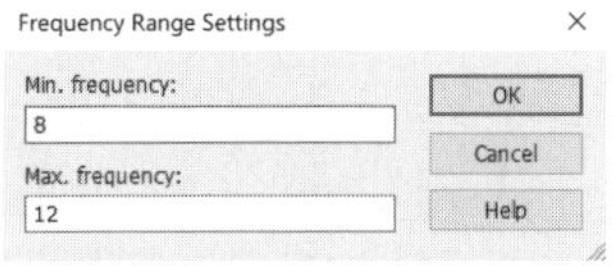

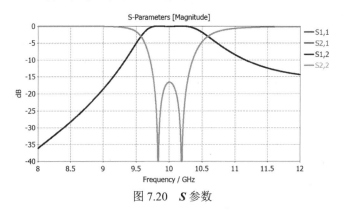

图 7.19　改变频率范围

选择频域求解器。单击 Home→Simulation→Setup Solver，然后选择频域求解器 Frequency Domain Solver。

2) 开始仿真并查看仿真结果

在 Home 选项卡中，单击 Start Simulation 的图标 ，开始仿真。单击左侧 1D Results 文件夹内的 S-Parameters，查看 *S* 参数，如图 7.20 所示。

图 7.20　*S* 参数

7.2 超宽带多模滤波器

一般来说，UWB 指的是脉冲无线电超宽带，美国联邦通信委员会(FCC)为 UWB 分配了 3.1~10.6GHz 共 7.5 GHz 频带。目前，UWB 主要应用于定位和高速数据传输，2019 年苹果公司就发布了支持 UWB 的 iPhone 11。在 UWB 通信系统中，覆盖 3.1~10.6 GHz 的超宽带滤波器是其中的一个重要器件。

7.2.1　超宽带多模滤波器概述

7.1 节介绍的耦合谐振器带通滤波器综合设计方法，一般只适用于窄带滤波器设计，而UWB 系统工作带宽超过了 100%，因此传统的滤波器设计方法不再适用。著名学者、IEEE Fellow 祝雷教授在本章参考文献[2]中首次提出基于多模谐振器的超宽带滤波器设计，其思想是利用多模谐振器产生多个相邻的谐振模，从而形成宽带带通响应。本节的设计实例源于本章参考文献[2]所提出的滤波器结构。

滤波器结构如图 7.21 所示，两端馈线通过耦合线与中间的阶跃阻抗谐振器耦合。该谐振器由 3 段宽度不同、长度约为中心频率 1/4 波长的传输线构成，中间线宽较宽，特征阻抗为 Z_1，左右两边线宽较细，特征阻抗为 Z_2。通过增大 Z_1 和 Z_2 的差别，可以让谐振器前 3 个谐振模(半波模、全波模和 1.5 波长模)的谐振频率靠近，从而形成通带。滤波器通过平行耦合线与端口耦合，如图 7.21(a)、7.21(b)所示的两个滤波器，耦合线长度不同：前者的耦合线长度小于谐振器中心频率的 1/4 波长，属于弱耦合馈电，用于观察多模谐振器的谐振点；后者的耦合线长度约等于中心频率的 1/4 波长，耦合较强，形成通带。

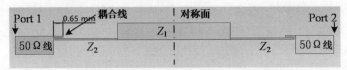

(a) 耦合线长度($L_C = 0.65$ mm)小于 1/4 波长

(b) 耦合线长度($L_C = 4.15$ mm)约等于 1/4 波长

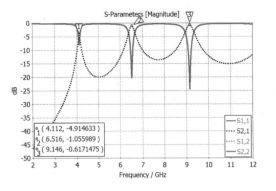 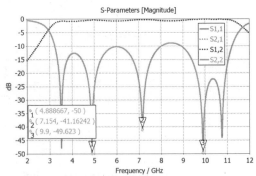

(c) 弱耦合时的 S 参数幅度　　　　　　(d) 强耦合时的 S 参数幅度

图 7.21　两种不同耦合线长度及其 S 参数

弱耦合状态下的 S 参数如图 7.21(c)所示，S_{21} 具有 3 个传输极点，对应于多模谐振器的 3 个谐振模式。随着两端耦合线长度的增加，输入/输出端口与谐振器的耦合增强，S_{21} 曲线逐渐变得平坦，形成图 7.21(d)所示的结果。同时，两段耦合线引入 2 个额外的传输极点，在 S_{11} 响应出现了 5 个反射零点，实现超宽带响应。

7.2.2　超宽带多模滤波器的仿真设计

1. 新建工程模板

1) 运行 CST 并创建工程模板

(1) 双击软件图标打开软件，单击 New Template，开始新建工程模板。

(2) 单击 Microwaves & RF/Optical，选择微波与射频/光学应用。

(3) 单击 Circuit & Components，选择电路应用；接着进行下一步操作，单击 Next 按钮。

(4) 单击 Planar Filters，选择平面滤波器的工作流；接着进行下一步操作，单击 Next 按钮。

2) 设置求解器类型和求解频率

(1) 单击 Frequency Domain，选择频域求解器；接着进行下一步操作，单击 Next 按钮。

(2) 默认尺寸单位为 mm，默认频率单位为 GHz；接着进行下一步操作，单击 Next 按钮。

(3) 频率范围为 2~12 GHz，在第一个和第二个输入框中分别输入 2 和 12；接着进行下一步操作，单击 Next 按钮。

(4) 检查模板的参数(求解器、单位、设置)，Template name 默认，单击 Finish 按钮完成工程模板的创建。

(5) 保存当前文件，同时按住<Ctrl>+<S>键，文件名称和文件地址需读者自定义。

2. 设计建模

如图 7.22 所示，平面滤波器由馈线、耦合线和谐振器，无限大介质基底和地板，以及两个波导端口组成。采用参数化建模，具体参数的数值如图 7.22(a)所示。其中，介质基板的厚度为 h，微带线等理想金属导体的厚度为 t。

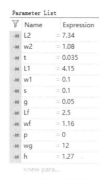

(a) 变量及数值

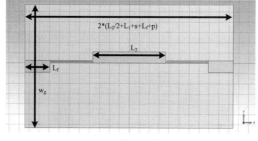

(b) 全局模型及变量

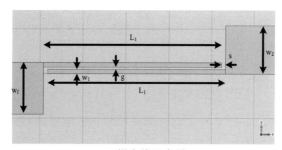

(c) 耦合线及变量

图 7.22　模型的结构与变量

1) 创建理想金属导体(馈线、耦合线和谐振器)

单击 Modeling 选项卡的 Shapes 功能区中的 ▬(长方体)，出现 Double click first point in working plane(Press ESC to show dialog box)后，按<Esc>键。在弹出的 Brick 对话框中输入模型的名称和尺寸，并选择模型的材料，如图 7.23 所示。

第一步，创建 1 个 2 号谐振器。

第二步，创建 1 个 1 号谐振器。

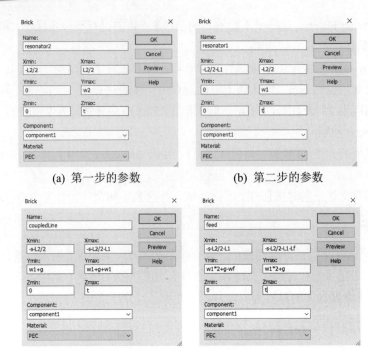

(a) 第一步的参数　　　　　　　　(b) 第二步的参数

(c) 第三步的参数　　　　　　　　(d) 第四步的参数

图 7.23　滤波器参数

第三步，创建 1 个耦合线。

第四步，创建 1 个用于馈电的微带线。

创建结果如图 7.24 所示。

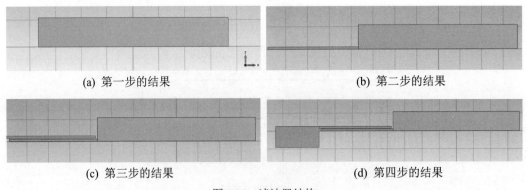

(a) 第一步的结果　　　　　　　　(b) 第二步的结果

(c) 第三步的结果　　　　　　　　(d) 第四步的结果

图 7.24　滤波器结构

第五步，如图 7.25 所示，除了 2 号谐振器，把其余的金属镜像复制。

(a) 模型　　　　　　　　(b) 名称

图 7.25　需镜像复制的部件

在左侧菜单栏中展开 Components 文件夹，按下<Ctrl>键的同时依次单击前 3 个部件，以选择耦合线、馈线和 1 号谐振器。然后再单击 Modeling→Tools→Transform 的图标 ，弹出 Transform Selected Object 对话框，如图 7.26 所示，点选 Mirror 选项，勾选 Copy 选项，在 X 栏输入数字 1，以选择垂直于 x 轴的面作为镜像平面。

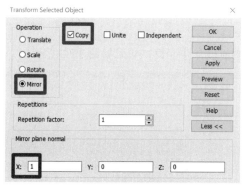

图 7.26　模型变换对话框

然后单击 OK 按钮，镜像复制后的模型如图 7.27 所示。

图 7.27　镜像复制后的模型

2) 创建无限大介质基底和地板

首先，创建有限大介质基底，材料为无损的 Rogers 6010。单击 Modeling 选项卡的 Shapes 功能区中的 (长方体)，出现 Double click first point in working plane (Press ESC to show dialog box) 后，按<Esc>键。在弹出的 Brick 对话框中输入模型的名称和尺寸，并选择模型的材料，如图 7.28 所示。其中，Ymin 栏输入-wg/2+w1*2+g-wf/2，Ymax 栏输入 wg/2+w1*2+g-wf/2。

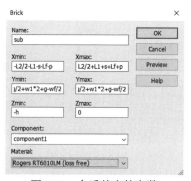

图 7.28　介质基底的参数

赋予合适的材料，并使用软件自带的材料库。单击 Material 下方选项栏选择 Load from Material Library...，在弹出的对话框中输入 6010 以快速检索到该材料，选择无损的这个材料(loss free)，然后单击 Load 按钮，以载入并赋予该材料，如图 7.29 所示。

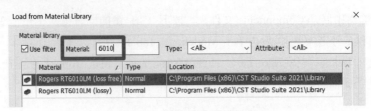

图 7.29　软件自带的材料库

单击 OK 按钮以确认创建该介质基板，结果如图 7.30 所示。

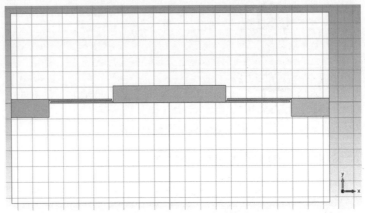

图 7.30　加入基底后的模型

然后，创建无限大地板和介质基底。单击 Simulation→Settings→Boundaries，弹出 Boundary Conditions 对话框，设置 6 个面的边界条件，如图 7.31(a)所示。其中，Zmin 为理想电壁，即无限大金属地板，如图 7.31(b)所示。

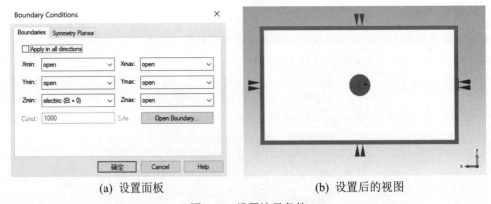

(a) 设置面板　　　　　　　　　　　　　　(b) 设置后的视图

图 7.31　设置边界条件

3) 更改材料颜色

首先，将金属的颜色改为亮黄色。如图 7.32(a)所示，在左侧 Components 文件夹中，单击第一个模型 coupledLine，然后按住<Shift>键，再单击倒数第二个模型 resonator2，这样就选中了所有的金属。单击鼠标右键，弹出图 7.32(b)所示的快捷菜单，单击 Assign Material and Color...，弹出图 7.32(c)所示的对话框。单击 Overwrite material color 右侧颜色图标，开始选择颜色。

在弹出的对话框中，单击选择"亮黄色"，然后单击 OK 按钮。这样就把选择的金属改成了亮黄色。

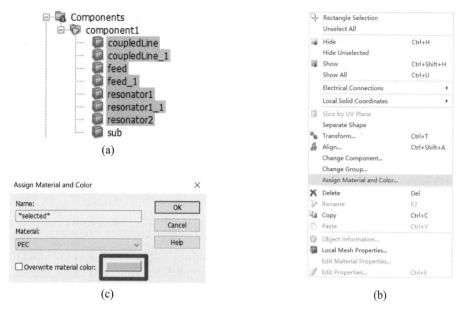

图 7.32　将微带线赋予亮黄色的步骤

然后，将介质基底改为蓝色。选择左侧 Components 文件夹中的 sub 部件，操作同理，选择"天蓝色"，单击 OK 按钮。更改材料的颜色后，模型如图 7.33 所示。

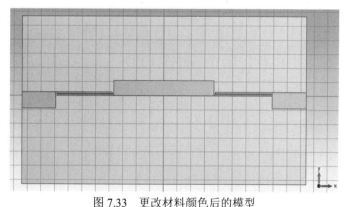

图 7.33　更改材料颜色后的模型

4) 设置波导端口馈电

完成模型的建立后，接下来将设置基于微带线的两个波导端口。首先在英文输入法的情况下，按<F>键开始选择"面"；将鼠标移动至介质基底的左侧面，该面会变红，如图 7.34(a)所示；然后双击选中该面，该面会出现红色斑点，如图 7.34(b)所示；然后右击 Navigation Tree 中的 Ports 文件夹 Ports，在弹出的快捷菜单中单击 New Waveguide Port... ，弹出如图 7.34(d)所示的对话框。

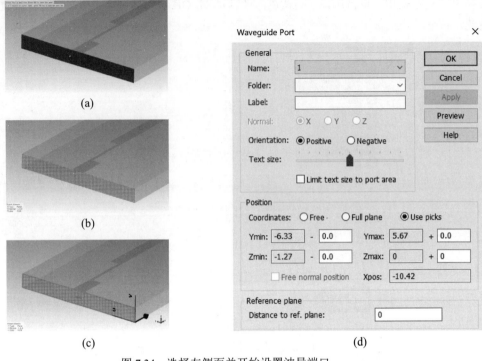

图 7.34　选择左侧面并开始设置波导端口

如图 7.35(a)所示，在对话框中输入波导端口的尺寸和参考面平移的距离。Zmax 再加 6mm，Reference plane 需要移动-Lf距离。波导端口的尺寸和参考面平移的距离分别如图 7.35(b)、7.35(c)所示。

采用类似操作，选择介质基底的右侧面，建立第二个波导端口，结果如图 7.36 所示。

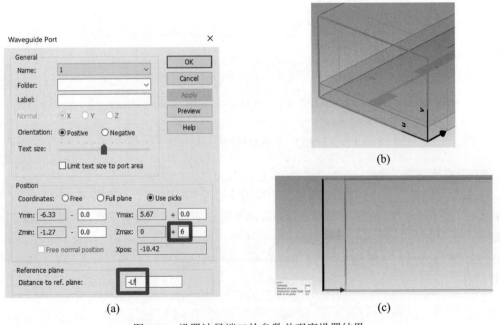

图 7.35　设置波导端口的参数并观察设置结果

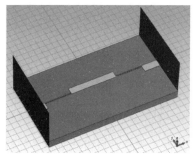

图 7.36 设置 2 个波导端口

3. 设置求解器并开始仿真

设置求解器参数。单击 Home 选项卡，然后单击频域求解器的图标 ，弹出图 7.37 所示的对话框。勾选 Normalize S-parameter to 选项，在下方输入框内输入 50，将 Excitation 区域中源的模式 Mode 由 all 改为 1。然后单击 Start 按钮开始仿真。

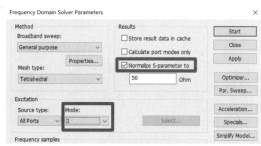

图 7.37 频域求解器的参数

4. 查看仿真结果并保存

1) S 参数

观察 S 参数。单击左侧 1D Results 文件夹前的加号 ，单击 S Parameter 子文件夹，结果如图 7.38 所示。

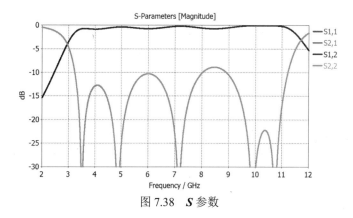

图 7.38 S 参数

2) 群时延

先计算群时延。单击 Post-Processing→Tools→Result Templates，弹出后处理对话框，如

图 7.39 所示，依次选择 Filter Analysis 和 Group Delay Time。

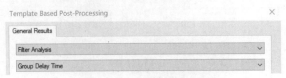

图 7.39　后处理的类别

弹出 Group Delay Time 对话框。求解端口 1 和端口 2 的群时延，故将数字改为图 7.40(a) 中所示。单击 OK 按钮，出现图 7.40(b)所示的条目。

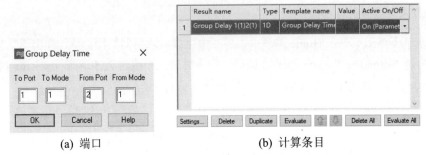

(a) 端口　　　　　　　　　　　　(b) 计算条目

图 7.40　设置查看群时延

选中该条目，并单击 Evaluate 按钮计算；计算完毕后单击 Close 按钮完成计算并退出。

观察群时延。单击左侧 Tables 文件夹前的加号 ⊞，在 1D Results 文件夹里单击 Group Delay 1(1)2(1)，结果如图 7.41 所示。

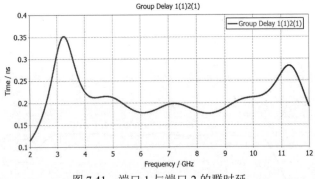

图 7.41　端口 1 与端口 2 的群时延

7.3　思考题

1. 多个耦合谐振器级联时，如何计算外部 Q 值？如何计算耦合系数？

2. 什么样的电磁模型适合使用 CST 中的本征模求解器？

3. 在 7.1 节是如何调节外部 Q 值和耦合系数的？

4. 如何判断腔体中的模式类型？

5. 群时延的定义是什么？

6. 将波导腔体滤波器的开窗耦合替换成金属圆柱耦合，重新设计二阶腔体滤波器。金属圆柱是腔体滤波器实际应用的短路销钉的简单建模。腔体滤波器中心频率为 10 GHz，相对带宽为 5%，带内波纹为 0.1 dB。

7. 利用开路枝节加载的双模谐振器设计宽带滤波器。该谐振器是在传统的半波长谐振器中间加载开路枝节，引入额外的模式。在弱耦合馈电下，调节枝节的宽带和长度，观察谐振器的模式变化。最后基于该双模谐振器，添加强耦合设计宽带带通滤波器。滤波器中心频率为 5GHz，带内回波损耗大于 10 dB。

7.4 参考文献

[1] Hong J S G, Lancaster M J. Microstrip filters for RF/microwave applications[M]. Hoboken, NJ, USA: John Wiley & Sons, 2004.

[2] Zhu L, Sun S, Menzel W. Ultra-wideband (UWB) bandpass filters using multiple-mode resonator[J]. IEEE Microwave and Wireless components letters, 2005, 15(11): 796-798.

第 **8** 章

微带贴片天线设计

　　微带贴片天线的概念在 1953 年首先被提出，但由于当时生产工艺的限制，微带贴片天线的加工生产难度较大，因此这种天线并没有受到重视。后来在 20 世纪 70 年代，随着 PCB 技术的发展，微带贴片天线技术也迅速发展起来。

　　微带贴片天线由介质基板、金属接地板和金属贴片构成。微带贴片天线的剖面很低，剖面高度通常小于 $0.1\lambda_0$(λ_0 为自由空间波长)。其介质基板的相对介电常数 ε_r 的范围为 2.2~12。贴片可以设计成各种形状，其中矩形和圆形是最常见的。目前，由于微带贴片天线具有低剖面、重量轻、易集成、易加工等优点，已广泛应用于军事和民用消费电子领域。

　　本章在 8.1 节介绍微带贴片天线的基本理论——空腔模型，并介绍基本微带贴片天线单元的仿真设计，分析各种参数对贴片天线的阻抗、带宽的影响。8.2 节在基本微带贴片天线单元的基础上，介绍了短路加载技术在高增益微带贴片天线设计中的应用。8.3 节介绍了滤波器天线的原理和设计步骤，以短路加载微带贴片天线为原型，通过谐振器耦合馈电，同时实现了贴片天线增益和带宽的增加。

8.1　基本微带贴片天线单元仿真设计

　　基本微带贴片天线单元的仿真，是学习微带贴片天线的基础。掌握各种参数对贴片天线的阻抗和带宽的影响，有利于设计出各种符合技术指标的微带贴片天线。

8.1.1　空腔模型

　　分析微带贴片天线的主要方法有 3 种，分别是传输线模型、空腔模型[1]及全波分析法，这里主要介绍空腔模型。贴片天线的空腔模型由著名华人学者罗远祉教授在 1979 年提出，它具有较高的精度和非常清晰的物理意义，可用于分析各种规则形状的贴片，但一般适用于薄贴片天线。

1. 电场分布及谐振频率

贴片天线及其腔体模型如图 8.1 所示，矩形贴片的长和宽分别为 b 和 a(计入边缘效应的等效尺寸)，介质基板的厚度为 $h \ll \lambda_0$，(x_0, y_0) 为同轴探针的馈电位置，$(x，y)$ 为贴片上的任意位置。空腔模型将微带贴片天线的下空间等效为封闭腔体，上下表面为电壁($E_t = 0$)，四周为磁壁($H_t = 0$)。假设腔体厚度远小于波长，则腔内电场为 E_z，且在高度方向上可以看成是常数。通过求解麦克斯韦方程组，并根据边界条件，可以得到空腔内任意点$(x，y)$处的电场分布为

$$E_z = \sum_{m,n} B_{mn} \cos\frac{m\pi x}{a} \cos\frac{n\pi y}{b} \tag{8-1}$$

式中，系数 B_{mn} 表示为

$$B_{mn} = \mathrm{j}k_0\eta_0 \frac{I_0}{k^2 - k_{mn}^2}\left(\frac{\delta_{om}\delta_{on}}{ab}\right)\cos\frac{m\pi x_0}{a}\cos\frac{n\pi y_0}{b}\mathrm{sinc}\left(\frac{m\pi d_0}{2a}\right) \tag{8-2}$$

这里我们可以发现，通过选取特定的馈电位置(x_0, y_0)，可以使得 $B_{mn}=0$，此时对应的模式即 TM_{mn} 模，无法被激励起来。同理，如果 $B_{mn} \neq 0$，则该模式可以被激励起来。这正是模式抑制和激励的原理，在贴片天线的设计中经常应用到。

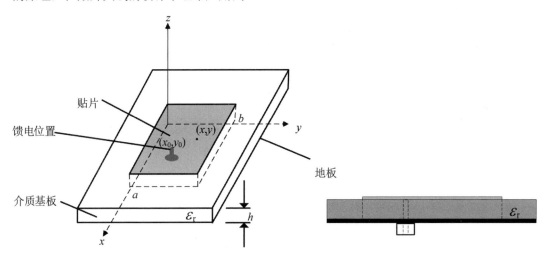

图 8.1　腔体模型几何关系

改变阶数 m、n，可以在不同的谐振频率点得到不同的模式，其电场分布如图 8.2 所示。以图 8.2(a)为例，这是 TM_{01} 模式的电场分布，此时 $m=0$，$n=1$，表示电场沿着 y 轴具有半个周期的分布，电场为两边大中间小，而沿 x 轴方向则是均匀场分布。

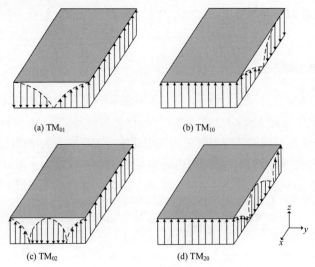

图 8.2　不同模式的电场分布

TM_{mn} 模的谐振频率可以由式(8-3)求出

$$f_{mn} = \frac{c}{2\sqrt{\varepsilon_r}} \sqrt{\left(\frac{m}{a}\right)^2 + \left(\frac{n}{b}\right)^2} \tag{8-3}$$

其中，c 为电磁波在真空中的传播速度，$c= 3×10^8 m/s$，ε_r 为介质基板的相对介电常数。因为实际的贴片天线有部分场分布在空气中，因而有效介电常数 ε_{reff} 一般略小于 ε_r。用 ε_{reff} 得到各个模式更加精确的谐振频率，此时 TM_{mn} 模式的谐振频率为

$$f_{mn} = \frac{c}{2\sqrt{\varepsilon_{reff}}} \sqrt{\left(\frac{m}{a}\right)^2 + \left(\frac{n}{b}\right)^2} \tag{8-4}$$

其中，有效介电常数 ε_{reff} 的经验公式[2]为

$$\varepsilon_{reff} = \frac{\varepsilon_r + 1}{2} + \frac{\varepsilon_r - 1}{2} \left(1 + 12\frac{h}{a}\right)^{-1/2} \tag{8-5}$$

可以看到，有效介电常数 ε_{reff} 与相对介电常数 ε_r 以及贴片的宽高比 a/h 有关。

通常矩形贴片天线工作于第一个谐振模式，也就是 TM_{10} 模或者 TM_{01} 模，其本质是个半波模式。以 TM_{01} 模为例，其谐振频率 f_{01} 为

$$f_{01} = \frac{c}{2b\sqrt{\varepsilon_{reff}}} \tag{8-6}$$

需要注意的是，式(8-1)~式(8-6)中的 a、b 为等效尺寸，由于边缘效应的影响，等效尺寸稍稍大于其真实物理尺寸 a'、b'。

TM_{01} 模的谐振频率可以进一步表示为

$$f_{01} = \frac{c}{2b\sqrt{\varepsilon_{reff}}} = \frac{c}{2\left(b' + 2\Delta b\right)\sqrt{\varepsilon_{reff}}} \tag{8-7}$$

可以得出贴片的真实物理长度 b' 为

$$b' = \frac{c}{2 f_{01} \sqrt{\varepsilon_{\mathrm{reff}}}} - 2\Delta b \tag{8-8}$$

其中，计算 Δb 的经验公式在本章参考文献[3]中给出，表示为

$$\Delta b = 0.412h \frac{(\varepsilon_{\mathrm{reff}} + 0.3)\left(\dfrac{a}{h} + 0.264\right)}{(\varepsilon_{\mathrm{reff}} - 0.258)\left(\dfrac{a}{h} + 0.8\right)} \tag{8-9}$$

在简单的估算中，可以使用贴片高度 h 代替 $2\Delta b$。

2. 输入阻抗、品质因数及效率

对于 TM_{01} 模，天线的输入阻抗与馈电位置有关，在谐振频率点，阻抗为实数。馈点从贴片边沿移动到贴片中心，输入阻抗满足余弦平方分布，即

$$R_{\mathrm{in}}(y = y_0) = R(y = 0)\cos^2\left(\frac{\pi y_0}{b}\right) \tag{8-10}$$

可以发现，在贴片边沿($y = 0$ 处)馈电时，天线的输入阻抗最大，一般 $R(y = 0)$ 为 100~300 Ω。因此，为了使天线与 50 Ω 源阻抗匹配，一般需要将馈电位置往贴片的中心移动。

矩形贴片的品质因数(Q 值)与其带宽及效率密切相关。总的品质因数 Q_{t} 计算公式为

$$\frac{1}{Q_{\mathrm{t}}} = \frac{1}{Q_r} + \frac{1}{Q_c} + \frac{1}{Q_d} + \frac{1}{Q_{\mathrm{sw}}} \tag{8-11}$$

其中，Q_{t} 为考虑了所有损耗所得出的 Q 值，而 Q_r、Q_c、Q_d 和 Q_{sw} 分别为辐射损耗、导体损耗、介质损耗和表面波损耗所对应的 Q 值。

微带贴片天线的辐射效率 e_{r} 等于 Q_{t} 与 Q_r 的比值，即

$$e_{\mathrm{r}} = \frac{Q_{\mathrm{t}}}{Q_r} \tag{8-12}$$

因此，降低辐射品质因数 Q_r 可以有效提高贴片天线的辐射效率。

3. 相对带宽 B_{r} 与宽长比 a/b、介质基板介电常数 ε_{r} 和介质基板厚度 h 的关系

一般要求微带贴片天线的电压驻波比不大于 2，此时相对带宽 B_{r} 与 Q_{t} 的关系为[4]

$$B_{\mathrm{r}} = \frac{1}{\sqrt{2} Q_{\mathrm{t}}} \times 100\% \tag{8-13}$$

可见，微带贴片天线的相对带宽 B_{r} 与 Q_{t} 成反比的关系，Q_{t} 越大，B_{r} 越窄。

工程上也使用式(8-14)[5]来计算薄矩形微带贴片驻波比不大于 2 的相对带宽：

$$B_{\mathrm{r}} = 3.77 \frac{\varepsilon_{\mathrm{r}} - 1}{\varepsilon_{\mathrm{r}}^2} \frac{a}{b} \frac{h}{\lambda} \times 100\% \tag{8-14}$$

由式(8-14)可以发现，矩形微带贴片天线的带宽 B_r 与介质基板介电常数 ε_r 成反相关，介电常数越小，其带宽越宽。带宽还与贴片宽长比 a/b 成正比，宽长比越大，其带宽越宽。同时，带宽也与介质基板的厚度(即贴片高度)h 成正比，厚度越大，其带宽也越宽。

8.1.2   设计要求

使用 CST 设计一个谐振频率为 3.48GHz 的矩形微带贴片天线，天线的介质基板采用厚度为 1.57mm 的 Rogers RT5880 板材，该介质基板的相对介电常数为 2.2，损耗正切角为 0.0009，馈电方式采用同轴馈电。

8.1.3   CST 设计概述

所设计的矩形微带贴片天线结构包括贴片、介质基板、地板和同轴馈线(包含内导体、外导体、内外导体间介质)。这里使用参数化建模的方法建立贴片天线的模型，贴片天线的模型如图 8.3 所示。用 Lg 表示地板的长度，Wg 表示地板的宽度，H 表示介质基板的厚度，L 表示辐射贴片的长度，W 表示辐射贴片的宽度，馈电位置在$+y$ 轴上，offset 表示馈电点离坐标原点的距离，各个变量的定义与意义见表 8.1。

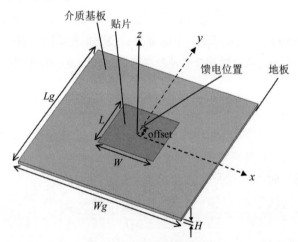

图 8.3   贴片天线的模型

表 8.1   各个变量的定义与意义(一)

变量意义	变量名	变量值/mm
地板的宽度	Wg	80
地板的长度	Lg	80
贴片的宽度	W	27.3
贴片的长度	L	27.3
介质基板厚度	H	1.57
馈电位置	offset	4.2

8.1.4　CST 仿真设计

1. 新建工程模板

1) 运行 CST 并创建工程模板

双击软件图标打开软件，单击 New Template，开始新建工程模板。

单击 Microwaves & RF/Optical，选择微波与射频/光学应用。

单击 Antennas，选择天线应用。接着进行下一步操作，单击 Next 按钮。

单击 Planar (Patch, Slot, etc.)，选择平面结构(贴片天线、缝隙天线等)的工作流。接着进行下一步操作，单击 Next 按钮。

2) 设置求解器的类型和求解频率

单击 Frequency Domain，选择频域求解器。接着进行下一步操作，单击 Next 按钮。

默认尺寸单位为 mm，频率单位为 GHz，时间单位为 ns，温度单位为 Kelvin，不需要改动。接着进行下一步操作，单击 Next 按钮。

仿真的频率范围为 3~4GHz，在第一个 Frequency Min.输入框输入 3，在第二个 Frequency Max.输入框输入 4，设置最小频率和最大频率分别为 3GHz 和 4GHz，单击 Next 按钮。

检查模板的参数(求解器、单位等)，如图 8.4 所示。可以将模板的名称改为 Patch antenna，以后进行相似的模型仿真时(如微带贴片天线等)无须再重新创建模板，可以直接使用该模板，只需要修改一些设置即可。单击 Finish 按钮，完成工程模板的创建。

图 8.4　模板参数

单击主菜单选项卡 File→Save As，读者可以自定义文件名称及文件地址。或者按<Ctrl>+<S>键自定义文件名称及文件地址，这里可以将文件命名为 patch antenna1，单击"保存(S)"按钮完成文件的保存。CST Studio Suite 2021 也支持用户使用中文命名文件，因此用户可以根据习惯对文件进行命名。

2. 设计建模

1) 参数列表设置

首先在参数列表中定义变量并且给变量赋值，在 Name 输入框输入变量的名称。在 Expression 输入框输入变量的取值，无须输入单位，因为在模板中已经设置好了单位为 mm。

在 Description 输入框输入变量的意义，以便后面对变量进行更改时能快速分辨各个参数的具体含义。定义完成后，确定参数列表中变量的定义与意义，如图 8.5 所示。

	Name	Expression	Value	Description
⚹	Wg	= 80	80	地板的宽度
⚹	Lg	= 80	80	地板的长度
⚹	W	= 27.3	27.3	贴片的宽度
⚹	L	= 27.3	27.3	贴片的长度
⚹	H	= 1.57	1.57	介质基板厚度
⚹	offset	= 4.2	4.2	馈电位置

图 8.5　定义所有变量后的参数列表

2) 创建介质基板

接着创建介质基板，单击 Modeling 选项卡的 Shapes 功能区中的 ▨(长方体)，当出现 Double click first point in working plane (Press ESC to show dialog box) 后，按<Esc>键。

先输入介质基板名称、位置和尺寸，介质基板的参数设置如图 8.6 所示。接着选择介质基板的材料，单击 Material 下方选项栏选择 Load from Material Library...。在 Material 右侧输入框输入 5880 以快速检索到所需板材，单击选择 Rogers RT5880(lossy)，单击 Load 按钮确认材料的选择，接着单击 OK 按钮完成介质基板的参数设置并且创建介质基板。

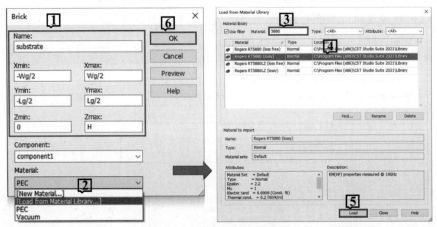

图 8.6　介质基板的参数设置

为了更好地观察模型，可以设置介质基板的颜色。介质基板颜色的更改步骤如图 8.7 所示。在左侧 Navigation Tree 中，单击 Components 文件夹前面的 ⊞，再单击 component1 文件夹前面的 ⊞，右击 substrate，在弹出的快捷菜单中单击 Assign Materialand Color...，单击 Overwrite material color 右侧颜色图标，在颜色选取对话框选择绿色作为介质基板的颜色，单击"确定"按钮确认颜色的选择，最后单击 OK 按钮完成颜色的设置，此时介质基板颜色更换为绿色。

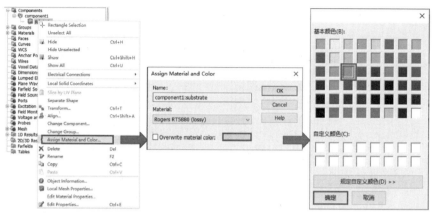

图 8.7　更改介质基板颜色

3) 创建贴片

再次创建一个长方体，单击 Modeling 选项卡的 Shapes 功能区中的 💷(长方体)，当出现 Double click first point in working plane (Press ESC to show dialog box) 后，按<Esc>键。接着输入贴片名称、位置、尺寸以及选择贴片的材料，这里为了简便，设置贴片的材料为理想金属导体 PEC，同时贴片也设置为无厚度，贴片的参数设置如图 8.8 所示。

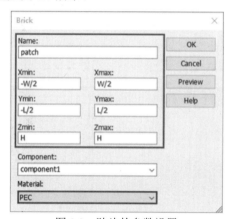

图 8.8　贴片的参数设置

更改贴片的颜色，操作与前面修改介质基板颜色相同，这里可以将贴片的颜色更改为橙色，读者可以参考图 8.7 的步骤自行操作。

4) 创建地板

单击 View→Select View→Back，或者直接在英文输入法的情况下输入 3，可以看到 3D 模型窗口的视图发生了改变。重复操作会在原观察视图与底视图之间切换，注意将窗口切换到可以观察到介质基板的下表面的视角，即获得底视图。按<Space>键，使模型自动适应 3D 模型窗口大小。

在英文输入法的情况下按<F>键，将鼠标移至介质基板的下表面，此时介质基板下表面变为红色，双击以抓取介质基板下表面，抓取成功后 3D 模型窗口如图 8.9 所示。单击 Modeling 选项卡中的 ▶，在弹出的 Extrude Face 对话框中，更改名称为 Gnd，其他设置为默认值，单击 OK 按钮完成地板的创建。介质基板下表面抓取及地板参数设置如图 8.9 所示，这里同样创建了一个无厚度的地板，其材料与贴片相同，都是 PEC。

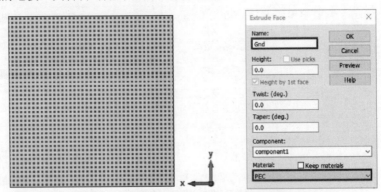

图 8.9　介质基板下表面抓取及地板参数设置

再次更改地板颜色，步骤与图 8.7 相同，将颜色更改为褐色。

5) 创建同轴线

首先创建同轴内导体，单击 Modeling 选项卡中的 ，在出现 Double click center point in working plane(Press ESC to show dialog box)后，按<Esc>键。设置内导体名称、内外半径、高度、位置及材料，内导体参数设置如图 8.10(a)所示，单击 OK 按钮完成内导体的创建。然后创建同轴外导体，与创建内导体步骤相同，外导体参数设置如图 8.10(b)所示。

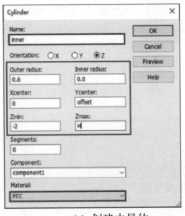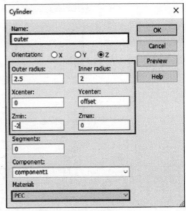

(a) 创建内导体　　　　　　　　(b) 创建外导体

图 8.10　内导体和外导体的参数设置

最后创建同轴内外导体之间的介质，再次创建一个圆柱体，同轴线内外导体间的介质参数设置如图 8.11 所示。这里介质选择 Rogers RT5880LZ(lossy)，寻找材料及设置材料的方法与前面设置介质基板的方法相同。单击 OK 按钮，由于同轴端口介质与地板相交，需要在弹出的对话框中点选 Insert highlighted shape，使地板减去同轴线介质部分，单击 OK 按钮完成同轴线内外导体间介质的创建。

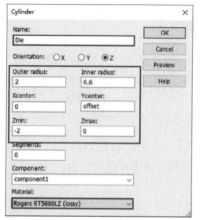
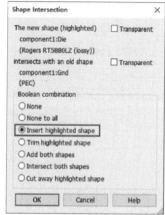

图 8.11　同轴端口介质参数设置及模型相交设置

3. 创建激励端口

滚动鼠标滚轮放大视图，将 3D 模型窗口调整到同轴线处。在英文输入法的情况下按<F>键，将鼠标放置于内导体与外导体之间的介质表面，双击以抓取介质表面，抓取成功后 3D 模型窗口如图 8.12 所示。单击 Simulation→Sources and Loads→Waveguide Port，默认参数设置，单击 OK 按钮完成波导端口的创建。

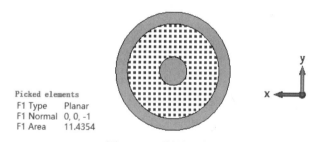

图 8.12　同轴端口介质抓取

4. 添加监视器

单击 Simulation→Monitors→Field Monitor，在 Type 区域点选 E-Field 选项(默认设置)，在 Specification 区域的 Frequency 输入框输入 3.48，即设置电场监视器的监视频点为 3.48GHz，单击 Apply 按钮，创建监视频率为 3.48GHz 的电场监视器，此时左侧 Navigation Tree→Field Monitors 文件夹创建了监视器 e-field (f = 3.48)。

接着在监视器设置对话框中点选 Type 区域的 H-Field and Surface current 选项，单击 Apply 按钮，创建监视频率为 3.48GHz 的磁场和电流监视器。点选 Type 区域的 Farfield/RCS 选项，单击 OK 按钮，创建监视频率为 3.48GHz 的远场/雷达反射截面监视器并且关闭监视器对话框。观察左侧 Navigation Tree→Field Monitors 文件夹，已成功创建 3 个监视器，监视器设置及查看结果如图 8.13 所示。

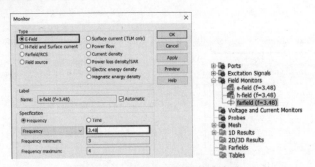

图 8.13　监视器设置及查看结果

5. 求解器设置及运行仿真计算

单击 Simulation→Solver→Setup Solver，打开频域求解器对话框，在 Adaptive mesh refinement 区域默认勾选了 Adaptive tetrahedral mesh refinement 选项，即默认使用自适应网格剖分，这有利于提高求解精度。单击 Adaptive tetrahedral mesh refinement 选项右侧的 Properties… 按钮，在弹出的对话框中，将 Number of passes 区域的 Maximum 输入框的值修改为 10，即修改最大迭代次数为 10，频域求解器查看及设置如图 8.14 所示。单击 OK 按钮关闭自适应网格剖分的设置，单击 Start 按钮开始仿真。

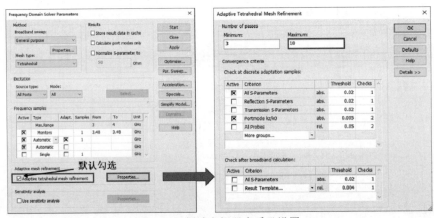

图 8.14　频域求解器查看及设置

6. 查看仿真结果

仿真结果包括 1D Results、2D/3D Results 和 Farfields，如图 8.15 所示。

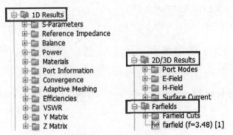

图 8.15　仿真结果

1) 查看 1D 仿真结果

查看天线的几个重要的 1D 仿真结果, 如端口反射系数(S_{11})、电压驻波比(VSWR)和 Z 参数。

(1) 端口反射系数。

在左侧 Navigation Tree 中, 单击 1D Results 文件夹前面的加号 ⊞, 此时可以看到所有的 1D 仿真结果。单击 S-Parameters, 可以查看到天线信号端口的反射系数, 默认的单位为 dB, 如图 8.16 所示。为了使读者能够观察清楚, 以下所有图像的线条设置都加粗及加大了字号, 读者可以自行设置, 这里不再详细介绍。

单击 Markers 功能区的 图标, 也可在英文输入法的情况下按<M>键进行标记点操作。在出现 Double click on a curve to place a curve marker (Press ESC to leave this mode)后, 双击曲线的最低点以标记该点, 按<Esc>键取消继续标记点。可以发现, 该天线的谐振频率为 3.486 GHz, 同时在该谐振频率处, S_{11} 约为 -65.5 dB, 表明该天线在谐振频率处匹配很好。

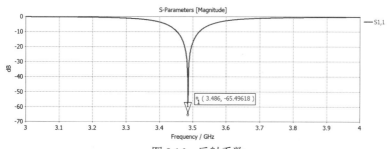

图 8.16　反射系数

在 Plot Type 功能区可以更改反射系数的显示, 单击 图标可以查看史密斯圆图的结果。单击 Smith Chart 可以选择查看 Z Smith Chart(阻抗圆图)和 Y Smith Chart(导纳圆图), 默认为阻抗圆图, 天线的阻抗圆图如图 8.17 所示, 可以看到谐振点在圆图的中心处附近。单击 Linear 可以查看反射系数的幅值(不带单位), 也可选择 Phase 查看反射系数的相位, 还可以选择 Real/Imag 同时查看反射系数的实部及虚部。单击 Real/Imag 右侧的 图标, 可以选择 Real 以单独显示反射系数的实部, 选择 Imaginary 以单独显示反射系数的虚部, 选择 Real and Imaginary 以同时显示实部及虚部(默认选择)。

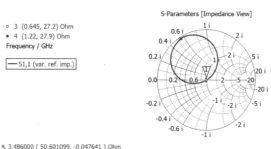

图 8.17　天线的阻抗圆图

(2) 电压驻波比。

在左侧 Navigation Tree 中, 单击 1D Results→VSWR 可以查看天线的电压驻波比, 如图 8.18 所示。将鼠标移至 VSWR 结果图后右击, 在弹出的快捷菜单中单击 Show Axis Marker, 再次右击，在弹出的快捷菜单中单击 Move Axis Marker To Minimum，以使用轴标记电压驻波比最小的点，也可以在工具栏进行相同的操作。可以看到，电压驻波比最小处的频率同样为 3.486 GHz，在该频点处的电压驻波比约为 1.001。

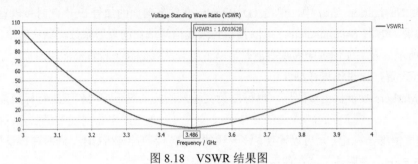

图 8.18　VSWR 结果图

(3) Z 参数。

在左侧 Navigation Tree 中，单击 1D Results→Z Matrix 可以查看天线的输入阻抗，单位为欧姆(Ω)。在 Plot Type 功能区可以更改结果显示，单击 Phase 可以查看相位，单击 Real/Imag 可以查看输入阻抗的实部及虚部，单击 Real/Imag 右侧 ▾ 图标，可以选择 Real 以单独显示输入阻抗的实部，选择 Imaginary 以单独显示输入阻抗的虚部，选择 Real and Imaginary 同时查看输入阻抗的实部及虚部(默认选择)。Z 参数的实部与虚部结果如图 8.19 所示，可以看到，在谐振频率为 3.486 GHz 处，Z 参数的实部约为 50.601Ω，而虚部约为-0.0476Ω。在谐振频点处，天线的输入阻抗在 50Ω 附近，虚部基本上为 0，因此在谐振频率处，天线匹配状态很好。由同轴馈线输入的功率几乎全部被天线所吸收。

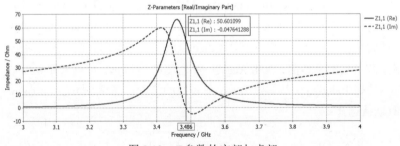

图 8.19　Z 参数的实部与虚部

2) 查看 2D 及 3D 仿真结果

(1) 端口。

在左侧 Navigation Tree 中，单击 2D/3D Results 文件夹前面的 ⊞，此时可以看到所有的 2D 及 3D 的仿真结果，单击 Port Modes 文件夹前面的 ⊞，单击 Port1 文件夹前面的 ⊞，再单击 e1 可以查看同轴端口的电场，在 3D 模型窗口左下方显示端口信息：如端口传输模式为 TEM 模。端口模式电场的查看结果如图 8.20 所示。单击 h1 可以查看同轴端口的磁场。

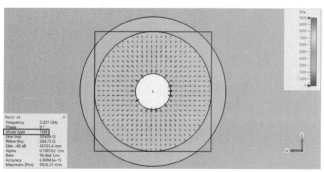

图 8.20　端口模式电场的查看结果

(2) 电场分布。

在左侧 Navigation Tree 中，单击 E-Field 文件夹前面的 ⊞，单击 e-field (f = 3.48)[1]可以查看在谐振频率为 3.48GHz 处的电场分布。单击 View 选项卡中的 ⬭，按住鼠标左键同时移动鼠标以旋转视图。

单击 2D/3D Plot 选项卡中的 ⬭，选择 Sectional View 功能区中的 Normal 选项栏为 Z，在 Position 输入框填写 H，按<Enter>键确认查看贴片所在平面的电场分布。单击 Plot Type 功能区的 ⬭，选择电场的单位为 dB，以获得较佳的电场结果显示，功能区设置如图 8.21 所示。

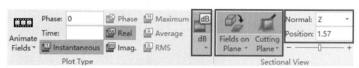

图 8.21　功能区设置

贴片半波长谐振时的电场分布如图 8.22 所示。可以看到，电场强度沿着 y 轴方向变化，电场在贴片上为两边大、中间小，中间电场基本为 0。电场沿着 x 轴无变化，这是典型的 TM_{01} 模式的电场分布。单击 Animate Fields 可以观察电场的动态显示。

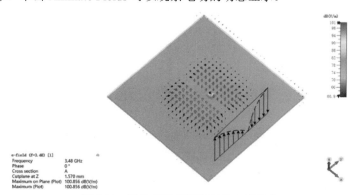

图 8.22　贴片半波长谐振时的电场分布

(3) 磁场分布。

在左侧 Navigation Tree 中，单击 H-Field 文件夹前面的 ⊞，单击 h-field (f = 3.48)[1]可以查看在谐振频率为 3.48GHz 处的磁场分布。单击 Plot Type 功能区的 ⬭，选择磁场的单位为 dB，以获得较佳的磁场结果显示。贴片半波长谐振时的磁场分布如图 8.23 所示。

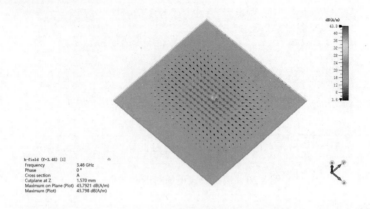

图 8.23　贴片半波长谐振时的磁场分布

(4) 电流分布。

在左侧 Navigation Tree 中，单击 Surface Current 文件夹前面的 ⊞，单击 Surface Current (f = 3.48)[1]可以查看在谐振频率为 3.48GHz 处的表面电流。单击 Plot Type 功能区的 ，选择表面电流的单位为 dB，以获得较佳的表面电流结果显示，贴片半波长谐振时的电流分布如图 8.24 所示。贴片表面电流为两边小、中间大，中间电流最大。单击 Animate Fields 可以观察电流的动态显示。

图 8.24　贴片半波长谐振时的电流分布

3) 查看远场结果

(1) 3D 方向图。

在左侧 Navigation Tree 中，单击 Farfield 文件夹前面的 ⊞，单击 farfield(f = 3.48)[1]可以查看天线在谐振频率为 3.48 GHz 处的远场方向图，此时默认为 3D 方向性方向图。单击顶部菜单栏 Farfield Plot，在 Resolution and Scaling 功能区中，单击 Directivity 选择 Gain(IEEE)查看 3D 增益方向图，该天线的 3D 增益方向图如图 8.25 所示。

此时，窗口信息显示天线在谐振频率为 3.48GHz 处的辐射效率为-0.08104dB，而总的效率为-0.09702dB。勾选 Visibility 功能区 Show Structure 左侧的勾选框，可以在远场方向图中加入天线结构。单击 Visibility 功能区的 Transparency，可以选择将天线结构设置为透明或者将方向图设置为透明，转动视角以获得最佳的观察角度。

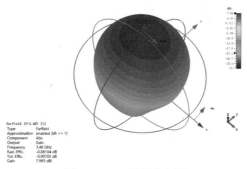

图 8.25　3D 增益方向图

(2) 切面方向图。

单击 Plot Type 功能区的 ，可以观察切面方向图，此时默认切 Phi=90°的面，也就是该贴片天线的 E 面，E 面的方向图如图 8.26(a)所示。单击顶部菜单栏 Farfield Plot，将 Resolution and Scaling 工具栏中的 Cut Angle 输入框的 90 修改为 0，按<Enter>键以切取 Phi=0°的面，也就是该贴片天线的 H 面。H 面的方向图如图 8.26(b)所示。结果窗口右下角则给出了一些重要的参数，如 3dB 波束宽度(Angular width(3dB))、旁瓣电平(Side lobe level)等。

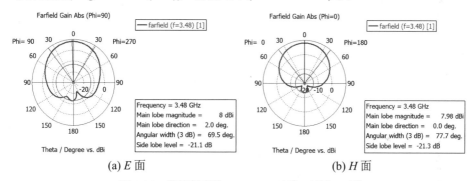

(a) E 面　　　　　　　　　　　　　　(b) H 面

图 8.26　谐振频率为 3.48 GHz 时的 E 面和 H 面

7. 复制工程文件

关闭 patch antenna1 工程文件，当出现图 8.27 所示的对话框时，单击 Yes 按钮以确认保存更改。之后关闭 CST Studio Suite 2021。

图 8.27　提示对话框

找到工程文件位置(原先已经自定义)，重新复制粘贴一份该工程文件，此时默认命名为 patch antenna1–副本，将其命名修改为 patch antenna2，如图 8.28 所示。再次双击打开 patch antenna2。

图 8.28　复制工程文件并修改名称

8. 同轴线馈电点位置和输入阻抗的关系

充分理解同轴线馈电位置对天线的输入阻抗的影响，有利于调整天线的输入阻抗，实现天线良好的阻抗匹配，这里通过 CST 参数扫描功能来观察馈电位置对输入阻抗的影响。

单击 Simulation→Solver→Par. Sweep→New Seq.→New Par…，设置 offset 进行参数线性扫描，馈电点 offset 参数扫描的范围为 4.2~7.2mm，步长为 1mm，具体的参数设置如图 8.29 所示，单击 OK 按钮完成参数扫描设置。单击对话框的 Check 按钮，以检查参数扫描设置是否错误。检查无误后，单击 Start 按钮开始进行参数扫描。

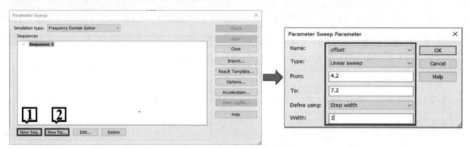

图 8.29　参数扫描设置

在左侧 Navigation Tree 中，单击 1D Results 文件夹前面的 ⊞，打开所有的 1D 仿真结果。单击 Z Matrix 文件夹前面的 ⊞，再单击 Z1,1 观察参数扫描结果，若只单击 Z Matrix，则只能查看当前的结果，即最后一次参数扫描(offset=7.2)的结果。单击 Plot Type 功能区的 Real/Imag，可以观察到输入阻抗实部及虚部的参数扫描结果，如图 8.30 所示，可以发现，随着馈电点位置从贴片的中心向贴片边缘移动，天线的输入阻抗逐渐增加。由前面的贴片天线电场分布可以知道，当贴片天线在半波长谐振时，电场两边强、中间弱。事实上，贴片天线的输入阻抗是一个关于馈电点所处位置电场强度的函数，馈电点所处位置电场越强，贴片天线的输入阻抗越大。

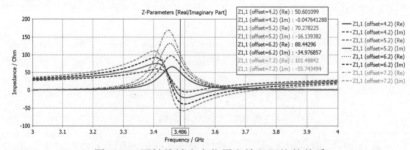

图 8.30　同轴线馈电点位置和输入阻抗的关系

9. 同轴线馈电点位置和反射系数的关系

在左侧 Navigation Tree 中，单击 1D Results→S-Parameter 文件夹前面的 ⊞，单击 S1,1 可

以查看所有反射系数的参数扫描结果，参数扫描结果如图 8.31 所示。在 3.486 GHz 频率处可以看到，当 offset=4.2 时，该天线的反射系数最小。事实上由前面的输入阻抗的结果可以知道，当 offset=4.2 时，天线的输入阻抗在 50Ω 附近，最为接近同轴线的特性阻抗，因此此时的反射系数最小，天线匹配最佳。

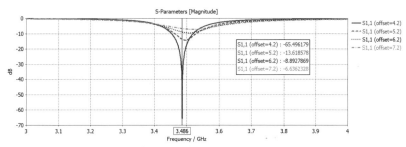

图 8.31　反射系数 S_{11} 随馈电点位置 offset 的变化关系

10. 贴片天线厚度 *H* 和带宽的关系

查看参数列表，可以发现在之前的参数扫描中，offset 设置为参数扫描的最后一个值，即 offset=7.2mm。在参数列表中，将 offset 的值(即 Expression)修改为 4.2，如图 8.32 所示。

Parameter List				
Name	Expression	Value	Description	
Wg	= 80	80	地板的宽度	
Lg	= 80	80	地板的长度	
W	= 27.3	27.3	贴片的宽度	
L	= 27.3	27.3	贴片的长度	
H	= 1.57	1.57	介质基板厚度	
offset	= 7.2	7.2	馈电位置	

Parameter List				
Name	Expression	Value	Description	
Wg	= 80	80	地板的宽度	
Lg	= 80	80	地板的长度	
W	= 27.3	27.3	贴片的宽度	
L	= 27.3	27.3	贴片的长度	
H	= 1.57	1.57	介质基板厚度	
offset	4.2	7.2	馈电位置	

图 8.32　修改参数

按<Enter>键，当出现提示后，默认选项设置，单击 OK 按钮完成设置，如图 8.33 所示。

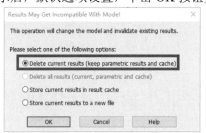

图 8.33　修改参数后对话框

单击 Navigation Tree→Component 文件夹，可以查看 3D 模型窗口，在 3D 模型窗口左上方出现 Some variables have been modified. Press 'Home: Edit->Parametric Update (F7)' 时，在英文输入法的情况下按<F7>键或单击 Modeling→Edit→Parametric Update 以确认更改。

首先需要删除前面的参数扫描设置。单击 Simulation→Solver→Par.Sweep。单击 Sequences 区域的 Sequence1，单击 Delete 按钮进行删除。接着进行新的参数扫描设置，与前面的参数扫描设置步骤相同，参数扫描设置如图 8.34 所示，单击 OK 按钮完成参数扫描设置。单击 Check 按钮，以检查参数扫描设置是否错误。参数扫描设置无误后，单击 Start 按钮开始进行参数扫描。

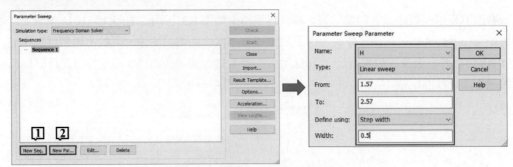

图 8.34 厚度 H 参数扫描设置

单击 Navigation Tree→S-Parameters→S1,1，此时可以查看所有的结果。按住<Ctrl>键，依次单击结果导航窗口 3D Run ID 中的序号 2、3、4，以取消查看序号 2、3、4 的结果，只选择查看本次参数扫描结果，结果导航窗口查看如图 8.35 所示，即 offset=4.2、H 不同时贴片天线反射系数的不同结果。

3D Run ID	H	offset
0: Current Run		
1	1.57	4.2
2	1.57	5.2
3	1.57	6.2
4	1.57	7.2
5	2.07	4.2
6	2.57	4.2

3D Run ID	H	offset
0: Current Run		
1	1.57	4.2
2	1.57	5.2
3	1.57	6.2
4	1.57	7.2
5	2.07	4.2
6	2.57	4.2

图 8.35 结果导航窗口查看

在英文输入法的情况下按<M>键，选取 S 参数曲线与-10dB 的 6 个交点以查看 H 不同时贴片天线的带宽变化情况，结果如图 8.36 所示。当 H= 1.57 mm 时，其-10 dB 阻抗带宽约为 66 MHz。H= 2.07 mm 时，其-10 dB 阻抗带宽约为 82 MHz。H= 2.57 mm 时，其-10 dB 阻抗带宽约为 92 MHz。

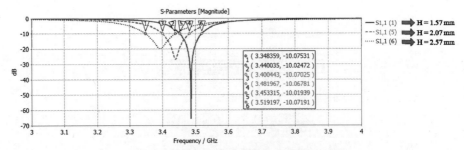

图 8.36 贴片天线带宽随厚度 H 变化关系

由结果可以发现，随着介质基板厚度的增加，贴片天线的带宽不断增加，因此增加介质基板的厚度可以提高贴片天线的带宽。但是，这并不意味着介质基板的厚度可以不断增加。由于高的剖面需要较长的探针馈电，当同轴探针较长时，由于较长探针引入较大的电感使得天线难以实现阻抗匹配，因此介质基板的厚度不能过厚。

11. 贴片天线宽长比和带宽的关系

研究贴片的宽长比与贴片天线带宽的关系，保持 L=27.3mm 不变，即谐振边长度保持不变，这使得贴片天线的谐振频率基本不变。当 W/L=1.5 时，观察宽长比的增加对于贴片天线带宽的影响。

在参数列表中，修改 W=1.5×L，按<Enter>键确认更改，在弹出的对话框中单击 OK 按钮以完成设置。修改 H=1.57(修改回参数扫描之前的设置)，单击 Navigation Tree→Component 文件夹，按<F7>键确认 H 值修改，修改后的参数列表如图 8.37 所示。

Parameter List

Name	Expression	Value	Description
Wg	= 80	80	地板的宽度
Lg	= 80	80	地板的长度
W	= 1.5*L	40.95	贴片的宽度
L	= 27.3	27.3	贴片的长度
H	= 1.57	1.57	介质基板厚度
offset	= 4.2	4.2	馈电位置

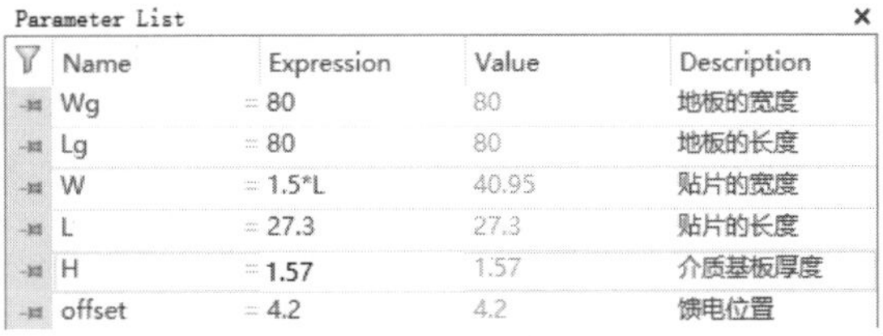

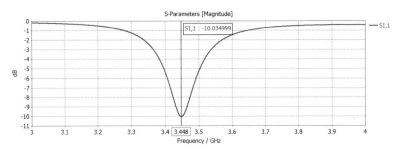

图 8.37　修改后的参数列表

单击 Simulation→Solver→Setup Solver→Start 开始仿真。仿真完成后，单击 Navigation Tree→S-Parameters，单击 1D Plot→ Axis Marker 使用轴线标记。单击 Axis Marker 右侧 ▾ 图标，单击 Move Marker to Minimum 确认谐振频率。此时发现宽长比的增加使得天线谐振频率稍微降低，并且使得天线的匹配变差(最低的反射系数值约为−10.03dB)，天线的 S 参数曲线如图 8.38 所示。

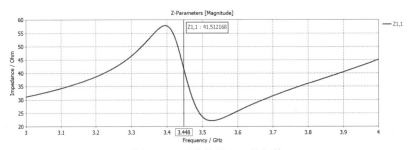

图 8.38　天线的 S 参数曲线

单击 Z Matrix 以查看天线的输入阻抗，发现此时天线的输入阻抗幅值变为 41.512Ω，输入阻抗的结果如图 8.39 所示。

图 8.39　天线的输入阻抗幅值

由前面的讨论可以知道，当天线的输入阻抗为 50Ω 时，反射系数最小，天线匹配最好。而天线的输入阻抗与馈电位置有关，馈电点所处位置电场越强，输入阻抗越大，因此这里需要将馈电位置往贴片边缘移动，即增加 offset 值，为了找到最佳的馈电点，同样使用参数扫描的方法，对 offset 进行参数扫描查看结果，这里不再赘述。可以先扫描较大的步长，查看反射系数以初步确认最佳馈电点的区间，再扫描较小的步长以精确确认最佳的馈电点位置。最终确定最佳的 offset= 6.1 mm，最后选择显示 W/L=1 及 W/L=1.5 时天线匹配最佳的 S1,1，操作与前面相似，这里不再详细说明，最终的结果如图 8.40 所示。

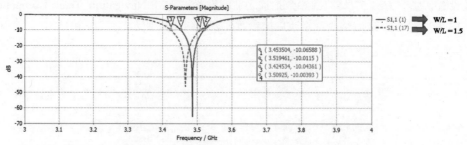

图 8.40　天线的宽长比与贴片天线带宽的关系

可以发现，随着贴片天线宽长比由原来的 W/L=1 增加到 W/L=1.5，贴片天线的带宽由原来的 66MHz 增加到 85MHz，也就是说，增加贴片天线的宽长比可以增加贴片天线的带宽，这也很好地验证了前面的理论。

8.2　短路加载高增益微带贴片天线的仿真设计

　　传统的微带贴片天线增益很有限，通常其增益在 8dBi 以下，因此无法满足中远程通信的需求。为了提高贴片天线的增益，近年来国内外学者做了大量的研究，提出了多种高增益技术，包括传统的阵列设计、寄生辐射单元技术[6]和部分反射表面技术[7]等。但是这些设计方法都没有真正增加辐射单元本身的增益。

　　贴片天线增益较低，是因为工作在主模时，贴片尺寸受限于半波谐振。本章参考文献[8]提出了基于短路加载的高增益技术，其原理是：通过短路加载提高贴片天线的谐振频率，使得谐振时的电尺寸增大，贴片长度大于半波长，从而获得了更高的增益。

8.2.1　等效模型

　　首先考虑图 8.41 所示的短路加载贴片天线，矩形贴片天线的长和宽分别为 L 和 W，天线工作在 TM_{01} 模，则通过左右两条边辐射，贴片天线的辐射模型可以等效为一对长为 W、距离为 L 的缝隙天线二元阵。E_1 和 E_2 分别代表辐射槽之间的电场，根据惠更斯原理，它们可以等效为两个磁流 M_{s1} 和 M_{s2}。两列短路钉关于 xOz 平面对称放置，两列短路钉之间的间距为 D，每列包含 N 个短路钉，短路钉的半径为 R。为了更好地理解短路加载对天线谐振频率的影响，考虑图 8.42 所示的传输线模型，G_{rad} 表示两个辐射边的辐射电导，ΔL 表示贴片由于边缘效应所增加的长度，L_p 为加载短路钉的等效电感，并联接入传输线。由传输线理论可知，并联电感将使得其谐振频率升高，并且谐振频率的变化量与电感的大小及加载的位置有关。

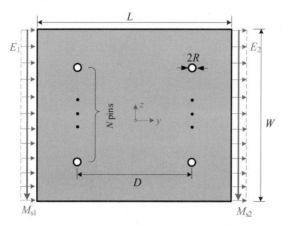

图 8.41　短路加载贴片天线俯视图

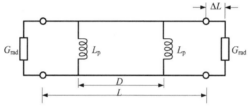

图 8.42　短路加载贴片天线的传输线模型

根据本章参考文献[9]，对于一个长度为 h、半径为 R 的直导线，其电感值等于

$$L_{p0} = \frac{\mu_0}{2\pi}\left[h\ln\left(\frac{h+\sqrt{h^2+R^2}}{R} \right) - \sqrt{h^2+R^2} + \frac{h}{4} + R \right] \tag{8-15}$$

假设短路钉之间的耦合可以忽略不计，可以得到一列 N 个短路钉的总电感，即

$$L_{p} = \frac{L_{p0}}{N} \tag{8-16}$$

可以发现，L_p 与短路钉的高度 h、短路钉的半径 R 以及短路钉的个数 N 有关。

由上述分析可知，通过控制短路钉的高度 h、短路钉的半径 R 以及短路钉的个数 N，可以控制总的等效的电感值，从而可以控制贴片天线的谐振频率。由于电感值越小，谐振频率越高，因此，增大短路钉的半径和个数，有利于提高贴片天线的谐振频率和增益。

8.2.2　方向性系数

矩形贴片天线工作在 TM_{01} 模时，其辐射场可以由等效的二元的缝隙阵列所计算，如图 8.41 所示。假设电场在缝隙内均匀分布，地板无限大，那么两个等效的磁流 M_{s1} 和 M_{s2} 与电场强度矢量的关系为

$$\boldsymbol{M}_{s} = \boldsymbol{E} \times \boldsymbol{n} \tag{8-17}$$

由方向图乘积定理，首先计算单磁流所产生的远场，再乘上阵列因子，就可以得到双磁流所产生的总场。具体的推导过程在众多天线书籍中均有介绍，这里不再赘述。进一步，通过远场可以得到方向性系数 D_2，即

$$D_2 = \left(\frac{2\pi W}{\lambda_0}\right)^2 \frac{\pi}{I_2} \tag{8-18}$$

$$I_2 = \int_0^\pi \int_0^\pi \left[\frac{\sin\left(\dfrac{\pi W}{\lambda_0}\cos\theta\right)}{\cos\theta}\right]\sin^3\theta\cos^2\left(\frac{\pi L}{\lambda_0}\sin\theta\sin\varphi\right)\mathrm{d}\theta\mathrm{d}\varphi \tag{8-19}$$

由式(8-18)和式(8-19)可以看到，贴片天线的方向性系数由贴片的电尺寸 W/λ_0 和 L/λ_0 决定。短路加载实现高增益的原理是：加载短路钉后，短路加载的贴片天线的谐振频率会升高，波长 λ_0 减小，相比于未加载情况，贴片的电尺寸(W/λ_0 和 L/λ_0)增大，辐射面积增加，因而方向性系数和增益被提高。

8.2.3　设计要求

在原有矩形微带贴片天线设计的基础上，使用短路加载技术设计出一个中心谐振频率在 5GHz 附近的短路加载高增益微带贴片天线。

8.2.4　CST 设计概述

短路加载高增益微带贴片天线的结构如图 8.43 所示，在原有基本天线单元设计的基础上，4 个短路钉加载在贴片的对角线上，短路钉距 x 轴或者 y 轴的垂直距离都为 offset_pin。设相邻 2 个短路钉之间的距离为 D，各个变量的定义与意义见表 8.2。

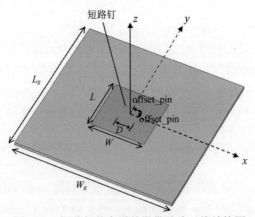

图 8.43　短路加载高增益微带贴片天线结构图

表 8.2　各个变量的定义与意义(二)

变量意义	变量名	变量值/mm
地板的宽度	Wg	80
地板的长度	Lg	80
贴片的宽度	W	27.3
贴片的长度	L	27.3
介质基板厚度	H	1.57
馈电位置	offset	4.2
短路钉与 x 轴或者 y 轴的垂直距离	offset_pin	$0.3 \times 0.5 \times L$
短路钉半径	R_pin	0.2

8.2.5　CST 仿真设计

1. 复制工程文件

重新复制一份 patch antenna1 工程文件，可以将该工程文件命名为 high gain patch antenna，再次双击打开 high gain patch antenna 工程文件。

2. 设计建模

1) 仿真频率范围设置

原有的基本微带贴片天线单元的仿真频率范围为 3~4GHz，这里需要将仿真频率范围修改为 3.2~5.2GHz。单击 Simulation→Settings→Frequency，修改最低频率为 3.2，最高频率为 5.2，仿真频率范围设置如图 8.44 所示，单击 OK 按钮确认修改。

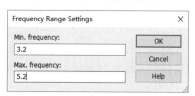

图 8.44　仿真频率范围设置

2) 参数列表设置

在参数列表增加对 offset_pin 及 R_pin 两个变量的定义及描述，定义完成后，确定参数列表中变量的定义与意义，如图 8.45 所示。

Name	Expression	Value	Description
Wg	= 80	80	地板的宽度
Lg	= 80	80	地板的长度
W	= 27.3	27.3	贴片的宽度
L	= 27.3	27.3	贴片的长度
H	= 1.57	1.57	介质基板厚度
offset	= 4.2	4.2	馈电位置
offset_pin	= 0.3*0.5*L	4.095	短路钉距离x轴或者y轴的垂直距离
R_pin	= 0.2	0.2	短路钉半径

图 8.45　定义所有变量后的参数列表

3) 创建短路钉

创建 4 个短路钉，短路钉的半径为 R_pin，短路钉分别位于矩形贴片的两条对角线上，它们到 x 轴与 y 轴的垂直距离都相等，因此通过变量 offset_pin 即可描述短路钉的位置。单击 Modeling 选项卡中的 ⊙ 创建一个圆柱体，3D 模型窗口左上角出现 Double click center point in working plane (Press ESC to show dialog box) 后，按<Esc>键。命名为 pin1，材料为 PEC，具体的参数设置如图 8.46(a)所示，单击 OK 按钮完成创建。双击 Navigation Tree→Components→component1，再次单击 pin1 以选取所创建的短路钉。单击 Modeling 选项卡中的 ◣，使用旋转操作创建其他 3 个短路钉，旋转操作设置如图 8.46(b)所示。单击 Preview 按钮预览操作结果，单击 OK 按钮完成其他 3 个短路钉的创建。

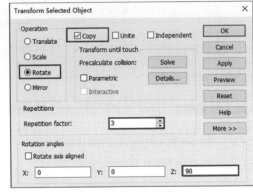

(a) 创建短路钉   (b) 旋转操作设置

图 8.46 单个短路钉创建及旋转操作设置

3. 删除原监视器以及添加新的监视器

双击 Navigation Tree→Field Monitors，打开监视器文件夹，单击 e-field(f=3.48)，按<Delete>键，在弹出的对话框中单击"是(Y)"按钮，删除该监视器，重复此操作删除其余 2 个监视器。

单击 Simulation→Monitors→Field Monitor 建立监视器，这里的操作与之前相同，不再详细介绍。建立 3.44 GHz、3.83 GHz、4.43 GHz 和 5 GHz 共 4 个频点的 E-Field(电场)、H-Field and Surface current(磁场和电流)以及 Farfield/RCS(远场/雷达反射截面)监视器。建立完成后查看左侧 Navigation Tree 中的 Field Monitors 文件夹，结果如图 8.47 所示。

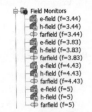

图 8.47 监视器查看(一)

4. 修改变量以及运行仿真计算

在参数列表中修改参数 offset_pin 的 Expression 为 $0\times0.5\times L$，使短路钉加载在原点。按<Enter>键确认修改，按<F7>键更新参数。单击 Home→Simulation→Start Simulation，开始仿真计算。

5. 查看仿真结果

1) 查看 1D 仿真结果

仿真完成后，双击 1D Result 打开 1D 仿真结果文件夹，单击 S-Parameters 查看反射系数，加载短路钉后天线的反射系数如图 8.48 所示，此时天线的谐振频率为 3.438 GHz，即短路钉加载在原点对于天线的谐振频率影响很小(原天线的谐振频率为 3.486 GHz)，反射系数增加，但此时天线仍然匹配得很好。

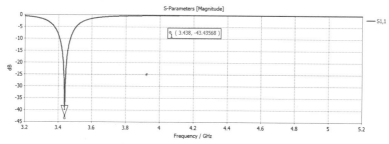

图 8.48　天线的反射系数(D/W=0)

2) 查看远场仿真结果

双击 Farfields 打开远场文件夹，单击 farfield(f=3.44)[1]查看在谐振频率为 3.44GHz 时天线的远场方向图，这里选择查看天线的 E 面方向图，即切 phi=90°的面。单击 Farfield Plot 选项卡，在 Cut Angle 输入框输入 90，按<Enter>键确认。天线在谐振频率为 3.44GHz 时的 E 面方向图如图 8.49 所示。

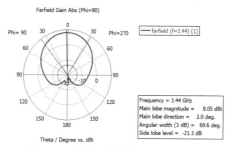

图 8.49　贴片天线的 E 面(D/W=0)

此时，天线的 E 面半功率波束宽度(HPBW)为 69.6°，主瓣增益为 8.05dBi。对比之前 patch antenna1 工程文件的仿真结果可以发现，在贴片中心加载短路钉对于贴片天线的谐振频率、增益等基本没有影响。

6. 短路钉位置对谐振频率及增益的影响

1) D/W = 0.3

在参数列表修改 offset_pin 的 Expression 为 $0.3 \times 0.5 \times W$，将短路钉沿着对角线往贴片的边沿移动，此时 D/W=0.3。按<Enter>键确认更改，在弹出的对话框中单击 OK 按钮完成更改，按<F7>键更新参数。单击 Home→Simulation→Start Simulation，开始仿真计算。

仿真完成后，单击 Navigation Tree→S-Parameters 查看反射系数，天线的反射系数如图 8.50

所示，此时天线的谐振频率提高到 3.83GHz，同时可以发现，将短路钉移动到 D/W=0.3 时，使得天线的匹配变差。

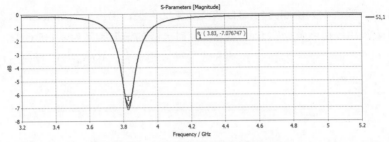

图 8.50　天线的反射系数(D/W=0.3)

单击 farfield(f = 3.83)[1]查看天线在谐振频率为 3.83GHz 时的 E 面方向图，如图 8.51 所示。此时，E 面方向图的半功率波束宽度为 65.5°，相比于之前的仿真，即 D/W=0 的情况，E 面的半功率波束宽度减小，主瓣增益达到了 8.66dBi。短路钉的外移使得天线的谐振频率增加，E 面的半功率波束宽度减小，主瓣增益提高。

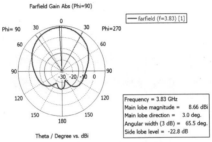

图 8.51　贴片天线的 E 面($D/$W=0.3)

2)　D/W=0.5

同样地，修改 offset_pin 的 Expression 为 $0.5 \times 0.5 \times W$，按<Enter>键确认更改，在弹出的对话框中单击 OK 按钮完成更改，按<F7>键更新参数，此时 D/W=0.5。单击 Home→Simulation→Start Simulation，开始仿真计算。

仿真完成后，单击 Navigation Tree→S-Parameters 查看反射系数，天线的反射系数如图 8.52 所示，随着短路钉进一步往外移动，贴片天线的谐振频率提高到了 4.43GHz。

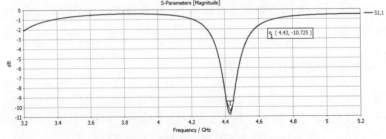

图 8.52　天线的反射系数(D/W=0.5)

单击 farfield(f = 4.43)[1]查看天线在谐振频率为 4.43 GHz 时的 E 面方向图，如图 8.53 所示。

此时，E 面方向图的半功率波束宽度为 58.9°，相比 D/W=0.3 的情况，E 面的半功率波束宽度进一步减小，主瓣增益达到了 9.44dBi。

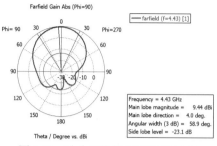

图 8.53　贴片天线的 E 面(D/W=0.5)

3) D/W = 0.7

同样地，修改 offset_pin 的 Expression 为 $0.7×0.5×W$，按<Enter>键确认更改，在弹出的对话框中单击 OK 按钮完成更改，按<F7>键更新参数，此时 D/W = 0.7。单击 Home→Simulation→Start Simulation，开始仿真计算。

仿真完成后，单击 Navigation Tree→S-Parameters 查看反射系数，天线的反射系数如图 8.54 所示，随着短路钉进一步往外移动，贴片天线的谐振频率提高到了 5 GHz。此时-10dB 阻抗带宽从 4.954GHz 到 5.051GHz，相对带宽约为 1.94%。

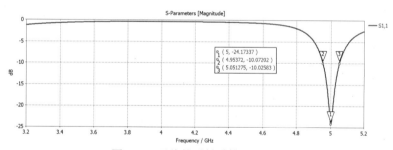

图 8.54　天线的反射系数(D/W=0.7)

单击 farfield(f = 5)[1]查看天线在谐振频率为 5 GHz 时的 E 面方向图，如图 8.55 所示。此时，E 面方向图的半功率波束宽度为 53°，半功率波束宽度进一步减小，主瓣增益达到了 9.97dBi。

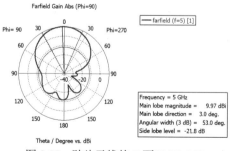

图 8.55　贴片天线的 E 面(D/W=0.7)

4) 总结

单击 S-Parameters 文件夹前面的 ⊞，单击 S1,1 显示所有的反射系数结果，如图 8.56 所示。这里可以更为直观地发现，随着短路钉沿着对角线不断向边缘移动，天线的谐振频率不断增加。

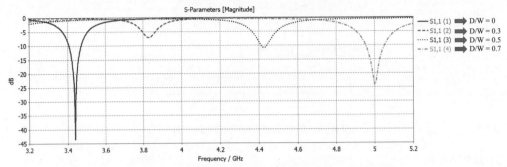

图 8.56　贴片天线的反射系数随着短路钉位置的变化

单击 ZMatrix 文件夹前面的 ⊞，单击 Z1,1 显示所有的输入阻抗结果。单击顶部工具栏中 Real/Imag 右侧 ▾ 图标，选择 Real 单独查看输入阻抗的实数部分。输入阻抗的实部随着短路钉位置的变化如图 8.57 所示。可以看到，随着短路钉沿着对角线不断向外移动，天线的输入阻抗实部先减小、后增加。

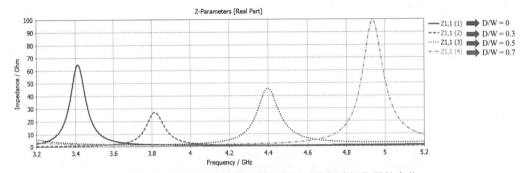

图 8.57　贴片天线的输入阻抗实部随着短路钉位置的变化

由前面的结果可以知道，随着短路钉的不断外移，谐振频率不断增加，E 面半功率波束宽度不断减小，这里需要注意的是，H 面的半功率波束宽度同样随着短路钉外移而减小，读者可以自行查看结果。

随着短路钉不断向贴片边缘移动，天线的主瓣增益不断增加，当移动到 D/W=0.7 时，主瓣增益达到了 9.97dBi，相比于未加短路钉的微带贴片天线，此时天线的增益提高了约 2dB。需要注意的是，贴片的最高增益并不会随着短路钉的不断外移而不断增加，事实上，由于贴片边缘效应的原因，当短路钉位于 D/W=0.7 附近时，谐振频率增加最多，增益也提高最多，此时效果最为理想。当短路钉太靠近贴片边缘时，天线的谐振频率反而减小，增益降低，例如当 D/W=0.8 时，天线的谐振频率反而降低了，这里不再进一步仿真说明。关于加载短路钉更为详细的原理解释，读者可以参考本章参考文献。

8.3 滤波贴片天线的仿真设计

传统的微带贴片天线除了增益比较低之外，还有一个主要的缺点就是带宽窄，为了提高贴片天线的带宽，近几十年来国内外学者做了大量的研究，提出了多种宽带技术，包括使用堆叠或者共面寄生贴片[10,11]、增加介质基板的厚度和使用 L 形探针馈电[12]、基于短路钉和缝隙加载的多模技术[13,14]等。

近年来，滤波器技术被应用于天线设计，用以实现同时具有带宽拓展和滤波特性，这一类天线也称为滤波天线。滤波天线的基本设计思路，最早在本章参考文献[15]中提出，其基本原理是：通过利用外部谐振器和辐射器共同构造多阶的带通滤波器，将天线看成最后一级谐振器加端口负载，然后利用滤波器理论进行综合设计。本节设计参考了本章参考文献[16]，为了简化设计，与参考文献不同，本节设计的是二阶滤波贴片天线，在工字形谐振器上无须引入短路钉。

8.3.1 基本原理与设计步骤

1. 基本原理

图 8.58 所示为本节提出的滤波贴片天线，天线主要由 50 Ω 微带馈线、介质基板、地板、耦合枝节、工字形谐振器、短路钉和贴片等组成。耦合枝节与工字形谐振器之间为电容耦合，可以等效为一个 J 变换器，同样地，工字形谐振器与贴片之间的耦合也为电容耦合，也可以等效为一个 J 变换器。将工字形谐振器等效为一个无损耗的并联谐振器，同时将贴片等效为一个有损耗的并联谐振器，可以得到该滤波天线等效电路，如图 8.59 所示。

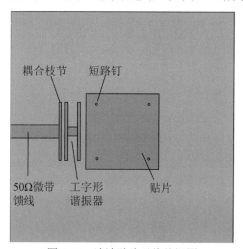

图 8.58　滤波贴片天线俯视图

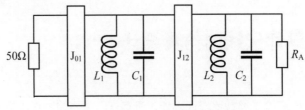

图 8.59   滤波贴片天线的等效电路模型

由等效电路可以看到，此时整个天线可以看作一个二阶耦合谐振器带通滤波器，贴片辐射器的辐射电阻 R_A 可以看成其中一个端口的负载。外部谐振器的引入，使得网络的阶数由 1 增加到 2，由滤波器理论可知，带宽可以增加到原来的 2 倍左右。

2. 设计步骤

由第 7 章的耦合谐振器滤波器理论可知，图 8.59 的滤波器网络的响应由其外部 Q 值和谐振器间的耦合系数来决定。因此，该滤波天线的设计主要围绕着外部 Q 值和耦合系数的计算及提取来展开。本节直接应用了有关滤波器综合的结论和公式，具体的理论推导和分析过程，请参阅本章参考文献[17]。

1) 提取短路加载贴片天线品质因数 Q_A

首先确定天线的 Q_A 值，并且让其等于滤波器最后一级的外部品质因数(即外部 Q 值)。天线的 Q_A 值提取可参考第 9 章 9.3 节微带贴片天线的模式分析，使用特征模提取其 Q_A 值。这里不再详细介绍 Q_A 值的提取过程，最终可以得到 Q_A 约为 39.4(天线尺寸见 8.3.3 节)。

2) 确定最大带内插损 IL 与阶数 n

选择最大带内插损 IL 为 0.2 dB，该滤波贴片天线的阶数为 $n= 2$。然后查表确定低通滤波器原型的元件数值 g_0、g_1、g_2 和 g_3。表 8.3 给出了 $IL= 0.2$ dB 时，不同阶数 $n(n = 1\sim5)$ 下的切比雪夫低通滤波器原型的元件数值。查表可以确定 $g_0 = 1$，$g_1 = 1.0378$，$g_2 = 0.6745$，$g_3 = 1.5386$。

表 8.3   切比雪夫低通滤波器原型的元件数值(其中 $g_0 = 1$)

n 值	g_1	g_2	g_3	g_4	g_5	g_6
1	0.4342	1.0000				
2	1.0378	0.6745	1.5386			
3	1.2275	1.1525	1.2275	1.0000		
4	1.3028	1.2844	1.9761	0.8468	1.5386	
5	1.3394	1.3370	2.1660	1.3370	0.8468	1.0000

由公式

$$Q_A = \frac{g_2 g_3}{BW} \tag{8-20}$$

计算得到 BW 约为 2.63%。而本节的设计基于对称的滤波器结构，因此滤波器两端外部 Q 值相等，有

$$Q_e = Q_A = \frac{g_0 g_1}{\text{BW}} \tag{8-21}$$

即输入端 Q_e 也为 39.4。

3) 提取耦合系数

由低通滤波器元件值可以确定相邻两级谐振器间的耦合系数，即

$$k_{j,j+1}\big|_{j=1\sim n-1} = \frac{\text{BW}}{\sqrt{g_j g_{j+1}}} \tag{8-22}$$

因此

$$k_{12} = \frac{\text{BW}}{\sqrt{g_1 g_2}} \tag{8-23}$$

在仿真中，可以用弱耦合的方法[16]提取谐振器与贴片之间的耦合系数 k_{12}。图 8.60 所示为仿真的 S_{21} 幅度随频率的变化曲线，通过弱耦合激励，可以获得两个传输极点的频率 f_{01} 和 f_{02}。

耦合系数的计算公式为

$$k = \frac{f_{02}^2 - f_{01}^2}{f_{02}^2 + f_{01}^2} \tag{8-24}$$

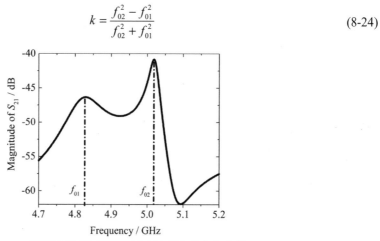

图 8.60　弱耦合激励下的 S_{21} 幅度随频率的变化曲线

4) 提取输入端外部品质因数 Q_e

提取输入端外部品质因数 Q_e，从而确定耦合强度。在仿真设计中，耦合强度通过调整耦合枝节的长度及耦合间隙来调整。在具体的仿真设计中，Q_e 的值通过输入端口的反射相位来确定。馈电枝节和谐振器耦合，仅在馈线加端口激励，然后得到反射系数相位，如图 8.61 所示，则 Q_e 可表示为

$$Q_e = \frac{f_0}{\Delta f_{\pm 90°}} \tag{8-25}$$

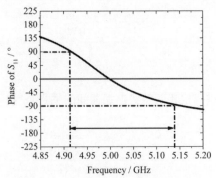

图 8.61　S_{11} 相位随频率的变化曲线举例

8.3.2　设计要求

在原有谐振频率为 5GHz 的短路加载高增益微带贴片天线设计的基础上，使用微带半波谐振器设计出一个中心谐振频率在 5GHz 附近的二阶滤波贴片天线。

8.3.3　CST 设计概述

滤波贴片天线的结构如图 8.62 所示。为了简便，只标注新增加的结构尺寸，工字形谐振器、耦合枝节及 50Ω 微带馈线尺寸标注如图 8.63 所示。在原有的短路加载高增益微带贴片天线设计的基础上，删除同轴端口(内导体、外导体、内外导体间介质)，增加工字形谐振器、耦合枝节和 50Ω 微带馈线，各个变量的定义与意义见表 8.4。

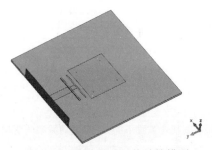

图 8.62　滤波贴片天线结构模型

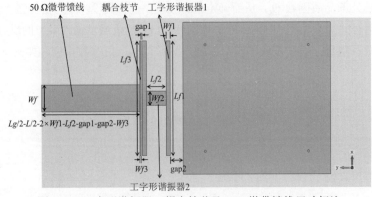

图 8.63　工字形谐振器、耦合枝节及 50Ω 微带馈线尺寸标注

表 8.4 各个变量的定义与意义(三)

变量意义	变量名	变量值/mm
地板的宽度	Wg	80
地板的长度	Lg	80
贴片的宽度	W	27.3
贴片的长度	L	27.3
介质基板厚度	H	1.57
馈电位置	offset	4.2
短路钉与 x 轴或者 y 轴的垂直距离	offset_pin	$0.7 \times 0.5 \times L$
短路钉半径	R_pin	0.2
贴片离工字形谐振器的距离	gap2	2.4
工字形谐振器 1 的宽度	Wf1	0.8
工字形谐振器 1 的长度	Lf1	20.6
工字形谐振器 2 的宽度	Wf2	2.49
工字形谐振器 2 的长度	Lf2	3.6
耦合枝节的宽度	Wf3	0.2
耦合枝节的长度	Lf3	20.6
耦合枝节到工字形谐振器的距离	gap1	0.2
50Ω 微带馈线的宽度	Wf	4.83
端口拓展系数	k	6
金属厚度	ht	0.035

8.3.4 CST 仿真设计

1. 复制工程文件

关闭 high gain patch antenna 工程文件,重新复制一份 high gain patch antenna 工程文件,修改其名称为 filtering patch antenna,再次双击打开 filtering patch antenna 工程文件。

2. 设计建模

1) 仿真频率范围设置

原有的短路加载高增益贴片天线的仿真频率范围为 3.2~5.2GHz,这里需要将仿真频率范围修改为 4.4~5.4GHz。单击 Simulation→Settings→Frequency,修改最低频率为 4.4,最高频率为 5.4。仿真频率范围设置如图 8.64 所示,单击 OK 按钮确认修改。

图 8.64 仿真频率范围设置

2) 参数列表设置

在参数列表增加对 gap2、Wf1、Lf1、Wf2、Lf2、Wf3、Lf3、gap1、Wf、k 和 ht 共 11 个变量的定义及描述，定义完成后，确定参数列表中变量的定义与意义，如图 8.65 所示。

Parameter List			
Name	Expression	Value	Description
Wg	= 80	80	地板的宽度
Lg	= 80	80	地板的长度
W	= 27.3	27.3	贴片的宽度
L	= 27.3	27.3	贴片的长度
H	= 1.57	1.57	介质基板厚度
offset	= 4.2	4.2	馈电位置
offset_pin	= 0.7*0.5*L	9.555	短路钉距离x轴或y轴的垂直距离
R_pin	= 0.2	0.2	短路钉半径
gap2	= 2.4	2.4	贴片离工字形谐振器的距离
Wf1	= 0.8	0.8	工字形谐振器1的宽度
Lf1	= 20.6	20.6	工字形谐振器1的长度
Wf2	= 2.49	2.49	工字形谐振器2的宽度
Lf2	= 3.6	3.6	工字形谐振器2的长度
Wf3	= 0.2	0.2	耦合枝节的宽度
Lf3	= 20.6	20.6	耦合枝节的长度
gap1	= 0.2	0.2	耦合枝节到工字形谐振器的距离
Wf	= 4.83	4.83	50Ω微带馈线的宽度
k	= 6	6	端口拓展系数
ht	= 0.035	0.035	金属厚度

图 8.65 定义所有变量后的参数列表

3) 删除同轴端口并重新创建地板

双击 Navigation Tree→Components→component1，打开组成结构文件夹。单击 outer 选取同轴端口外导体，按<Delete>键，在弹出的对话框中单击"是(Y)"按钮，删除同轴端口外导体。按同样的操作删除同轴内导体 inner、内外导体间介质 Die。由于在之前的建模中，地板 Gnd 与同轴端口介质 Die 有布尔操作，使得地板上留有圆环，因此这里选择重新创建一个新地板。按同样的操作删除地板 Gnd，再创建一个新的地板 Gnd。

单击 View→change View→Select View→Back，或者直接在英文输入法的情况下按<3>键，可以看到 3D 模型窗口的视图发生了改变。重复操作会在原观察视图与底视图之间切换，注意将窗口切换到可以观察到介质基板的下表面的视角，即获得底视图。按<Space>键，使模型自动适应 3D 模型窗口大小。

在英文输入法的情况下按<F>键，将鼠标移至介质基板的下表面，此时介质基板下表面变为红色，双击以抓取介质基板下表面。单击 Modeling 选项卡中的 ，在 Extrude face 对话框中，更改名称为 Gnd，在 Height 输入框输入 ht，设置为有厚度的地板，地板的厚度为 ht= 0.035 mm，单击 OK 按钮完成地板的创建。

4) 删除波导端口

双击 Navigation Tree→Ports，打开端口文件夹，单击 port1，按<Delete>键，在弹出的对话框中单击"是(Y)"按钮，删除波导端口。

5) 创建工字形谐振器

这里使用 WCS 建模，单击 Modeling→Transform WCS，创建一个新的 WCS，参数设置如图 8.66(a)所示，单击 Preview 按钮预览操作结果，预览的操作结果如图 8.66(b)所示。单击 OK 按钮确认 WCS 的创建。此时观察 3D 模型窗口，可以看到 WCS 沿着 y 轴移动了 L/2+gap2 距离，同时沿着 z 轴移动了 H 距离。

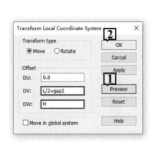
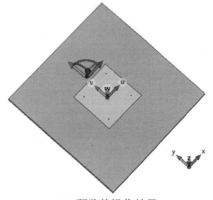

(a) 创建 WCS 的参数设置　　　　　　　　(b) 预览的操作结果

图 8.66　创建新的 WCS

　　单击 Modeling 选项卡的 Shapes 功能区中的 ▣ 创建长方体，创建长方体的步骤这里不再赘述，这里需要创建两个长方体，参数设置分别如图 8.67(a)、8.67(b)所示。修改工字形谐振器颜色与贴片颜色相同。

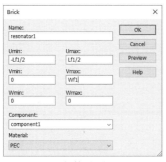

(a) 参数设置(一)　　　　　　　　(b) 参数设置(二)

图 8.67　创建工字形谐振器部分结构

　　单击 Navigation Tree→resonator1，选择前面创建的工字形谐振器部分结构，按<Ctrl>+<T>键使用 Transform 操作创建剩余的工字形谐振器部分结构。参数设置如图 8.68(a)所示，单击 OK 按钮完成工字形谐振器剩余部分结构的创建。此时天线的结构如图 8.68(b)所示，即完成了整个工字形谐振器的创建。

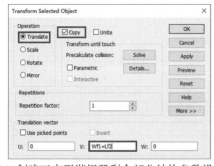
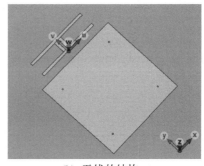

(a) 创建工字形谐振器剩余部分结构参数设置　　　　　　(b) 天线的结构

图 8.68　创建工字形谐振器剩余部分结构参数设置及天线的结构

6) 创建耦合枝节及微带馈线

再次创建新的 WCS。单击 Modeling→Transform WCS,创建新的 WCS,参数设置如图 8.69(a) 所示,单击 Preview 按钮预览操作结果,预览的操作结果如图 8.69(b)所示。单击 OK 按钮确认 WCS 的创建。此时观察 3D 模型窗口,可以看到 WCS 沿着 y 轴移动了 $2\times$Wf1+Lf2 + gap1 距离。

 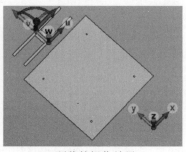

(a) 创建新的 WCS 参数设置   (b) 预览的操作结果

图 8.69   再次创建新的 WCS

单击 Modeling 选项卡的 Shapes 功能区中的 ▣ 创建长方体,这里同样需要创建两个长方体,参数设置分别如图 8.70(a)、8.70(b)所示。修改耦合枝节及微带馈线颜色与贴片颜色相同。

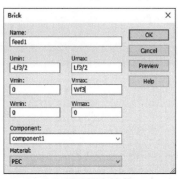 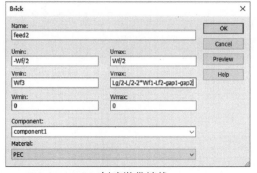

(a) 创建耦合枝节   (b) 创建微带馈线

图 8.70   创建耦合枝节及微带馈线参数设置

7) 设置金属厚度

单击 Navigation Tree→component1→feed1,按住<Ctrl>键,接着依次单击 feed2、resonator1、resonator1_1、resonator2 和 patch,选取介质基板上表面的所有金属。单击 Modeling→Tools→Shape Tools→Shell Solidor Thicken Sheet…,在弹出的对话框中进行图 8.71 所示的参数设置,单击 OK 按钮完成设置。设置介质基板的表面金属的厚度为 ht= 0.035 mm。

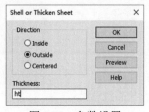

图 8.71   参数设置

3. 创建激励端口

首先使用 CST 的宏计算端口拓展系数 k，单击 Home→Macros→Solver→Ports→Calculate port extension coefficient，在弹出的对话框中输入馈线宽度 Wf、介质基板厚度 H 以及介质基板的相对介电常数，单击 Calculate 按钮即可计算端口拓展系数 k。端口拓展系数的计算参数设置及结果如图 8.72 所示。

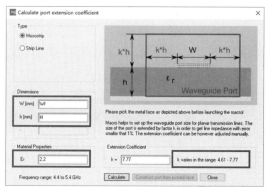

图 8.72　端口拓展系数的计算参数设置及结果

由计算结果可以看到，推荐的 k 的设置范围为 4.61~7.77，设置 k 的值为 6 即可(前面已经设置好)。单击 Close 按钮关闭对话框。

调整视角，单击 Navigation Tree→feed2，选取前面所创建的微带馈线，在英文输入法的情况下按<F>键，将鼠标放置于微带馈线边缘截面，双击进行抓取，抓取成功界面如图 8.73 所示。

抓取的微带馈线边缘截面

图 8.73　微带馈线边缘截面抓取

单击 Simulation→Sources and Loads→Waveguide Port，波导端口的具体设置如图 8.74 所示。单击 OK 按钮完成波导端口的创建。

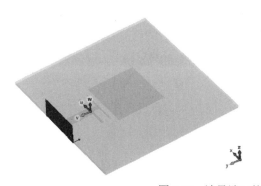
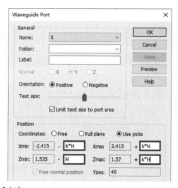

图 8.74　波导端口的创建

4. 添加监视器

双击 Navigation Tree→Field Monitors，打开监视器文件夹，单击 e-field(f=3.83)，按<Delete>键，在弹出的对话框中单击 "是(Y)" 按钮，删除该监视器，重复此操作删除其余的所有监视器。

单击 Simulation→Monitors→Field Monitor 建立监视器，这里的操作与之前相同，不再详细介绍。建立 4.90 GHz 和 5.01GHz 两个频点的电场、磁场和电流以及远场/雷达反射截面监视器。建立完成后查看左侧 Navigation Tree 中的 Field Monitors 文件夹，结果如图 8.75 所示。

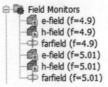

图 8.75　监视器查看(二)

5. 局部加密网格

由于 feed1 宽度只有 0.2 mm，gap1 也只有 0.2 mm，这里选择对其进行局部的网格加密以提高求解精度。首先创建一个真空盒子包裹耦合枝节及耦合枝节与工字形谐振器间隙部分。单击 Modeling 选项卡中的 ⬛ 创建长方体。在 WCS 下，参数设置如图 8.76 所示。注意这里将材料设置为真空，单击 OK 按钮完成真空盒子的创建。由于真空盒子与耦合枝节相交，在弹出的对话框中单击 None，再次单击 OK 按钮完成设置，不对真空盒子和耦合枝节进行布尔操作。

接着右击 Navigation Tree 中的 airbox，单击 Local Mesh properties…，设置最大的步长为 0.08，保证耦合枝节及耦合枝节与谐振器间隙部分上有足够的网格进行剖分，参数设置如图 8.77 所示，单击 OK 按钮完成局部网格剖分的设置。

图 8.76　真空盒子的参数设置

图 8.77　局部网格剖分设置

6. 仿真计算

单击 Simulation→Solver→Setup Solver→Start，开始仿真计算。

7. 查看仿真结果

1) 查看 1D 仿真结果

双击 1D Results 打开 1D 仿真结果文件夹，单击 S-Parameters 查看反射系数，滤波贴片天线的反射系数如图 8.78 所示。此时天线存在两个谐振频率，分别是贴片产生的谐振点以及由工字形谐振器所产生的谐振点，两个谐振频率分别为 4.90 GHz 和 5.01GHz。滤波贴片天线的-10dB

阻抗带宽从 4.86GHz 到 5.04GHz，相对带宽约为 3.64%。相比于 8.2 节设计的短路加载高增益微带贴片天线，相对带宽增加了约 1.70%。

由于选择最大带内插损 IL 为 0.2 dB，滤波贴片天线的-13.47 dB 阻抗带宽从 4.87 GHz 到 5.03 GHz，相对带宽约为 3.23%。相比于由式(8-20)计算所得到的相对带宽 2.63%，两个结果还是比较接近的。

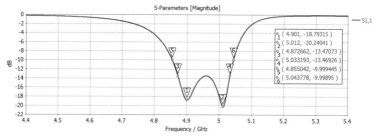

图 8.78　滤波贴片天线反射系数

进一步，单击 Smith Chart 查看史密斯圆图，史密斯圆图如图 8.79 所示。可以看到，此时反射系数曲线绕了一圈，反射系数曲线在圆图上打一个结代表存在两个相近的谐振点。

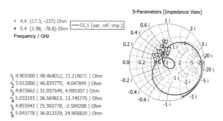

图 8.79　滤波贴片天线反射系数的史密斯圆图

2) 查看远场仿真结果

(1) 查看 3D 方向图。

单击 Farfield 文件夹前面的 ⊞，单击 farfield(f = 4.9)[1]，再单击顶部工具栏 Farfield Plot→3D 可以查看滤波贴片天线在谐振频率为 4.90 GHz 处的 3D 远场方向图。同样地，单击 farfield (f = 5.01)[1]可以查看滤波贴片天线在谐振频率为 5.01GHz 处的 3D 远场方向图。所设计的滤波贴片天线在 4.90GHz 及 5.01GHz 处的 3D 增益方向图如图 8.80(a)、8.80(b)所示。可以看到，两个谐振频率处的 3D 方向图还是比较相似的，同时最大增益也很相近。

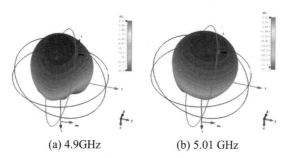

(a) 4.9GHz　　　　　(b) 5.01 GHz

图 8.80　滤波贴片天线在谐振频率为 4.90 GHz 及 5.01 GHz 处的 3D 增益方向图

(2) 查看切面方向图。

进一步可以查看两个频点的 E 面及 H 面方向图。单击 farfield(f = 4.9)[1]，再单击顶部工具栏的⬚可以查看滤波贴片天线在谐振频率为 4.90 GHz 处的 E 面方向图，将 Cut Angle 输入框中的 90 修改为 0，按<Enter>键即可查看 H 面的方向图。同样地，可以查看滤波贴片天线在谐振频率为 5.01GHz 处的 E 面方向图及 H 面方向图，滤波贴片天线在谐振频率为 4.90GHz 及 5.01GHz 处的 E 面增益方向图如图 8.81(a)、8.81(b)所示。可以发现，两个频点的主瓣的最高增益相近，半功率波束宽度也相近，4.90GHz 处主瓣增益为 9.12dBi，半功率波束宽度为 62°。而 5.01GHz 处主瓣增益为 8.92dBi，半功率波束宽度为 71.4°。需要注意的是，由于 CST 算法的稳定性问题，主瓣增益相比于 8.2 节短路加载高增益微带贴片天线少了 0.7 dBi，同时低频的波束指向发生稍大的倾斜，事实上，该滤波贴片天线带内的辐射特性是比较稳定的。

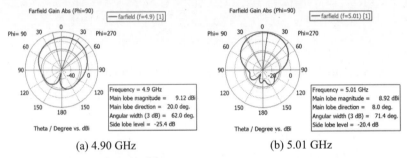

(a) 4.90 GHz   (b) 5.01 GHz

图 8.81　滤波贴片天线在谐振频率为 4.90 GHz 及 5.01GHz 处的 E 面增益方向图

滤波贴片天线在谐振频率为 4.90GHz 及 5.01GHz 处的 H 面增益方向图如图 8.82(a)、8.82(b)所示。可以发现，两个频点的主瓣的最高增益接近，半功率波束宽度也相近，4.90GHz 处主瓣增益为 7.94dBi，半功率波束宽度为 69.3°。而 5.01GHz 处主瓣增益为 8.78dBi，半功率波束宽度为 67.2°。

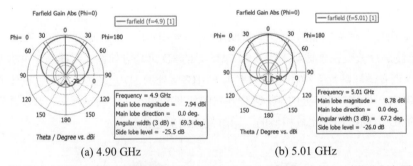

(a) 4.90 GHz   (b) 5.01 GHz

图 8.82　滤波贴片天线在谐振频率为 4.90 GHz 及 5.01 GHz 处的 H 面增益方向图

在带内的两个谐振频点处，可以发现 3D 增益方向图相似，观察两个谐振频点处的 E 面及 H 面的增益方向图，可以发现，E 面及 H 面的主瓣最高增益以及半功率波束宽度也相近。

(3) 查看滤波贴片天线最大增益随频率的变化情况。

这里使用后处理查看滤波贴片天线最大增益随频率的变化情况，单击 Simulation→Monitors→Field Monitor 建立远场/雷达反射截面监视器，监视器范围为仿真频率范围，即 4.4~5.4GHz，步长为 0.02GHz。监视器的参数设置如图 8.83 所示，单击 OK 按钮完成监视器的建立。

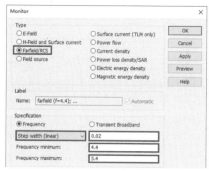

图 8.83　监视器的参数设置

单击 Simulation→Solver→Setup Solver→Start，在弹出的对话框中选择 Restart 重新开始网格自适应，单击 OK 按钮开始仿真。

仿真完成后，单击 Navigation Tree 中的 farfield(f = 4.9)[1]，单击顶部工具栏 Farfield Plot→Farfield Result→Max Gain over Frequency→All Settings…，单击 For monitor type'(broadband)'右侧的 SetFrq/Time…，设置频率范围为 4.4~5.4GHz，步长为 0.02GHz，如图 8.84 所示，单击 OK 按钮完成频率设置。在 Evaluation Range 区域中的 Stepsize 输入框输入 1，单击 OK 按钮完成设置。

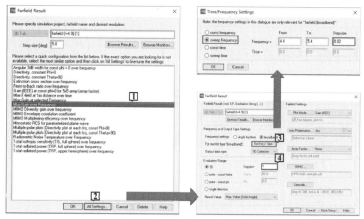

图 8.84　远场结果查看设置

参数设置完成后，在弹出的后处理对话框中单击选择序号 1 后处理设置，单击 Evaluate 按钮开始计算，如图 8.85 所示。

图 8.85　后处理计算

后处理结果如图 8.86 所示。可以发现在带宽范围内，滤波贴片天线最大增益变化不大。

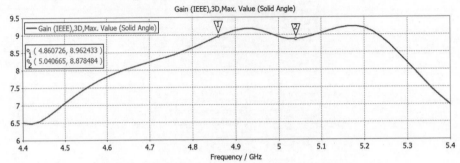

图 8.86　滤波贴片天线正前方增益随频率的变化情况

8.4　思考题

1. 贴片天线的带宽与贴片的宽长比、介质基板的厚度及介质基板的介电常数之间的关系是怎样的？

2. 短路加载实现贴片天线增益提高的原理是什么？

3. 简述滤波贴片天线实现带宽拓宽的原理。

4. 设计一个谐振频率为 2.4 GHz 的方形微带贴片天线，介质基板采用厚度为 3 mm 的 Rogers RO4003C 板材，馈电方式采用同轴馈电。

5. 通过短路加载的方式，设计一个谐振频率为 5.8 GHz 的方形微带贴片天线，在谐振频率处增益高于 9dBi，介质基板采用厚度为 1.57 mm 的 Rogers RT5880 板材，馈电方式采用同轴馈电。

6. 基于第 5 题设计的高增益微带贴片天线，利用微带半波谐振器馈电设计出中心谐振频率在 5.8GHz 附近的二阶滤波贴片天线。

8.5　参考文献

[1] Lo Y T, Solomon D, Richards W. Theory and experiment on microstrip antennas[J]. IEEE Transactions on Antennas and Propagation, 1979, 27(2): 137-145.

[2] Balanis C A. Advanced engineering electromagnetics[M]. New York: John Wiley & Sons, 2012.

[3] Hammerstad E O. Equations for microstrip circuit design[C]. 1975 5th European Microwave Conference. IEEE, 1975: 268-272.

[4] 钟顺时. 微带天线理论与应用[M]. 西安：西安电子科技大学出版社, 1991.

[5] Jackson D R, Alexopoulos N G. Simple approximate formulas for input resistance, bandwidth, and efficiency of a resonant rectangular patch[J]. IEEE Transactions on Antennas and Propagation, 1991, 39(3): 407-410.

[6] Egashira S, Nishiyama E. Stacked microstrip antenna with wide bandwidth and high gain[J]. IEEE Transactions on Antennas and Propagation, 1996, 44(11): 1533-1534.

[7] Trentini G V. Partially reflecting sheet arrays[J]. IRE Transactions on Antennas and Propagation, 1956, 4(4): 666-671.

[8] Zhang X, Zhu L. Gain-enhanced patch antennas with loading of shorting pins[J]. IEEE Transactions on Antennas and Propagation, 2016, 64(8): 3310-3318.

[9] Rosa E B. The self and mutual inductances of linear conductors[M]. US Department of Commerce and Labor, Bureau of Standards, 1908.

[10] Chen C H, Tulintse FfA, Sorbello R M. Broadband two-layer microstrip antenna[C]. 1984 Antennas and Propagation Society International Symposium. IEEE, 1984.

[11] Lee R Q, Lee K F, Bobinchak J. Characteristics of a two-layer electromagnetically coupled rectangular patch antenna[J]. Electronics letters, 1987, 23(20): 1070-1072.

[12] Luk K M, Mak C L, Chow Y L, et al. Broadband microstrip patch antenna[J]. Electronics letters, 1998, 34(15): 1442-1443.

[13] Zhang X, Hong K D, Zhu L, et al. Wideband differentially fed patch antennas under dual high-order modes for stable high gain[J]. IEEE Transactions on Antennas and Propagation, 2020, 69(1): 508-513.

[14] Liu N W, Zhu L, Choi W W, et al. A low-profile aperture-coupled microstrip antenna with enhanced bandwidth under dual resonance[J]. IEEE Transactions on Antennas and Propagation, 2017, 65(3): 1055-1062.

[15] Pues H F, Van De Capelle A R. An impedance-matching technique for increasing the bandwidth of microstrip antennas[J]. IEEE Transactions on Antennas and Propagation, 1989, 37(11): 1345-1354.

[16] Wu Q, Zhu L, Zhang X. Filtering patch antenna on $\lambda/4$-resonator filtering topology: synthesis design and implementation[J]. IET Microwaves, Antennas & Propagation, 2017, 11(15): 2241-2246.

[17] Hong J S, Lancaster M J. Microstrip filters for RF / microwave applications[M]. New Jersey：John Wiley & Sons，2011.

第 *9* 章

特征模仿真

本章共分为 5 个小节，分别介绍了特征模的基本理论、CST 中两种用于仿真特征模的求解器以及几种天线的仿真实例。9.1 节为特征模理论概述，其余小节也会阐述部分特征模相关的知识。9.2 节仿真了理想金属导体构成的偶极子天线，让读者了解 CST 的积分方程求解器。9.3 节仿真了矩形贴片天线，使读者了解 CST 的多层求解器。9.4 节仿真了基于简并模分离的传统圆极化贴片天线。9.5 节设计并仿真了本书所提出的基于耦合辐射器结构的单馈圆极化天线，它具有结构简单和圆极化性能稳定的特点，可应用于智能穿戴设备。

9.1 特征模理论概述

特征模分析法(Characteristic Mode Analysis, CMA)最早由 Harrington 等在矩量法(MoM)的基础上提出，用于分析天线的特征模式。与传统方法相比，CMA 有着独特的优势，由于天线的特征模只与自身结构有关，与外部激励无关，因此 CMA 可以在无外加激励的情况下分析和观察每一个特征模的场分布/电流分布[1]，有助于理解天线的工作机理。通过求解包含矩量法(MoM)阻抗矩阵的广义特征值问题，可得到一组正交特征电流及其相关特征值。由于本征电流的正交性，导体表面的总电流可以表示为这些模式的线性叠加。特征值(Eigenvalue, λ_n)提供有关模式的辐射特性的信息，基于特征值还可以计算出模式重要性(Modal Significance, MS)和特征角(Characteristic Angle, CA)。特征值 λ_n 非常重要，下面将介绍特征方程及其由来。

9.1.1 坡印廷定理与广义特征值方程

从坡印廷定理(Poynting's theorem)出发，可以得到广义特征值方程(Generalized Eigenvalue Equation)，这种方法具有简单直接和物理含义清晰的优势[1,2]。坡印廷定理可以理解为电磁能量

守恒定理，其物理含义是"电源提供的能量=辐射的能量+存储的能量+损耗的能量"，其表达式为

$$-\frac{1}{2}\iiint_V (\boldsymbol{H}^* \cdot \boldsymbol{M}_i + \boldsymbol{E} \cdot \boldsymbol{J}_i^*)\mathrm{d}V = \frac{1}{2}\oiint_S (\boldsymbol{E} \times \boldsymbol{H}^*)\mathrm{d}S + \frac{\mathrm{j}\omega}{2}\iiint_V (\mu|\boldsymbol{H}|^2 - \varepsilon|\boldsymbol{E}|^2)\mathrm{d}V +$$
$$\frac{1}{2}\iiint_V \sigma|\boldsymbol{E}|^2 \,\mathrm{d}V \tag{9-1}$$

其中，$\boldsymbol{J}_i$ 和 $\boldsymbol{M}_i$ 分别表示电流源和磁流源，均为外加电源。

若针对理想金属导体，则不存在磁流源 $\boldsymbol{M}_i$，也不存在被损耗的能量，因此式(9-1)简化为

$$-\frac{1}{2}\iiint_V (\boldsymbol{E} \cdot \boldsymbol{J}_i^*)\mathrm{d}V = \frac{1}{2}\oiint_S (\boldsymbol{E} \times \boldsymbol{H}^*)\mathrm{d}S + \frac{\mathrm{j}\omega}{2}\iiint_V (\mu|\boldsymbol{H}|^2 - \varepsilon|\boldsymbol{E}|^2)\mathrm{d}V \tag{9-2}$$

即对于理想金属导体，电源提供的能量只能被转化为辐射出球体表面 S 的能量和存储的磁能与电能。电流源 $\boldsymbol{J}$ 会产生电场 $\boldsymbol{E}$，两者存在一种阻抗特性的关系，因此用算子 $Z()$ 表示这种关系，即

$$\boldsymbol{E} = -Z(\boldsymbol{J}) \tag{9-3}$$

将式(9-3)带入式(9-2)，再将式(9-2)离散化，即用阻抗矩阵 $\boldsymbol{Z}$ 表示式(9-2)左边，得到矩阵、向量的内积形式，即

$$\frac{1}{2}\langle \boldsymbol{Z} \cdot \boldsymbol{J}, \boldsymbol{J}^* \rangle = \frac{1}{2}\langle \boldsymbol{R} \cdot \boldsymbol{J}, \boldsymbol{J}^* \rangle + \mathrm{j}\frac{1}{2}\langle \boldsymbol{X} \cdot \boldsymbol{J}, \boldsymbol{J}^* \rangle$$
$$= \frac{1}{2}\oiint_S (\boldsymbol{E} \times \boldsymbol{H}^*)\mathrm{d}S + \frac{\mathrm{j}\omega}{2}\iiint_V (\mu|\boldsymbol{H}|^2 - \varepsilon|\boldsymbol{E}|^2)\mathrm{d}V \tag{9-4}$$

其中，式(9-2)右边的两个积分都是实数，所以 $1/2(\boldsymbol{E} \times \boldsymbol{H}^*)$ 表示平均功率密度 $\boldsymbol{P}_{\mathrm{av}}$；因此，用阻抗矩阵的实部 $\boldsymbol{R}$ 表示右边第一项，该项意味着辐射的能量；用阻抗矩阵的虚部 $\boldsymbol{X}$ 表示右边第二项，该项意味着存储的磁能和电能。

天线作为辐射体产生电磁波，我们希望辐射效率尽量高，即希望辐射的能量更多，存储的能量更少。因此，辐射效率可以表示为

$$f(\boldsymbol{J}) = \frac{\langle \boldsymbol{X} \cdot \boldsymbol{J}, \boldsymbol{J}^* \rangle}{\langle \boldsymbol{R} \cdot \boldsymbol{J}, \boldsymbol{J}^* \rangle} \tag{9-5}$$

其中，分母为辐射的能量，分子为存储的能量。基于式(9-5)，得到广义特征值方程，即

$$\boldsymbol{X}\boldsymbol{J}_n = \lambda_n \boldsymbol{R}\boldsymbol{J}_n \tag{9-6}$$

其中，λ_n 为第 n 个模式的特征值，它类似于式(9-5)的 $f(\boldsymbol{J})$。当 $\lambda_n = 0$ 时，$\boldsymbol{X} = 0$，$f(\boldsymbol{J}) = 0$，式(9-5)的分子为零，无存储的能量，表示该模式谐振。得到了特征值方程与特征值后，下面将介绍特征模理论中与之相关的几个重要参数。

9.1.2 特征模理论的重要参数

1. 模式权重系数

特征模是一系列正交的模式，由感应电流和远场展开得到。简而言之，PEC 表面总的感应电流 $\boldsymbol{J}_t$ 是各个特征电流 $\boldsymbol{J}_n$ 的叠加，即

$$\boldsymbol{J}_t = \sum_n \alpha_n \boldsymbol{J}_n \tag{9-7}$$

其中，各个特征电流的权重 α_n 是复数形式的模式加权系数(Modal Weighting Coefficients, MWC)。依据式(9-7)，入射电场与表面电流的关系可写为

$$\sum_n \alpha_n Z(\boldsymbol{J}_n) = \boldsymbol{E}_{\tan}^{i}(\boldsymbol{r}) \tag{9-8}$$

将式(9-8)与特征电流 $\boldsymbol{J}_m$ 做内积运算，并用 $\boldsymbol{Z}$ 表示阻抗矩阵，有

$$\sum_n \alpha_n \left\langle \boldsymbol{Z}\boldsymbol{J}_n, \boldsymbol{J}_m \right\rangle = \left\langle \boldsymbol{E}_{\tan}^{i}(\boldsymbol{r}), \boldsymbol{J}_m \right\rangle \tag{9-9}$$

若定义辐射的能量为一个单位，即 $\left\langle \boldsymbol{R} \cdot \boldsymbol{J}, \boldsymbol{J}^* \right\rangle = 1$，则由于特征电流的正交性($\delta_{mn}$ 在 $m=n$ 时为 1，在 $m \neq n$ 时为 0)，式(9-9)的左边仅在 $m = n$ 这项不为零，可以简化为

$$\alpha_n (1 + \mathrm{j}\lambda_n) = \left\langle \boldsymbol{E}_{\tan}^{i}(\boldsymbol{r}), \boldsymbol{J}_m \right\rangle \tag{9-10}$$

式(9-10)进一步写为

$$\alpha_n = \frac{\left\langle \boldsymbol{E}_{\tan}^{i}(\boldsymbol{r}), \boldsymbol{J}_m \right\rangle}{1 + \mathrm{j}\lambda_n} \tag{9-11}$$

其中，分子 $\left\langle \boldsymbol{E}_{\tan}^{i}(\boldsymbol{r}), \boldsymbol{J}_m \right\rangle$ 为模式激励系数(Modal Excitation Coefficient，MEC) V_n^{i}。

2. 模式重要性

由于特征值 λ 的范围太大，为 $(-\infty, +\infty)$，遂取式(9-11)模式权重系数 α_n 的分母模值的倒数作为模式重要性 MS_n，亦或称为模型显著性，其范围为 $(0,1]$，即

$$\mathrm{MS}_n = \frac{1}{|1 + \mathrm{j}\lambda_n|} \tag{9-12}$$

模式的半功率带宽 BW 根据式(9-12)定义为

$$\mathrm{BW} = \frac{f_\mathrm{H} - f_\mathrm{L}}{f_\mathrm{res}} \tag{9-13}$$

其中，f_res 为 $\mathrm{MS} = 1$ 时的谐振频率，f_H 和 f_L 分别为 $\mathrm{MS} = \sqrt{2}/2$ 时的高频和低频截止频率。

3. 特征角

PEC 表面各模式电流所辐射的电场的切向分量 $E_n^{\tan}$ 均等相位。切向电场 $E_n^{\tan}$ 滞后于模式电流 J_n 的相位差，定义为特征角 CA_n。它是模式权重系数 α_n 的分母(相量)的相位的补角，即

$$CA_n = 180° - \arctan \lambda_n \tag{9-14}$$

其范围为 $90° \sim 270°$。

4. 谐振频率

特征模式的特征值为 0 时，表示该模式谐振，即

$$\lambda_n(f_{n,\text{res}}) = 0 \tag{9-15}$$

将式(9-15)分别代入式(9-12)和式(9-14)，可以得到模式重要性为 1 或特征角为 $180°$，即

$$MS_n(f_{n,\text{res}}) = 1 \tag{9-16}$$

$$CA_n(f_{n,\text{res}}) = 180° \tag{9-17}$$

因此，在实际应用中，也可以通过模式重要性或特征角的值来判断谐振点。

9.1.3 特征模与本征模的区别

特征模和本征模是 CST 中两种典型的算法，它们有一定的相似之处，例如，都可以在不加激励的条件下求解，都能求出特定结构的谐振频率，都可以得到模式的 Q 值。但它们应用的对象不同，特征模仿真一般用于开放的辐射结构，材料须为无损耗材料，而本征模仿真一般用于封闭的谐振腔结构，材料可以为有损耗材料。本节将展开介绍两种算法的区别和联系，为读者选择合适的求解器提供参考。

CST 的特征模求解器和本征模求解器如图 9.1 所示。特征模仿真主要有 Integral Equation(积分方程求解器)和 Multilayer(多层求解器)。如图 9.1 求解器提示，积分方程求解器可用于计算"大或薄的线状天线"，一般可用于分析各种全金属开放结构的天线；多层求解器可用于分析包含介质的多层平面天线，如贴片天线，会"默认无限大介质和地板"。而本征模求解器(Eigenmode)则用于分析波导或腔体，可研究"输入耦合或内部谐振器间的耦合"，适用于滤波器设计。

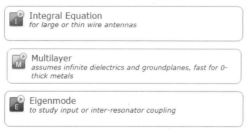

图 9.1　3 种求解器

1. 闭合物体和开口物体

一般来说，理想金属导体可被分为闭合物体和开口物体。闭合物体是指物体的外表面完全闭合，它的内部形成了非零体积的空间，例如篮球或者封闭的矩形波导谐振腔就是闭合物体。开口物体是指物体的外表面没有完全闭合，它不存在内部这一说法，例如碗或者抛物线反射器天线就是开口物体。

2. 特征模(Characteristic Mode)

特征模分析适用于自由空间中任意形状的 PEC 物体，不管它是闭合的还是开口的。基于电场积分方程 EFIE 的特征模方程适用于闭合物体和开口物体，而基于磁场积分方程 MFIE 的特征模方程仅适用于闭合物体；由于大多数天线都是开口物体，并且基于 EFIE 的特征模方程在数值精度和稳定性上优于基于 MFIE 的特征模方程，所以基于 EFIE 的特征模方程应用更广泛。

特征模分析也适用于位于多层介质(Multilayered Medium)结构的微带贴片天线。该广义特征值方程源于混合位积分方程(Mixed-Potential Integral Equation, MPIE)和多层介质空间域格林函数(该内容较为深奥，不再展开)。具有多层介质空间域格林函数的 MPIE 具备精确模拟埋在多层介质中的金属导体表面电流的能力。MPIE 中的地板和介质基底被认为是无限大的，并且它所需的内存更小，因为基函数只定义在辐射贴片上。

3. 本征模(Eigenmode)

从 CST 提供给用户的 Help 文档可知，无外加激励时，本征模求解器🔲用于计算频率和相应的电磁场模式(本征模)。本征模求解器支持计算没有开放边界的无损耗结构。当复介电常数或磁阻率与频率无关时，采用雅可比-戴维森法(JDM)和六面体网格，以及采用默认本征模求解器和四面体网格，可以得到损耗。上述两种算法也可以求解有损耗的问题，会在无损耗结果的基础上使用后处理过程和扰动方法。

本征模及其频率是本征值方程的解，即

$$\mathrm{curl}\underline{v}\mathrm{curl}\overline{E} = \underline{\omega}^2\,\underline{\varepsilon}\overline{E} \tag{9-18}$$

其中，复介电常数和磁阻率分别为

$$\underline{\varepsilon} = \varepsilon'(\omega_0) - \mathrm{i}\varepsilon''(\omega_0) \tag{9-19}$$

$$\underline{v} = v'(\omega_0) - \mathrm{i}v''(\omega_0) \tag{9-20}$$

对于 JDM 和默认的本征模求解器，给定一个材料的估值频率，可以计算复介电常数和磁阻率。复角频率与实角频率和 Q 值有关，即

$$\underline{\omega} = \omega(1 + \mathrm{i}\frac{1}{2Q}) \tag{9-21}$$

如果波导端口连接到一个完全封闭的、无损耗的结构上，所有模式只有实角频率，能量可能会从这些端口泄露。对于每个本征模，这将导致频率的偏移，并引入一个非零的虚部到复角频率。在这个设置中，角频率 ω 被称为负载频率，Q 是外部 Q 值。

四面体网格的一般(有损耗)本征模求解方法克服了上述考虑的材料损耗的限制，并且可以处理感兴趣频带内没有极点的损耗和色散材料。由于一般(有损耗)本征模求解器认为波导端口是开放的，它也为每个计算模式提供了精确的外部 Q 值。

9.1.4　CST 中的特征模仿真

1. 选择求解器

CST 仿真软件的"CMA 工具"内置在 Integral Equation Solver(积分方程求解器)和 Multilayer Solver(多层求解器)中。CST 仿真软件可以计算 PEC 结构(理想金属导体)的特征模(积分方程求解器)，也能够计算存在电介质时的影响(多层求解器)。但两个求解器均不支持有损耗材料，即金属和介质不能有损耗。

通过在相关求解器对话框的激励设置框中选择 CMA 来激活该工具。要计算的模式数量可以在同一个对话框中设置。该分析可以在离散的、用户定义的频率采样或在具有自动模式跟踪的频率范围内进行。

2. 离散样本的分析

如果没有设置 Enable mode tracking(启用模式跟踪)选项(图 9.2)，则在样本列表中定义的频点进行模式分析(参见 Help 文档中的"积分方程求解器参数"和"多层求解器参数")。在每个离散频率上，计算具有最大模式重要性的自定义模式数。在此设置下，不同样品之间无法进行模式匹配。因此，一般在特征模计算中要勾选该选项，并输入查找的模式数量和查找的频率。

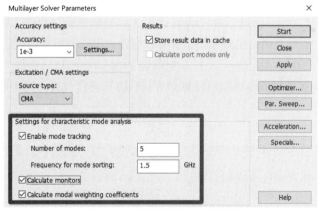

图 9.2　特征模分析的仿真设置

3. 模式跟踪

如果用户勾选了 Enable mode tracking 选项，则进行模式匹配和自动模式跟踪。最初，求解器根据用户定义的频率计算所有模式的模式重要性，然后根据模式重要性对这些模式进行排序，但只选择具有最高模式重要性的定义模式数。然后在整个频率范围内跟踪这些选择的模式。

如图 9.3(a)所示，假设频率范围定义为 f_{min} = 1 GHz 到 f_{max} = 10 GHz，模式排序的频率指定为 f_{Sort} = 3 GHz，请求的模式数为 *numModes* = 3。在分析开始时，求解器会计算 3 GHz 附近的所有模式，并根据其模式重要性(MS)降序排序。但在此频率下，只选择呈现具有最高 MS 的 3 个模式。更具体地说，在 f_{Sort} 中 MS 最高的模式称为"模式 1"，MS 第二高的模式称为"模式 2"，以此类推。然后跟踪从 1 GHz 到 10 GHz 的整个范围内选定的 3 个模式。如图 9.3(a)所示，虽然在频率范围内实际上有更多的模式出现谐振(MS = 1)，但由于请求模式的数量只设置为 3 个，因此上述设置不会跟踪这些模式。为了找到具有更高谐振频率的模式，可以增加所查看的频率，如图 9.3(b)所示，f_{Sort} = 8 GHz。或者，也可以增加所要求的模式数量，以便在相同的计算中获得更多的模式。但是，应该考虑到求解的时间也会随着所请求模式的数量的增加而增加。

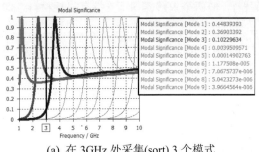
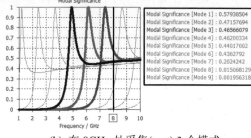

(a) 在 3GHz 处采集(sort) 3 个模式　　　　　(b) 在 8GHz 处采集(sort) 3 个模式

图 9.3　模式跟踪

4. 模式权重系数

如果用户勾选了图 9.2 中方框内的 Calculate modal weighting coefficients(计算模式权重系数)选项，软件则会计算仿真项目中定义的每个特征模式和每个激励的模式权重系数。在模式跟踪失效的情况下，这些系数在离散的频率点上计算；在模式跟踪启用的情况下，这些系数在整个仿真频率范围内作为连续曲线计算。此外，复系数(幅度和相位)自动附加到预先定义的组合激励的列表中，在每个频率样本现场监测计算。更新后的列表在合并计算结果对话框的 Monitor 组合框中可用。因此，所有模式的现场监测结果可以方便地结合到一个特定端口的模式权重系数作为后处理步骤。添加条目的标签以"模式系数"开头，然后是端口/激励和频率的名称。例如，"模式系数.port1(f = 2.400000 GHz)"为 port1 在 2.4 GHz 频率下的系数。

9.2 偶极子天线的模式分析

偶极子天线是最基本的也是最常用的天线形式。本节将以偶极子天线为例，阐述如何利用 CST 进行特征模分析，得到不同特征模的特征值、模式重要性、特征角、场分布以及辐射方向图，研究其辐射特性。

9.2.1 偶极子天线设计概述

1. 模式的定义

1) 基本波函数(模式)[3-5]

如果不关心电磁波的产生，而是倾向于了解电磁波是如何传播的，则考虑无源区域(电流 $\boldsymbol{J}$ 和电荷密度 ρ 均为零)的情况。此时的麦克斯韦方程式经过简单推导即可得到齐次矢量波动方程。更简单地，在简单、非导电的无源媒质($\rho=0$, $\boldsymbol{J}=0$, $\sigma=0$)中，时谐麦克斯韦方程式仍可合并得到关于 $\boldsymbol{H}$ 和 $\boldsymbol{E}$ 的二阶偏微分方程，即齐次矢量亥姆霍兹方程组。在直角坐标系中，无源标量亥姆霍兹方程表示为

$$\frac{\partial^2 \psi}{\partial^2 x^2} + \frac{\partial^2 \psi}{\partial^2 y^2} + \frac{\partial^2 \psi}{\partial^2 z^2} + k^2 \psi = 0 \tag{9-22}$$

其中，ψ 为目标基本波函数。采用分离变量法，将解 $\psi = X(x)Y(y)Z(z)$ 形式，即 ψ 可分解为 3 个独立分量的乘积，带入式(9-22)后简化为

$$\frac{1}{X}\frac{\partial^2 X}{\partial^2 x^2} + \frac{\partial^2 Y}{\partial^2 y^2} + \frac{\partial^2 Z}{\partial^2 z^2} + k^2 = 0 \tag{9-23}$$

其中，X、Y、Z 彼此独立，若要让式(9-23)成立，即式(9-23)的 4 项之和为 0，其每一项必须为常数才能满足。假设前三项分别为常数 $-k_x^2$、$-k_y^2$ 和 $-k_z^2$，则式(9-23)可分解为以下 3 个常微分方程的和，即

$$\left.\begin{array}{c} \dfrac{\mathrm{d}^2 X}{\mathrm{d}^2 x^2} + k_x^2 X = 0 \\[2mm] \dfrac{\mathrm{d}^2 Y}{\mathrm{d}^2 y^2} + k_y^2 Y = 0 \\[2mm] \dfrac{\mathrm{d}^2 Z}{\mathrm{d}^2 z^2} + k_z^2 Z = 0 \end{array}\right\} \tag{9-24}$$

对照式(9-23)，其中，常数 k_x、k_y、k_z 满足

$$k_x^2 + k_y^2 + k_z^2 = k^2 \tag{9-25}$$

由式(9-24)和式(9-25)可知，这 3 个常数中仅有 2 个是独立的。

式(9-24)的 3 个二阶常微分方程类型一致，称为谐方程，其解具有相同的结构。由于二次微分后满足解的形式不变，所以解的形式可以是正弦函数、余弦函数或指数函数，统称为谐函数。一般分别表示为 $h(k_x x)$、$h(k_y y)$ 和 $h(k_z z)$。因此，标量亥姆霍兹方程的解可表示为

$$\Psi = h(k_x x)h(k_y y)h(k_z z) \tag{9-26}$$

式(9-26)统称为基本波函数，也称为模式。基本波函数的线性组合构成了具体电磁场问题的特解。

2) 边界条件[3-5]

基本波函数可能的数学形式为正弦函数、余弦函数或指数函数，具体的函数形式由边界条件决定。天线的边界条件可近似等效为 PEC 或 PMC 边界，即电壁或磁壁，分别对应短路或开路。

如图 9.4 所示，以 1D 形式的线天线为例，在不同边界条件下，其电场强度分布不同。图中最粗的横线表示鞭状天线。图 9.4(a)表示两端短路(PEC)时的半波长模式和全波长模式；图 9.4(b)表示两端开路(PMC)时的半波长模式和全波长模式；均为二倍频关系。图 9.4(c)表示左端开路(PMC)右端短路(PEC)时的 1/4 波长模式和 3/4 波长模式，为三倍频关系。

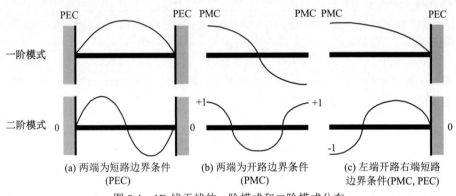

(a) 两端为短路边界条件　　　(b) 两端为开路边界条件　　　(c) 左端开路右端短路
　　(PEC)　　　　　　　　　　　(PMC)　　　　　　　　边界条件(PMC, PEC)

图 9.4　1D 线天线的一阶模式和二阶模式分布

2. 电场积分方程 EFIE

如图 9.5 所示，假设有一入射电场 E^i 照射在理想金属导体 PEC 结构上，它会在金属表面感应起表面电流 J，而表面电流又会产生散射电场 E^s。考虑理想金属导体的边界条件，即理想导体表面电场的正切分量为 0，有

$$(E^i(r) + E^s(r))_{tan} = 0, r \in S \tag{9-27}$$

其中，tan 表示电场的切向分量。

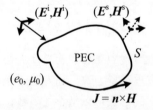

图 9.5　由入射电场照射的理想金属导体[1, 2]

散射电场 E^s 可以用磁矢位 A 和电标位 Φ 表示，也可以进一步写为感应电流 J 的积分，即

$$
\begin{aligned}
E^s &= -j\omega A(r) - \nabla \Phi(r) \\
&= -\frac{j\omega\mu_0}{4\pi} \int_S G(r,r')J(r')\mathrm{d}S' - \frac{j}{4\pi\varepsilon_0\omega} \nabla \int_S G(r,r')\nabla'\cdot J(r')\mathrm{d}S'
\end{aligned}
\tag{9-28}
$$

其中，ε_0 和 μ_0 分别为自由空间的介电常数和磁导率，而 G 为格林函数

$$G(\boldsymbol{r},\boldsymbol{r}') = \frac{\mathrm{e}^{-jkR}}{R} \tag{9-29}$$

其中，R 是源点 $\boldsymbol{r}'$ 与观察点 $\boldsymbol{r}$ 的距离。

把表面电流 $\boldsymbol{J}$ 与电场正切分量的关系用积分算子 $L(\ )$ 表示，即

$$[L(\boldsymbol{J})]_{\mathrm{tan}} = \boldsymbol{E}_{\mathrm{tan}}^{\mathrm{i}}(\boldsymbol{r}), \boldsymbol{r} \in S \tag{9-30}$$

也可以写为

$$\begin{aligned}
L(\boldsymbol{J}) &= -\boldsymbol{E}^{\mathrm{s}}(\boldsymbol{r}) \\
&= \frac{jk_0\eta_0}{4\pi}\left[\int_S \boldsymbol{J}(\boldsymbol{r}')G(\boldsymbol{r},\boldsymbol{r}')\mathrm{d}S' + \frac{1}{k_0^2}\nabla\int_S \nabla' \cdot \boldsymbol{J}(\boldsymbol{r}')G(\boldsymbol{r},\boldsymbol{r}')\mathrm{d}S'\right]
\end{aligned} \tag{9-31}$$

其中，k_0 和 η_0 是自由空间中的波数和波阻抗。式(9-31)在电场的边界条件的限定下，被定义为电场积分方程(Electric Field Integral Equation, EFIE)。

因此，只要求解到了金属表面的感应电流 $\boldsymbol{J}$，就可以得到远场区域的散射电场，即

$$\boldsymbol{E}^{\mathrm{s}}(\boldsymbol{r}) = -jk_0\eta_0\frac{\mathrm{e}^{-jkr}}{4\pi r}\int_S \boldsymbol{J}(\boldsymbol{r}')\mathrm{e}^{jkr'\cdot\hat{r}}\mathrm{d}S' \tag{9-32}$$

其中，$\boldsymbol{r}$ 是单位矢量，$\hat{\boldsymbol{r}}$ 是单位矢量的方向。同时，也可以得到散射磁场，即

$$\boldsymbol{H}^{\mathrm{s}}(\boldsymbol{r}) = \frac{1}{\eta_0}\hat{\boldsymbol{r}}\times\boldsymbol{E}^{\mathrm{s}}(\boldsymbol{r}) \tag{9-33}$$

9.2.2 偶极子天线的特征模仿真设计

1. 新建工程模板

1) 运行 CST 并创建工程模板

双击软件图标打开软件，单击 New Template，开始新建工程模板。

单击 Microwaves & RF/Optical，选择微波与射频/光学应用。

单击 Antennas，选择天线应用；接着进行下一步操作，单击 Next 按钮。

单击 wire，选择线性结构的工作流；接着进行下一步操作，单击 Next 按钮。

2) 设置求解器类型和求解频率

对于只含无损耗金属的模型，单击 Integral Equation，选择积分方程求解器，如图 9.6 所示；接着进行下一步操作，单击 Next 按钮。

默认尺寸单位为 mm，默认频率单位为 GHz；接着进行下一步操作，单击 Next 按钮。

频率范围为 0.5~8GHz，在第一个和第二个输入框中分别输入 0.5 和 8；接着进行下一步操作，单击 Next 按钮。

检查模板的参数(求解器、单位、设置)，Template name 默认，单击 Finish 按钮完成工程模板的创建。

保存当前文件，按<Ctrl>+<S>键，文件名称和文件地址需读者自定义。可将文件名称保存为 1dipole – 7monitors。

图 9.6　选择积分方程求解器

2. 建立模型

1) 创建偶极子天线模型

建立一个偶极子天线，形状为薄矩形片，材料为理想金属导体。

单击 Modeling 选项卡的 Shapes 功能区中的 (长方体)，在出现 Double click first point in working plane(Press ESC to show dialog box)后，按<Esc>键。

在弹出的 Brick 对话框中输入天线的名称和尺寸，并选择天线的材料，如图 9.7 所示。天线宽度 d 为 1mm，长度 L 为 150mm，无厚度；天线材料为理想金属导体(Perfect Electrical Conduct,PEC)。

单击 OK 按钮，在 New Parameter 对话框中输入具体的值，不需要输入单位。如图 9.7 所示，参数 d 的 Value 为 1，单击 OK 按钮进行确认；参数 L 的 Value 为 150，单击 OK 按钮进行确认。

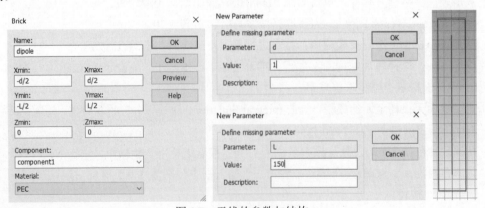

图 9.7　天线的参数与结构

2) 调整视图并保存模型

调节观察的视图。在英文输入法的情况下按<5>键，观察 *yOz* 面。按<Space>键，使模型适应窗口大小，如图 9.7 的右图所示。

按<Ctrl>+<S>键，保存当前模型。

3. 求解器参数设置

1) 添加监视器

在左侧 Navigation Tree 中，右击 Field Monitors，在弹出的快捷菜单中单击 New Field Monitors，打开 Monitor 对话框，如图 9.8 所示。

建立磁场和电流监视器，点选 H-Field and Surface current 选项，点选 Specification 区域的 Frequency 选项，在弹出的选项中选择 Step width(linear)，输入步长为 1，最小频率为 0.95，最大频率为 6.95，单击 Apply 按钮，如图 9.8 所示。建立远场/雷达反射截面监视器，点选 Farfield/RCS 选项，单击 Apply 按钮。

最后单击 OK 按钮确定并退出。

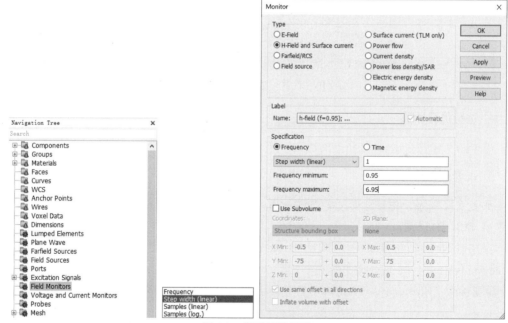

图 9.8　设置场监视器

2) 设置求解器的参数

已经设置了频率范围，天线的网格大小默认。下面设置积分方程求解器的参数。

CST 2021 版仿真软件已经实现一般情况下自动设置网格大小，以满足适当的仿真精度。此处网格大小虽已默认，读者仍可以查看全局网格的大小：单击 Home→Mesh→Global Properties 的图标，如图 9.9 所示，此模型的网格默认为每波长 5 个单元。读者可根据需要调节网格密度以满足不同的仿真需要。单击 OK 按钮关闭对话框。

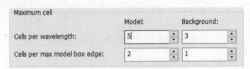

图 9.9 查看网格密度

单击 Home→Simulation→Setup Solver 的紫色图标，弹出 Integral Equation Solver Parameters 对话框，如图 9.10 所示，在 Number of modes 输入框输入 7，表示找 7 个模式；在 Frequency for mode sorting 输入框输入 1，表示在 1GHz 处采集模式，寻找前 7 个模式重要性最大的模式。

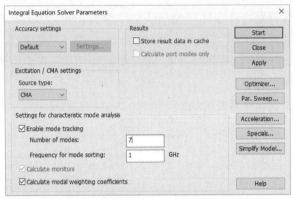

图 9.10   设置积分方程求解器的参数

4. 运行仿真计算

单击图 9.10 中的 Start 按钮开始仿真计算。

5. 查看仿真结果

如图 9.11 所示，仿真结果包括 1D Results、2D/3D Results 和 Farfields。

1) 查看 1D 结果

在左侧 Navigation Tree 中，单击 1D Results 文件夹前面的加号，再单击 Characteristic Mode Analysis 文件夹前面的加号，出现 3 个文件夹，如图 9.11 所示，包括特征模分析的 3 个重要参数：Characteristic Angle(特征角)、Eigenvalue(本征值)和 Modal Significance(模式重要性)。

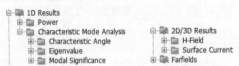

图 9.11   1D Results、2D/3D Results 和 Farfields

观察模式重要性，单击 Modal Significance 文件夹。可以发现有 7 个峰值为 1 的峰，故有 7 个模式。查看模式特征频率，在英文输入法的情况下按<M>键，以标记点；出现 Double click on a curve to place a curve marker (Press ESC to leave this mode)后，分别双击各个曲线的峰值处，按<Esc>键取消标记。各个模式的频率如图 9.12 所示。

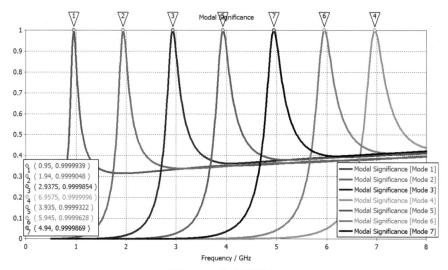

图 9.12　模式重要性

观察特征角，单击 Characteristic Angle 文件夹。特征角为 180°时，模式谐振。7 条曲线在 0.95GHz、1.95GHz、2.95GHz、3.95GHz、4.95 GHz、5.95 GHz、6.95GHz 左右的特征角大小为 180°，如图 9.13 所示。

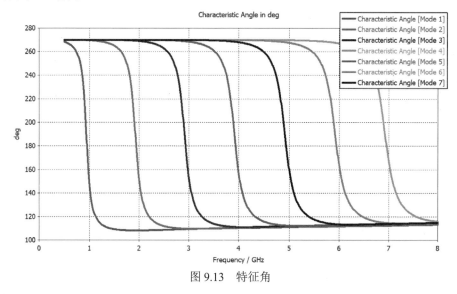

图 9.13　特征角

观察本征值，单击 Eigenvalue 文件夹。本征值为 0 时，模式谐振。此模型的本征值的范围自动显示为-7e7~1e7，不利于观察谐振频率。遂在顶部菜单 Result Tools→1D Plot 的 Y Axis 区域，在最小值的输入框输入-10，在最大值的输入框输入 10，按<Enter>键，即可方便地查看各个模式的谐振频率，如图 9.14 所示。

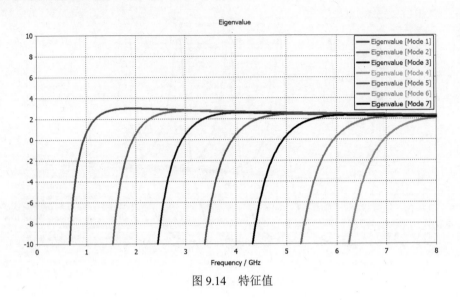

图 9.14　特征值

2）查看 2D 和 3D 结果

观察近场与远场仿真结果，包括模式的电流和方向图。

观察特征电流。在左侧 Navigation Tree 中，单击 2D/3D Results 文件夹前面的加号 ⊞ ，再单击 Surface Current 文件夹前面的加号 ⊞ ，可以看到不同监视器处不同的模式电流。选择各个模式在各自谐振频率处的电流，以查看该频点该谐振模式的特征电流：分别单击图 9.15 所示的模式电流，查看这 7 个模式的表面电流。

    surface current (f=0.95) [Mode 1]

    surface current (f=1.95) [Mode 2]

    surface current (f=2.95) [Mode 3]

    surface current (f=3.95) [Mode 5]

    surface current (f=4.95) [Mode 7]

    surface current (f=5.95) [Mode 6]

    surface current (f=6.95) [Mode 4]

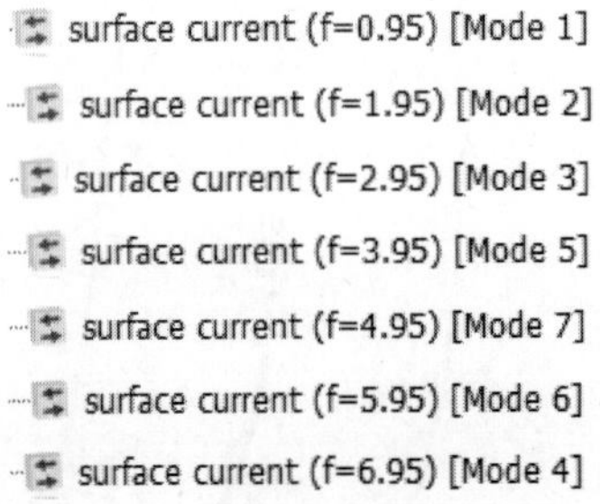

图 9.15　选择合适的模式电流

这 7 个模式的表面电流如图 9.16 所示。偶极的左右两端为开路边界(PMC)，图 9.16(a)、9.16(b)标注的 sin 函数曲线表示电流矢量的大小与方向。

编辑电流的特性，单击 Plot Properties 区域的"彩色齿轮"图标 ，弹出图表特性对话框。改变电流矢量的密度，单击 Arrows and Bubbles 选项卡，移动 Density 下方的滑块，如图 9.17(a)所示，可以改变显示电流的密度，单击 Close 按钮关闭图表特性对话框。

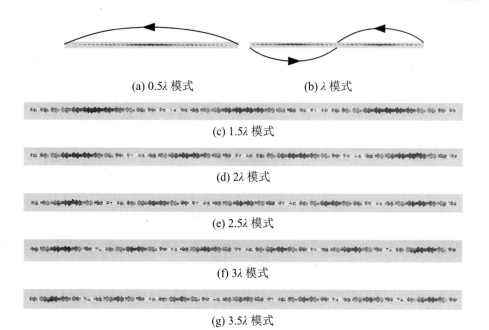

(a) 0.5λ 模式　　　　　　　　(b) λ 模式

(c) 1.5λ 模式

(d) 2λ 模式

(e) 2.5λ 模式

(f) 3λ 模式

(g) 3.5λ 模式

图 9.16　前 7 阶的模式电流

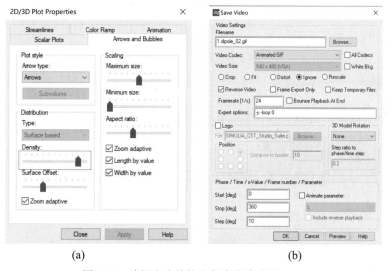

(a)　　　　　　　　　　　　　(b)

图 9.17　编辑电流特性和保存电流动画

　　查看模式电流的同时，可以在顶部 Result Tools→2D/3D Plot 菜单中，单击"电影胶片"图标 ▦▦，查看动态电流。也可查看特定相位的电流：输入特定的相位 Phase，按<Enter>键。也可保存相位变化的电流：单击 Animate Fields，选择 Save Video，选择另存为 gif 动画，如图 9.17(b)所示。

3) 查看远场结果

　　观察特征方向图。在左侧 Navigation Tree 中，单击 Farfields 文件夹前面的加号 ⊞，再单击各个模式的远场方向图，如第一个模式的方向图 ▦ farfield (f=0.95) [Mode 1]。选择各个模式在各自谐振频率处的方向图，以查看各个模式方向图，结果如图 9.18 所示。

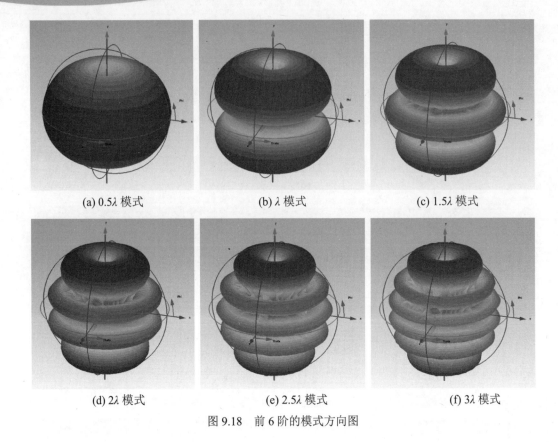

(a) 0.5λ 模式　　　　　　　(b) λ 模式　　　　　　　(c) 1.5λ 模式

(d) 2λ 模式　　　　　　　(e) 2.5λ 模式　　　　　　　(f) 3λ 模式

图 9.18　前 6 阶的模式方向图

6. 保存设计

按<Ctrl>+<S>键，完成保存。单击右上角的叉号 ⊠ 退出 CST。

7. 加入端口后的特征模仿真

在偶极子中心处建立离散端口馈电，并观察模式权重系数 MWC。

1) 建模

单击刚刚保存的 CST 文件 ▣ 1 dipole - 7monitors ，进行复制粘贴操作：按<Ctrl>+<C>键，复制该文件；按<Ctrl>+<V>键，粘贴该文件。双击打开这个新的 CST 文件进行编辑。

建立边长为 d 的方形金属薄片，参数如图 9.19 所示，方法与前面创建偶极子薄片相同。

图 9.19　方形金属薄片的参数

使用布尔操作，从偶极子天线中减去该小块金属片。先单击左侧 Navigation Tree 中的模型 dipole，如图 9.20 所示；再在英文输入法的情况下按<->键；然后单击文件夹中的模型 port，最后按<Enter>键，得到含馈电区域的偶极子天线。

图 9.20　选择模型

建立离散端口。如图 9.21(a)所示，在英文输入法的情况下按<M>键，开始选择中点；将鼠标移动到目标边缘，双击目标完成选择。然后重复操作，选择中心处的两个点。右击 Navigation Tree 中的 Ports 文件夹 Ports，在弹出的快捷菜单中单击 New Discrete Port，参数默认，单击 OK 按钮确认并建立端口，如图 9.21(b)所示。

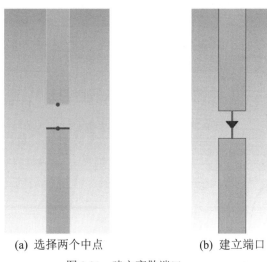

(a)　选择两个中点　　　　　　　(b)　建立端口

图 9.21　建立离散端口

2) 仿真

单击 Simulation→Solver→Setup Solver，打开积分求解器设置对话框，默认勾选了 Calculate modal weighting coefficients 选项，故直接单击 Start 按钮开始仿真计算，如图 9.22 所示。

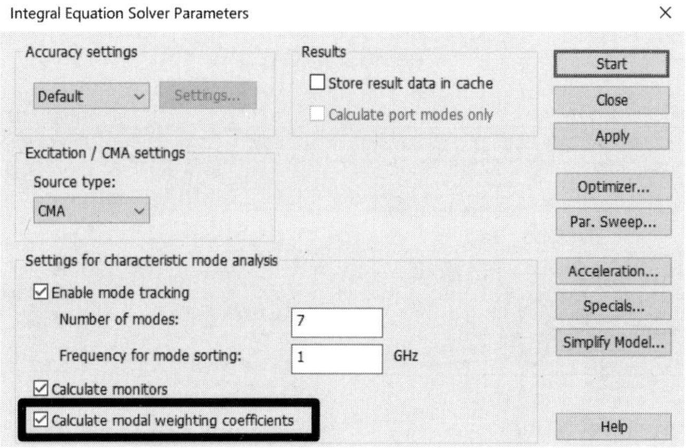

图 9.22　设置求解器时勾选计算 MWC

3) 查看模式权重系数 MWC

观察模式权重系数可以了解到：在特定激励方式或激励位置的情况下，有哪些模式得以被有效地激励，有哪些模式没有被激励。这里查看模式权重系数是为了查看在偶极子的中心处馈电可以激励起哪些模式，从而了解激励位置与电流强度的关系。

如图 9.23(a)所示，单击 1D Results→Characteristic Mode Analysis→Modal Weighting Coefficients→port1。如图 9.24(a)所示，加入离散端口后，天线的特征角发生了变化，但各模式的谐振频率不变。如图 9.24(b)所示，可以发现有 4 个模式的系数大于 0.2，模式权重系数的峰值所在频率分别为 1 GHz、3 GHz、5 GHz、7GHz，说明奇次模可以在中心馈电时得以被激励。

如图 9.23(b)所示，在 1D Plot 选项卡中，勾选 Log.选项修改单位。如图 9.24(c)所示，可以看到其他 3 个模式的系数仅为 1e-5 量级，没有被有效激励。

(a) 查看模式权重系数　　　　　　　　(b) 更改单位

图 9.23　查看模式权重系数和更改单位

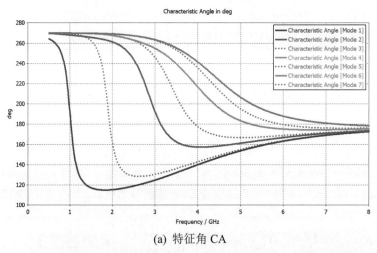

(a) 特征角 CA

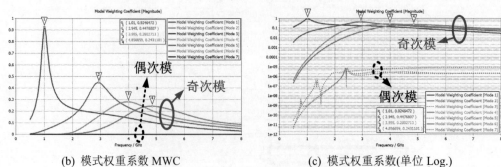

(b) 模式权重系数 MWC　　　　　　(c) 模式权重系数(单位 Log.)

图 9.24　特征角与模式权重系数

4) 全波仿真

复制一份该文件，在备份的 CST 文件上进行操作。如图 9.25 所示，将求解器改为时域求解器，单击 Home→Simulation→Setup Solver，选择 Time Domain Solver；单击 Start Simulation 开始全波仿真。

图 9.25　更改为时域求解器(Time Domain Solver)

查看 1D Results 中的 S-Parameters，如图 9.26 所示。结果显示，偶极子天线在中心处用 50Ω 的离散端口馈电时，反射零点位于奇次模谐振频率(1、3、5、7 阶模式)。而 2、4、6 阶模式因阻抗太大，难以匹配，所以没有被有效地激励。通过特征模仿真，虽然可以发现天线在此频段内有 7 个模式，但在此激励情况下仅有 4 个模式得以被激励，即外部端口仅将电路的能量较好地耦合给了这 4 个模式。

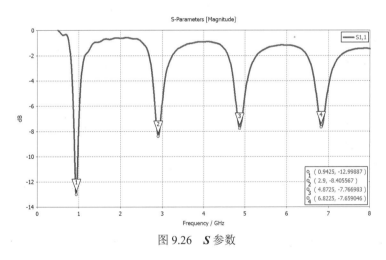

图 9.26　S 参数

9.3　微带贴片天线的模式分析

微带贴片天线是最常用的微带天线形式，具有剖面低、体积小、成本低、便于圆极化和双极化等特点，广泛应用于现在的微波通信系统。本节讲述如何利用 CST 多层求解器仿真微带贴片天线的特征模，分析微带贴片天线的特性。

9.3.1　微带贴片天线设计概述

分析微带贴片天线常用的方法有腔体模型和传输线模型。除此之外，特征模也是分析微带贴片天线的有效方法，它能快速得到微带贴片天线各个模式的场分布、电流分布、方向图、谐振频率和 Q 值等有用信息，为理解微带贴片天线提供了更多物理含义。本节将简要介绍如何推导"多层介质内的 PEC 结构"的特征模方程，并以矩形微带贴片天线为例，介绍特征模分析法在微带贴片天线设计中的应用。

如图 9.27 所示，贴片可以为任意形状的微带贴片天线，在无限大地板上有两层无限大的介质，微带贴片天线位于这两层介质之间，且没有任何损耗。上层的介质 1 一般是空气，在仿真时不需要单独建模。同时需要说明的是，在建模时，介质、贴片、地板都是有限大，但在求解计算中，软件会把地板和介质按无限大处理。

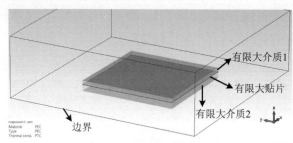

(a) 实际建立时的模型

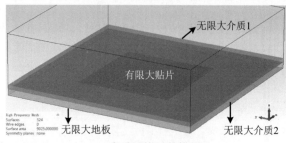

(b) 查看网格时的模型

图 9.27　在 CST 中用多层求解器分析微带贴片天线

毫无疑问，入射电场 E^i 会在金属表面产生感应电流 J。根据 PEC 的边界条件，微带贴片天线表面的电场正切分量为 0。对于在多层介质中的 PEC 结构，由本章参考文献[1]及参考文献[6-10]可知，入射电场 E^i 与未知电流 J 的关系可根据混合位积分方程(Mixed Potential Integral Equation, MPIE)写为

$$E_{\tan}^{i} = \left[\mathrm{j}\omega\mu_0 \left\langle G_A, J \right\rangle - \frac{1}{\mathrm{j}\omega\mu_0} \nabla \left\langle G_q, \nabla' \cdot J \right\rangle \right]$$

(9-34)

其中，G_A 和 G_q 分别是空间域格林函数(Green's functions, GFs)的磁矢位和电标位，尖括号表示内积。

对式(9-34)使用标准的加勒金过程(Gelerkin's procedure)，得到矩阵方程

$$ZI = V$$

(9-35)

其中，阻抗矩阵 Z 的各元素[1, 9]

$$Z_{mn} = \mathrm{j}\omega\mu_0 \iint\limits_{T_m} \iint\limits_{T_n} f_m(r) \cdot f_n(r') G_A(r, r') \mathrm{d}r' \mathrm{d}r +$$

$$\frac{1}{\mathrm{j}\omega\varepsilon_0} \iint\limits_{T_m} \iint\limits_{T_n} \nabla \cdot f_m(r) \nabla' \cdot f_n(r') G_q(r, r') \mathrm{d}r' \mathrm{d}r \qquad (9\text{-}36)$$

其中，$f_{m,n}(r)$ 是第 m 个或第 n 个公共边的 RWG 矢量基函数[1]，它的定义源于辐射物体表面的三角形网格对的公共边。

9.3.2 微带贴片天线的特征模仿真设计

1. 新建工程模板

1）运行 CST 并创建工程模板

双击软件图标打开软件，单击 New Template，开始新建工程模板。

单击 Microwaves & RF/Optical，选择微波与射频/光学应用。

单击 Antennas，选择天线应用；接着进行下一步操作，单击 Next 按钮。

单击 Planar(Patch, Slot, etc.)，选择平面结构的工作流；接着进行下一步操作，单击 Next 按钮。

2）设置求解器类型和求解频率

对于微带线类的结果，需要采用积分方程求解器。如图 9.28 所示，单击 Multilayer，选择积分方程求解器；接着进行下一步操作，单击 Next 按钮。

默认尺寸单位为 mm，默认频率单位为 GHz；接着进行下一步操作，单击 Next 按钮。

频率范围为 0.5~3.5GHz，在第一个和第二个输入框中分别输入 0.5 和 3.5；接着进行下一步操作，单击 Next 按钮。

检查模的参数(求解器、单位、设置)，Template name 默认，单击 Finish 按钮完成工程模板的创建。

保存当前文件，按<Ctrl>+<S>键，文件名称和文件地址需读者自定义。

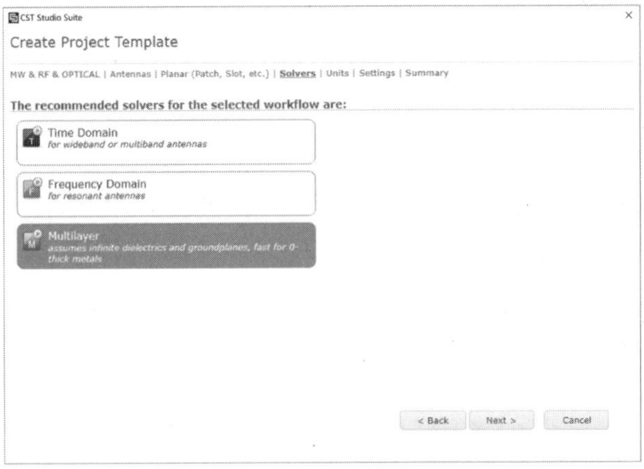

图 9.28　选择多层求解器

2. 设计建模

建立一个具有无限大地板的微带贴片天线。地板为无限大理想金属导体；介质基底也是无限大，其厚度为 0.02λ。

1) 创建微带贴片天线

建立贴片天线。单击 Modeling 选项卡的 Shapes 功能区中的 ▭（长方体），在出现

`Double click first point in working plane (Press ESC to show dialog box)` 后，按<Esc>键。

在弹出的 Brick 对话框中输入贴片的名称和尺寸，并选择贴片的材料，如图 9.29(a)所示。贴片宽度 W 为 95mm，长度 L 为 95mm，无厚度；贴片材料为 PEC。

单击 OK 按钮，在 New Parameter 对话框中输入具体的值，不需要输入单位。参数 W 的 Value 为 95，单击 OK 按钮确认。参数 L 的 Value 为 95，单击 OK 按钮确认。

2) 创建无限大的基底和地板

建立有限大介质基底。方法与上一步类似，其宽 W 和长 L 与贴片的尺寸相同，但其厚度 h 为 6mm；且材料应选择为无损耗的介质 Rogers RT5880(loss free)，如图 9.29(b)所示。

(a) 创建贴片

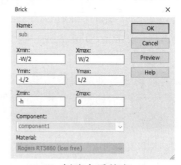

(b) 创建介质基底

图 9.29　贴片与介质的参数

建立无限大地板。单击 Simulation→Settings→Boundaries，在弹出的 Boundary Conditions 对话框中，将 Zmin 后面选框中的 open 改为 electric(E_t=0)，然后单击"确定"按钮，即可得到位于底部的无限大地板，如图 9.30 所示。

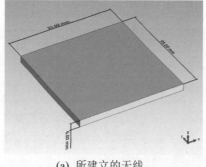

(a) 所建立的天线

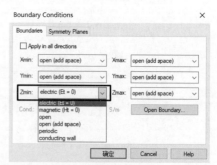

(b) 设置无限大地板

图 9.30　设置底部边界为电壁

在建立了无限大地板后，先前创建的有限大介质基底也会在剖分网格时被当作无限大，即

此时的基底也是无限大的。

观察模型的网格。单击 Home→Mesh→Global Properties，显示每波长网格为 15，如图 9.31 所示。单击 Home→Mesh View 观察网格。可以发现网格精度足够，且介质为无限大，铺满了空气盒子的底面。

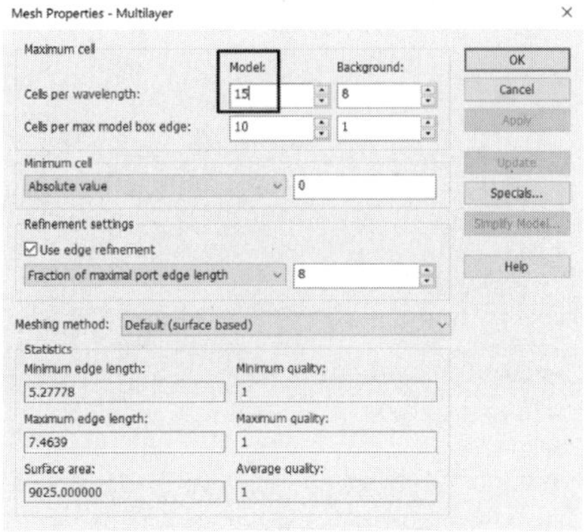

图 9.31　查看网格剖分设置

3. 求解器参数设置

1) 添加监视器

在左侧 Navigation Tree 中，右击 Field Monitors，在弹出的快捷菜单中单击 New Field Monitors，打开 Monitor 对话框，如图 9.32 所示。

在频率为 1GHz、1.5GHz、2GHz 和 3 GHz 处建立磁场和电流监视器以及远场/雷达反射截面监视器。点选 H-Field and Surface current 选项，在 Frequency 后的输入框内输入 1，单击 Apply 按钮。然后建立远场监视器，点选 Farfield/RCS 选项，单击 Apply 按钮。同理，分别在 1.5GHz、2GHz、3 GHz 处建立监视器。

最后单击 OK 按钮确定并退出。

(a) Field Monitors　　　　(b) 4 处频率两种监视器

图 9.32　设置场监视器

2) 设置求解器的参数

已经设置了频率范围，天线的网格大小默认。下面设置积分方程求解器的参数。

单击 Home→Simulation→Setup Solver 的蓝色图标，弹出 Multilayer Solver Parameters 对话框，如图 9.33 所示，在 Number of modes 输入框输入 10，表示找 10 个模式；在 Frequency for mode sorting 输入框输入 3，表示在 3 GHz 处采集模式，寻找前 10 个模式重要性最大的模式。

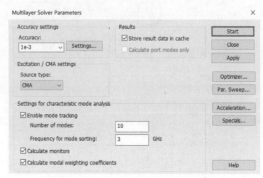

图 9.33　设置多层求解器参数

4. 运行仿真计算

单击图 9.33 中的 Start 按钮开始仿真计算。

5. 查看仿真结果

仿真结果包括 1D Results、2D/3D Results 和 Farfields。

1) 查看 1D 结果

在左侧 Navigation Tree 中，单击 1D Results 文件夹前面的加号，再单击 Characteristic Mode Analysis 文件夹前面的加号，出现 3 个文件夹。

观察模式重要性，单击 Modal Significance 文件夹，如图 9.34 所示，可以发现有 10 个显著性模式。

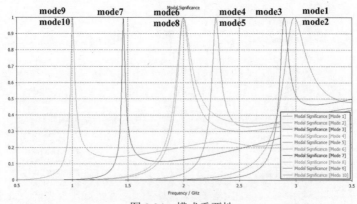

图 9.34　模式重要性

观察模式电流分布和模式方向图，依次查看 1GHz 监视器记录的 mode9、mode10，查看 1.5GHz 监视器记录的 mode7，查看 2GHz 监视器记录的 mode6、mode8、mode4、mode5，查看

3GHz 监视器记录的 mode3、mode1、mode2。

2) 查看 2D/3D 结果

观察特征电流。在左侧 Navigation Tree 中，单击 2D/3D Results 文件夹前面的加号 ⊞，再单击 Surface Current 文件夹前面的加号 ⊞，可以看到不同监视器处不同的模式电流。选择各个模式在各自谐振频率处的电流，以查看该频点该谐振模式的特征电流。微带贴片天线的模式电流分布如图 9.35 所示。

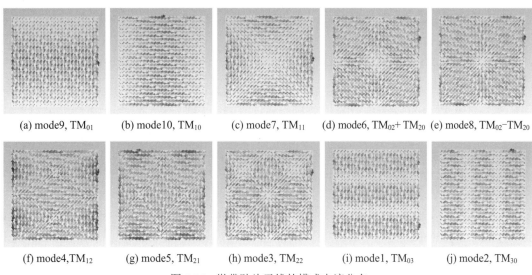

(a) mode9, TM$_{01}$ (b) mode10, TM$_{10}$ (c) mode7, TM$_{11}$ (d) mode6, TM$_{02}$+ TM$_{20}$ (e) mode8, TM$_{02}$-TM$_{20}$

(f) mode4,TM$_{12}$ (g) mode5, TM$_{21}$ (h) mode3, TM$_{22}$ (i) mode1, TM$_{03}$ (j) mode2, TM$_{30}$

图 9.35 微带贴片天线的模式电流分布

3) 查看远场结果

观察特征方向图。单击左侧 Farfields 文件夹前面的加号 ⊞，单击各个模式的远场方向图，如主模的方向图 ▣ farfield (f=1) [Mode 9] 。选择各个模式在最近监视器处的方向图，以查看各个模式方向图，结果如图 9.36 所示。保存该结果，按<Ctrl>+<S>键。

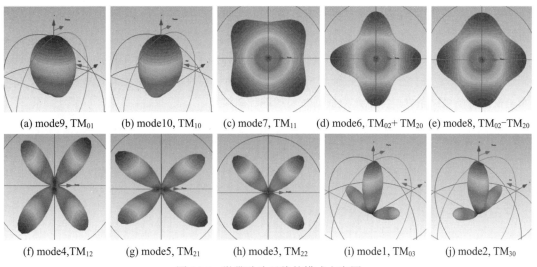

(a) mode9, TM$_{01}$ (b) mode10, TM$_{10}$ (c) mode7, TM$_{11}$ (d) mode6, TM$_{02}$+ TM$_{20}$ (e) mode8, TM$_{02}$-TM$_{20}$

(f) mode4,TM$_{12}$ (g) mode5, TM$_{21}$ (h) mode3, TM$_{22}$ (i) mode1, TM$_{03}$ (j) mode2, TM$_{30}$

图 9.36 微带贴片天线的模式方向图

9.4　圆极化贴片天线的模式分析

单馈点圆极化贴片天线往往需要同时激励一对正交辐射模，并且在中心频率点两个模式具有相同的幅度和 90°相位差。基于 CST 的特征模分析的模式重要性和特征角可以很直观地分析模式的幅度和相位情况，本节将基于 CST 的特征模分析进行圆极化贴片天线设计。

9.4.1　圆极化贴片天线设计概述

圆极化波可以用一对幅度相等且相位相差 90°的线极化波来合成，所以，圆极化天线的设计一般需要用到一对正交的简并模。如图 9.37(a)所示，矩形贴片天线的 TM_{01} 和 TM_{10} 模是一对正交模，可在远场产生一对正交分量，两个模式的谐振频率与贴片的长和宽有关。如图 9.37(b)所示，若两个模式的谐振频率合理地分离，则在中间频率点两个模式获得相同的幅度和 90°的相位差，此时满足产生圆极化的条件，即

$$\angle E_\theta - \angle E_\varphi = \pm \pi / 2$$
$$|E_\theta| = |E_\varphi|$$

$$(9\text{-}37)$$

假设在远场某点，这两个模式分别产生 E_θ 和 E_φ 分量，则远场响应与模式权重及特征值的关系为

$$\boldsymbol{E}_t = E_\theta \hat{\theta} + E_\varphi \hat{\varphi} = \alpha_1 E_1 \hat{\theta} + \alpha_2 E_2 \hat{\varphi}$$
$$E_1 \approx \pm E_2$$
$$\alpha_{1,2} = \frac{\left\langle E_{1,2}^i, J^i \right\rangle}{1 + \mathrm{j}\lambda_{1,2}}$$

$$(9\text{-}38)$$

其中，$\boldsymbol{E}_t$ 为总场，$\boldsymbol{J}^i$ 是馈电探针位置的激励电流密度，$\boldsymbol{E}_1^i$ 是位于贴片馈电位置下方的模式电场强度，$E_{1,2}$ 是模式的远区电场，$\alpha_{1,2}$ 是模式权重系数。

对比式(9-37)和式(9-38)，可以发现模式权重系数 $\alpha_{1,2}$ 是实现圆极化辐射的关键，并且应该满足式(9-39)的关系。在实际的特征模仿真中，可以通过观察模式重要性和模式权重系数来判断是否满足圆极化条件，并以此为依据对天线进行调整。

$$\left.\begin{array}{r} \angle \alpha_1 - \angle \alpha_2 = \pm \pi / 2 \\ |\alpha_1| = |\alpha_2| \end{array}\right\}$$

$$(9\text{-}39)$$

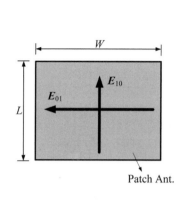 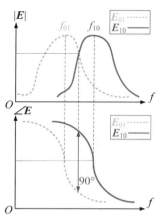

(a) 简并模分离的贴片天线   (b) 两个正交电场分量的幅值与相位

图 9.37   基于简并模分离的圆极化贴片天线

9.4.2   圆极化贴片天线仿真设计

1. 基于微扰的模式分离

建立两个不同尺寸的模型：一个是正方形贴片天线，简并模未分离；另一个是矩形贴片天线，简并模已分离。

1) 建立模型 1

复制 9.3 节的贴片天线模型。将鼠标移动到对应的 CST 文件处，单击选择该文件，进行复制粘贴操作：按<Ctrl>+<C>键进行复制，按<Ctrl>+<V>键进行粘贴。读者可以给该文件重新命名。

将尺寸改为长 L=61 mm，宽 W=61 mm，高 H=3.8 mm。单击主界面中的 Parameter List，在展开的表格中重新输入尺寸，如图 9.38 所示。单击 Home→Parametric Update 进行参数更新，保存该模型，按<Ctrl>+<S>键。

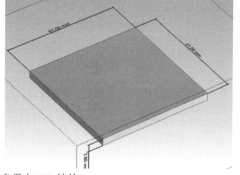

图 9.38   贴片天线的尺寸参数与 3D 结构

2) 建立模型 2

复制 9.3 节的贴片天线模型，微调尺寸，长度增加 1mm，宽度减小 1mm，即 L=62mm，W=60mm，高 H=3.8mm。操作与前面类似。

3) 设置频率、求解器和监视器

两个模型的频率范围相同，频率范围均设置为 1.4~1.8GHz。单击 Simulation 选项卡中的  Frequency，弹出频率范围对话框，如图 9.39 所示。输入频率的数字即可，单击 OK 按钮确认更改。

图 9.39　设置求解频率范围

两个模型的求解器参数相同。在 1.5GHz 处找寻 2 个模式。单击 Home→Simulation→Setup Solver 的蓝色图标，弹出 Integral Equation Solver Parameters 对话框。在 Number of modes 输入框输入 2，在 Frequency for mode sorting 输入框输入 1.5，单击 Apply 按钮应用该设置。

两个模型的监视器相同，监视器频率设置为 1.575GHz。在左侧 Navigation Tree 中，右击 Field Monitors，在弹出的快捷菜单中单击 New Field Monitors，打开 Monitor 对话框。在频率为 1.575GHz 处建立磁场和电流监视器以及远场/雷达反射截面监视器。点选 H-Field and Surface current 选项，在 Frequency 后的输入框内输入 1.575，单击 Apply 按钮。然后建立远场监视器，点选 Farfield/RCS 选项，单击 OK 按钮。

4) 运行仿真计算

仿真这两个模型，单击 Home→Simulation→Start Simulation 开始仿真计算。

5) 查看仿真结果

观察这两个模型的模式重要性。如图 9.40 所示，模型 1 的两个模式的曲线重叠，而模型 2 的两个模式的曲线分离。移动鼠标至空白区域，单击鼠标右键，选择 Show Axis Marker，将该轴移动到两个模式重要性相同处。

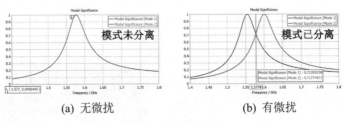

(a) 无微扰　　　　　　　　　　(b) 有微扰

图 9.40　模式重要性

观察这两个模型的特征角。如图 9.41 所示，模型 1 的两个模式的曲线重叠，而模型 2 的两个模式的曲线分离。模型 1 的两个模式同相，而模型 2 的两个模式在 1.575GHz 处相位差约为 90°。

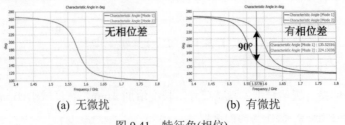

(a) 无微扰　　　　　　　　　　(b) 有微扰

图 9.41　特征角(相位)

观察模型 1 的模式电流。单击 Navigation Tree→2D/3D Results→Surface Currents，查看两个模式的表面电流，它们相互垂直，如图 9.42 所示。其对应的模式方向图在正上方均为最大辐射方向。

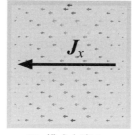

(a) 模式电流 1   (b) 模式电流 2

图 9.42 模式电流分布

6) 保存设计

按<Ctrl>+<S>键，完成保存。单击右上角的叉号❌退出 CST。

2. 加入端口后仿真

1) 建立模型并开始仿真

复制模型 2 的 CST 文件，操作与前面类似。

观察模式电流并加入离散端口。这对简并模的电流分布如图 9.42 所示，一个模式在 x 轴方向电流最大，另一个模式在 y 轴方向电流最大。故在贴片的对角线上放置端口，以同时激励起两个模式，并让这两个模式的模式权重系数大致相等。再右击 Navigation Tree 中的 Ports 文件夹，在弹出的快捷菜单中单击 New Discrete Ports...，在弹出的对话框中输入端口的两个端点的位置参数，如图 9.43 所示，x0 和 y0 均为 8.5mm。

图 9.43 端口的初始位置

由于 CST 2021 版本可能暂不支持使用 Multilayer 求解器仿真添加端口后的模型的特征模，将求解器改为时域求解器。单击 Home→Solver→Setup Solver，选择 Time Domain Solver🔲。

将介质基板改为有限大，将其长和宽均设为 120mm，此时地板仍然为无限大。单击 Navigation Tree→Compoents→ component1，双击基底的模型 sub，在弹出的对话框中双击 Define brick，再在弹出的对话框中输入新的尺寸变量，并单击 OK 按钮，然后输入变量的数值，单击 OK 按钮确定。最后单击 Close 按钮。基底的尺寸参数与材料如图 9.44 所示。

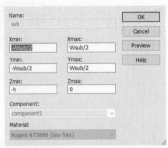

图 9.44　基底的尺寸参数与材料

单击 Home→Simulation→Start Simulation 开始仿真计算。

2) 查看结果

观察 S 参数圆图，标记尖点所在频率为 1.54GHz，尖点处呈感性。单击左侧 1D Results 文件夹前面的加号，单击 S Parameter 子文件夹，再单击 1D Plot 选项卡中的◉，以查看史密斯圆图。在英文输入法的情况下按<M>键，开始标记尖点，双击尖点，拖动该点至最理想的位置，结果如图 9.45 所示。

观察 S_{11} 的幅度以 dB 显示，单击 1D Plot 选项卡中的▥，结果如图 9.45 所示，尖点频率处匹配小于-10dB。

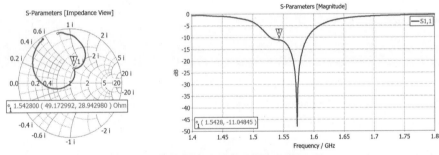

图 9.45　S 参数的史密斯圆图与幅值结果

观察远场方向图。打开左侧 Farfields 文件夹，单击 farfield (f=1.54) [1]，如图 9.46 所示。观察到最大辐射方向为正上方。

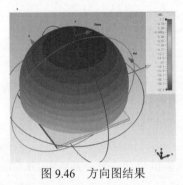

图 9.46　方向图结果

观察 3D 轴比。单击 Farfield Plot，在 Resolution and Scaling 功能区单击 Abs 框，在下拉列表中选择轴比 Axial Ratio，如图 9.47 所示。

(a) 编辑远场结果的面板

(b) 选择 Axial Ratio

(c) 3D 轴比结果

图 9.47 查看 3D 轴比的操作

改变轴比的数据范围。双击数据区域，或单击 Farfield Plot→Plot Properties→Properties，出现远场图表 Farfield Plot；单击其内的 Plot Mode，在 dB 区域中，将初始的对数范围 40 dB 改为 3 dB，如图 9.48 所示。即 3D 轴比的范围不超过 3 dB，单击 OK 按钮确认更改。按<Ctrl<+<S>键，完成保存。

(a) 选择 Properties

(b) 在 Plot Mode 中输入 3dB

(c) 3dB 轴比的 3D 结果

图 9.48 更改远场结果的显示范围

3. 有限大的地板与介质

1) 建立模型并开始仿真

复制上一个 CST 文件，操作与前面类似。

将无限大地板改为有限大地板,结果如图9.49所示。单击 Simulation→Settings→Boundaries，在弹出的 Boundary Conditions 对话框中,将 Zmin 后面选框中的电壁 electric(E_t=0)改为 open (add space),然后单击"确定"按钮,即可取消原先位于底部的无限大地板。然后创建有限大金属薄片作为地板。建立长和宽均为 210mm 的地板,位于-H 深度处。

无须再重新建立端口。若需改用同轴馈电,可参见第 8 章内容。

单击 Home→Simulation→Start Simulation 开始仿真计算。

2) 查看结果

观察 2D 或 3D 方向图。单击 Navigation Tree→Farfields→Farfield Cuts→Excitation，单击 Phi = 0、Phi = 90 或 Theta = 90 文件夹，可以观察到主要切面的方向图，如图 9.50 所示。也可以单击 farfield (f=1.54) [1]，然后在顶部菜单 Farfield Plot 中选定数据类型，选择 Constant 中的 Phi

或 Theta，并在 Cut Angle 内输入角度，就能查看任意切面。查看 3 个主要的切面结果如图 9.51 所示。

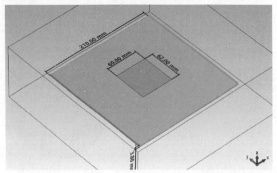

图 9.49　有限大地板与介质的贴片天线

(a) 可直接选择的 3 个切面　　　　　(b) 输入任意切面

图 9.50　选择查看的切面

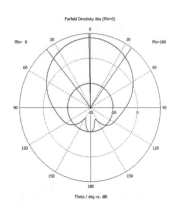
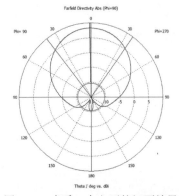
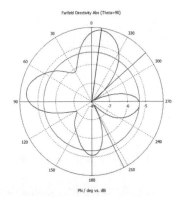

图 9.51　查看 3 个主要的切面结果

观察 3D 轴比。单击 Farfield Plot，在 Resolution and Scaling 功能区单击 Abs 框，在下拉列表中选择轴比 Axial Ratio。改变轴比的数据范围。双击 3D 结果区域，单击其内的 Plot Mode，在 dB 区域中，将初始的对数范围 3 dB 改为 10 dB，单击 OK 按钮确认更改，结果如图 9.52 所示。

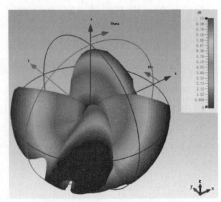

图 9.52　10dB 范围的 3D 轴比

9.5 耦合圆极化单极子天线的模式分析

本节设计并仿真了本书所提出的基于耦合辐射器结构的单馈圆极化天线，它具有结构简单和圆极化性能稳定的特点，可应用于智能穿戴设备。本节通过 CST 特征模分析耦合圆极化单极子天线的奇偶模特性。

9.5.1 耦合理论概述

1. 耦合理论定义

1) 耦合传输线与奇偶模

将两个无屏蔽的传输线相邻靠在一起，两传输线上的电磁场会相互耦合，这种形式称为耦合传输线。它们是含地板的三导体结构，可以是耦合带状线，也可以是耦合微带线。由于传输线结构对称，可以提供两种不同的传播模式，分别为奇模和偶模，这两种模式具有不同的传播特性。耦合传输线广泛应用于定向耦合器、混合网络和微带滤波器等器件的设计。关于耦合传输线的具体介绍，读者可以参考本章参考文献[13]。

图 9.53 所示是常见的微带平行耦合线，两条共面的微带线关于中心线对称，它们之间存在着耦合，可以支持奇模和偶模这两个模式传输。当耦合线传偶模时，如图 9.53(a)所示，两微带线在同一截面具有相同的电位或携带同性电荷，电场关于对称面呈偶对称，此时对称面可以等效为磁壁，两微带线间的互电容为 0。当耦合线传输奇模时，如图 9.53(b)所示，两微带线在同一截面具有相反的电位或携带异性电荷，电场关于对称面呈奇对称，此时对称面可等效为电壁，两微带线间存在着互电容 C_{fa} 和 C_{fd}。因此，在奇模和偶模条件下，传输线单位长度的互电容和自电容不同，因此其特征阻抗和导波的相速也不同，呈现出不同的传播特性。奇偶模分析方法通过引入电壁和磁壁，只需要考虑传输线的一半结构，能大大简化问题，广泛应用于耦合结构的分析。本节将进一步应用奇偶模理论来分析耦合结构的天线对。

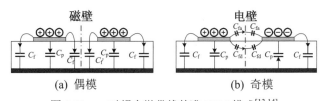

(a) 偶模　　　　　　　　(b) 奇模

图 9.53　一对耦合微带线的准 TEM 模式[13,14]

2) 一般耦合理论

如图 9.54 所示，假设两个谐振器或辐射体相互耦合，则彼此间存在着电磁能量交换，它们之间的耦合系数 k 可以定义为耦合能量与存储能量的比值，即

$$k = \frac{\iiint \varepsilon E_1 \cdot E_2 \mathrm{d}v}{\sqrt{\iiint \varepsilon |E_1|^2 \mathrm{d}v \times \iiint \varepsilon |E_2|^2 \mathrm{d}v}} + \frac{\iiint \mu H_1 \cdot H_2 \mathrm{d}v}{\sqrt{\iiint \mu |H_1|^2 \mathrm{d}v \times \iiint \mu |H_2|^2 \mathrm{d}v}} \tag{9-40}$$

其中，式(9-40)右边的第一项表示电耦合系数 k_E，右边的第二项表示磁耦合系数 k_M；分子表示耦合的电能或磁能，分母表示存储的电能或磁能。由于很难直接计算电场的积分或磁场的积分，所以常使用电路模型中的电容电感来表示耦合系数[14]，即

$$k = k_E + k_M = \frac{C_m}{C} - \frac{L_m}{L}$$ (9-41)

其中，C_m 与 L_m 分别表示互电容和互电感，C 与 L 分别表示自电容和自电感。电耦合和磁耦合的能量可以相互抵消中和，k_E 和 k_M 符号相反，一般电耦合系数为正，磁耦合系数为负。当电耦合大于磁耦合时，$k > 0$；当磁耦合大于电耦合时，$k < 0$。

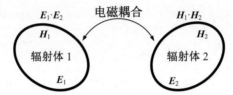

图 9.54　一对辐射体通过电磁场相互耦合的简化模型[14,15]

2. 耦合天线对

这里以本章参考文献[16]中的天线结构为例，基于等效电路模型分析一对耦合的单极子天线，得到一对频率和相位随耦合强度变化的奇模和偶模，为设计圆极化天线提供参考。

如图 9.55(a)所示，有限大方形地板的左右两个顶点处各放置了一个单极子天线，两辐射器工作在 $\lambda/4$ 模式，两者虽然在结构上正交，但存在较强的电磁耦合。图 9.55(b)所示为耦合天线对的简化电路模型，两个天线形成二端口网络($T_1 T_1' - T_2 T_2'$)。两者的自阻抗分别为 Z_{11} 和 Z_{22}，由于存在电磁耦合，故存在耦合电容 C_m 和耦合电感 L_m。

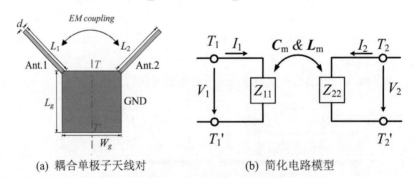

(a) 耦合单极子天线对　　　　　　　　(b) 简化电路模型

图 9.55　耦合天线模型

若两个天线间不存在耦合，或只有一个单极子天线和地板时，天线的谐振频率为

$$f_0 = \frac{1}{2\pi\sqrt{LC}}$$ (9-42)

1) 电耦合

假设两个天线间处于电耦合状态，则可以用图 9.56(a)的二端口电路模型表示。其中，单个天线被等效为 GLC 并联谐振器，两个谐振器间的电耦合用互电容 C_m 构成的 π 型网络表示，该网络同时也是一个导纳倒相器(J Inverter)。对称面处的 C_m 等效为两个 $2C_m$ 串联，在电壁和磁壁条件下分别接地和开路。与微带耦合滤波器不同的是，天线属于有损耗谐振器，存在辐射电导 G_r。

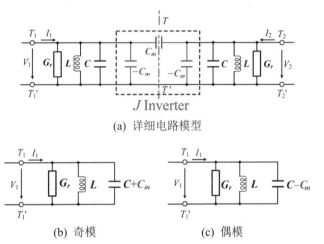

(a) 详细电路模型

(b) 奇模   (c) 偶模

图 9.56   电耦合时耦合天线对的电路网络[16]

在奇模激励下，对称面等效为电壁，取电路模型的一半来分析，则总电容增加为 $C+C_m$，得到奇模谐振频率 f_{odd}。同理，在偶模激励下，对称面等效为磁壁，对称面开路，即对称面处的 C_m 开路，故现在的总电容为 $C-C_m$，得到偶模谐振频率 f_{even}。因此，在电耦合状态下，奇模频率最低，即

$$f_{odd} = \frac{1}{2\pi\sqrt{L(C+C_m)}} \tag{9-43}$$

$$f_{even} = \frac{1}{2\pi\sqrt{L(C-C_m)}} \tag{9-44}$$

$$f_{odd} < f_0 < f_{even} \tag{9-45}$$

2) 磁耦合

假设两个天线处于磁耦合状态，则可以用图 9.57(a)的等效电路模型来表示。两辐射器间的耦合用互电感 L_m 构成的 T 型网络表示，该网络同时也是一个阻抗倒相器(K Inverter)。对称面处的 L_m 可等效为两个 $2L_m$ 的并联，在电壁和磁壁条件下分别被短路和分离。

在偶模激励下，对称面等效为磁壁，对称面开路，则总电感为 $L+L_m$，得到偶模谐振频率 f_{even}。在奇模激励下，对称面等效为电壁，对称面处接地，则总电感为 $L-L_m$，得到奇模谐振频率 f_{odd}。因此，在磁耦合状态下，偶模频率最低，即

$$f_{odd} = \frac{1}{2\pi\sqrt{(L-L_m)C}} \tag{9-46}$$

$$f_{even} = \frac{1}{2\pi\sqrt{(L+L_m)C}} \tag{9-47}$$

$$f_{odd} > f_0 > f_{even} \tag{9-48}$$

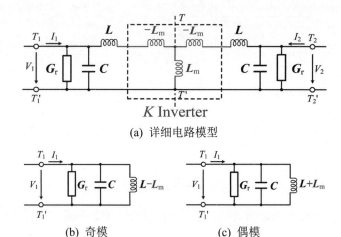

(a) 详细电路模型

(b) 奇模　　　　　　　　　(c) 偶模

图 9.57　磁耦合时耦合天线对的电路网络[16]

3) 耦合系数 k

由式(9-41)可知，电耦合系数为 $k_E = C_m/C$，磁耦合系数为 $k_M = -L_m/L$。但由于辐射器间的互电容和互电感一般难以直接提取，因此在实际应用中，一般利用两个模式的频率来表示。本章参考文献[16]中提出了两个无损耗谐振器的耦合系数提取方法，两个辐射器间的耦合系数 k 可以表示为

$$\begin{aligned}
k &= \frac{f_{even}^2 - f_{odd}^2}{f_{even}^2 + f_{odd}^2} \\
&= \frac{f_{even} + f_{odd}}{f_{even}^2 + f_{odd}^2}(f_{even} - f_{odd}) \\
&= g \cdot \Delta f
\end{aligned} \tag{9-49}$$

可以证明，耦合越强，奇模和偶模谐振频率的差值就越大。

图 9.58 展示了图 9.55 中天线结构的特征模仿真结果。单个孤立辐射单元的谐振频率为 f_p，当两个辐射单元耦合到一起时，会产生一对正交模，且奇模频率比偶模频率低，因此会在 f_p 处形成 90° 相位差。

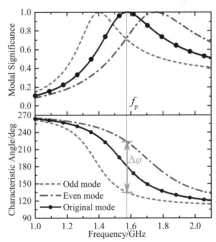

图 9.58　天线对耦合形成相位差(上下两图分别为模式重要性和特征角的结果)[16]

9.5.2　耦合圆极化单极子天线仿真设计

本节需要仿真图 9.59 所示的 3 个模型，分别是单极子天线、耦合单极子天线对和单馈圆极化天线。模型 1 和模型 2 只含理想金属导体，不含激励端口；模型 3 包含一个离散端口。模型 1 和模型 2 用积分方程求解器仿真，用于分析单个天线和两个耦合天线的模式；模型 3 用时域求解器仿真，用于观察圆极化。

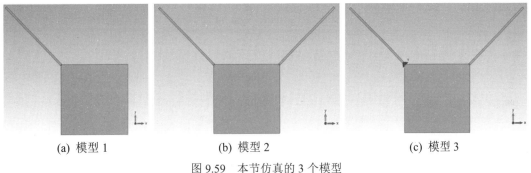

(a) 模型 1　　　　　　　　　(b) 模型 2　　　　　　　　　(c) 模型 3

图 9.59　本节仿真的 3 个模型

1. 模型 1——单极子天线

1) 创建模型

(1) 新建工程模板。

双击软件图标打开软件，单击 New Template→Microwaves & RF/Optical→Antennas→Next→Wire→Next→Integral Equation→Next→Next，输入频率范围为 1~2.1GHz，单击 Next→Finish 完成工程模板的创建。保存当前文件，按<Ctrl>+<S>键，文件名称和文件地址需读者自定义。

(2) 创建方形地板。

单击 Modeling 选项卡的 Shapes 功能区中的 ▭(长方体)，在出现 Double click first point in working plane(Press ESC to show dialog box)后，按<Esc>键。在弹出的 Brick 对话框中，输入地板名称为 GND，长宽均为 *W*，材料为 PEC。然后单击 OK 按钮，在弹出的对话框中输入 *W* 的具体数值为 35，如图 9.60(a)所示。建立的模型如图 9.60(b)所示。

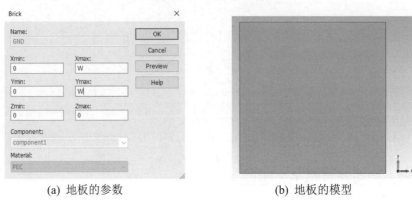

(a) 地板的参数   (b) 地板的模型

图 9.60　地板的参数与模型

(3) 创建单极子天线。

首先选择方形地板左上角的顶点，建立 WCS。在英文输入法的情况下按<P>键，然后双击选择方形地板左上角的顶点。单击 Modeling 选项卡中的 ▣ Align WCS 建立 WCS。然后旋转 WCS，单击 ▣ Transform WCS，弹出 Transform Local Coordinate System 对话框，然后勾选 Rotate 选项，在 *W* 栏输入 45，意思是：*W* 轴的垂面 *uOv* 被逆时针旋转 45°，如图 9.61 所示。

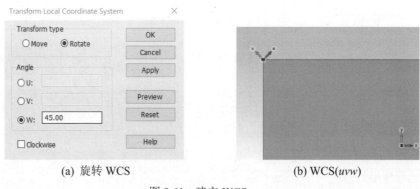

(a) 旋转 WCS   (b) WCS(*uvw*)

图 9.61　建立 WCS

然后在此 WCS 中创建单极子天线。单击 Modeling 选项卡的 Shapes 功能区中的 ▭(长方体)，按<Esc>键。在弹出的 Brick 对话框中，输入天线名称为 Antenna1，宽为 *d*，总长为 *l*1+*d*/2，材料为 PEC。然后单击 OK 按钮，在弹出的对话框中输入 *d* 的具体数值为 1，*l*1 的具体参数为 40.5。建立的模型如图 9.62 所示。

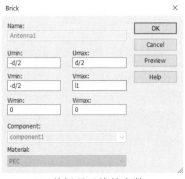
(a) 单极子天线的参数

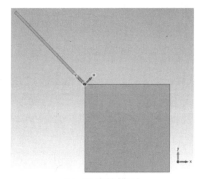
(b) 天线的模型

图 9.62　单极子天线的参数与模型

2) 设置求解器并开始仿真

(1) 设置监视器和求解器。

设置监视器。在左侧 Navigation Tree 中，右击 Field Monitors，在弹出的快捷菜单中单击 New Field Monitors，打开 Monitor 对话框。在频率为 1.575GHz 处建立电流和远场监视器。点选 H-Field and Surface current 选项，在 Frequency 输入框内输入 1.575，单击 Apply 按钮。然后建立远场监视器，点选 Farfield/RCS 选项，单击 Apply 按钮。

设置求解器。单击 Home 选项卡中的积分方程求解器的图标 🖫，弹出 Integral Equation Solver Parameter 对话框。然后在 Number of modes 输入框输入 1，在 Frequency for mode sorting 输入框输入 1.5，如图 9.63 所示，意思是在 1.5GHz 处找出模式重要性最大的一个模式。

图 9.63　设置求解器的参数

(2) 开始仿真。

单击 Start 按钮开始仿真计算。

3) 观察仿真结果并保存文件

(1) 观察仿真结果。

单击左侧各个文件夹前面的加号，查看里面的仿真结果。如图 9.64 所示，单击 Modal Significance、Characteristic Angle 和 surface current (f=1.575) [Mode 1]观察仿真结果。

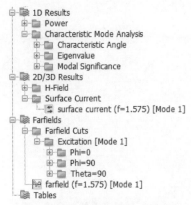

图 9.64 选择观察的仿真结果

仿真结果如图 9.65 所示。

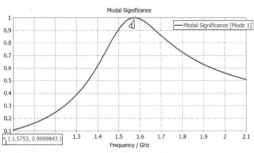

(a) 模式重要性

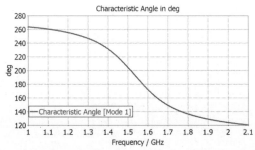

(b) 特征角

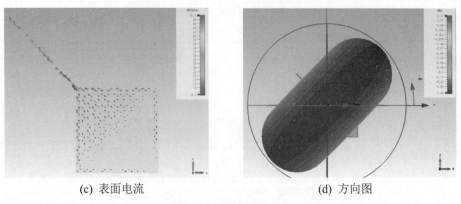

(c) 表面电流   (d) 方向图

图 9.65 仿真结果

(2) 保存文件。

保存当前文件，按<Ctrl>+<S>键。

2. 模型 2——耦合单极子天线对

1) 创建模型

复制模型 1。将鼠标移动到模型 1 的 CST 文件处，单击选择该文件，进行复制粘贴操作：按<Ctrl>+<C>键进行复制，按<Ctrl>+<V>键进行粘贴。读者可以给该文件重新命名。

建立 WCS。在英文输入法的情况下按<M>键，然后将鼠标移动至地板上边缘的中心并双击，这样就产生了地板上边缘的中点。然后单击 Modeling 选项卡中的 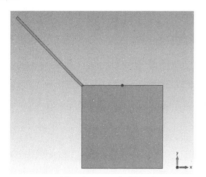 Align WCS 建立 WCS，结果如图 9.66 所示。

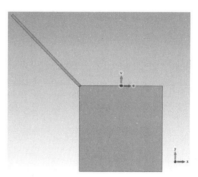

(a) 选择地板上边缘的中点　　　　　　(b) WCS

图 9.66　建立 WCS

单击 🔲 Antenna1 选中单极子天线，然后单击 Modeling 选项卡中的 Transform 的图标🔳，在弹出的对话框中点选 Mirror 选项并勾选 Copy 选项，输入 U 的数值为 1。这样就以对称面 *vOw* 镜像复制了单极子天线。复制后的结果如图 9.67 所示。

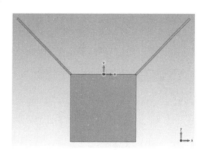

(a) Transform 变换操作　　　　　　(b) 复制后的结构

图 9.67　镜像复制天线

2) 设置求解器并开始仿真

修改求解器参数。单击积分方程求解器的图标，然后将求解的模式 Number of modes 改为 2 个。单击 Start 按钮开始仿真。

3) 观察仿真结果并保存文件

(1) 观察两个模式的模式重要性、特征角、模式电流和模式方向图。

此操作与前面类似，这里不再赘述。仿真结果如图 9.68 所示。

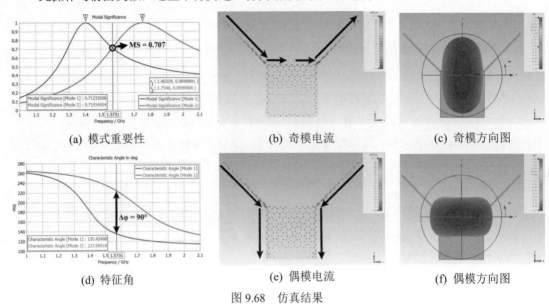

(a) 模式重要性　　　　　　(b) 奇模电流　　　　　　(c) 奇模方向图

(d) 特征角　　　　　　(e) 偶模电流　　　　　　(f) 偶模方向图

图 9.68　仿真结果

(2) 保存文件。

保存当前文件，按<Ctrl>+<S>键。

3. 模型 3——单馈圆极化天线

1) 创建模型

复制模型 2，操作与前面类似。

对天线 1 进行布尔操作，给端口留出空间。建立 WCS，创建方形金属薄片，边长为 d。具体参数如下：在 Umin 和 Vmin 中输入-d/2，在 Umax 和 Vmax 中输入 d/2。然后用它减去天线 1，结果如图 9.69(a)所示。

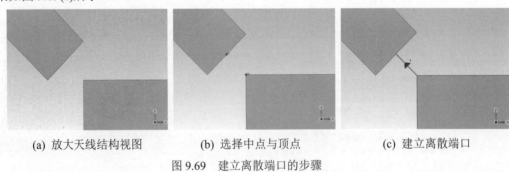

(a) 放大天线结构视图　　　　(b) 选择中点与顶点　　　　(c) 建立离散端口

图 9.69　建立离散端口的步骤

选择两个点。先选择天线 1 宽度的中点，然后选择地板左上角的顶点。在英文输入法的情况下按<M>键，然后双击天线 1 宽度的中点；按<P>键，然后双击地板左上角的顶点。结果如图 9.69(b)所示。

建立离散端口。右击 Navigation Tree 中的 Ports 文件夹 Ports，在弹出的快捷菜单中单击 New Discrete Port，在弹出的对话框中单击 OK 按钮。结果如图 9.69(c)所示。

2）设置求解器并开始仿真

选择时域求解器。单击 Home→Solver→Setup Solver，然后选择时域求解器 Time Domain Solver。单击 ◎ 开始仿真计算。

3）观察仿真结果并保存文件

观察随频率变化的表面电流、**S** 参数、方向图和轴比，结果分别如图 9.70 至图 9.72 所示。观察电流时单击 ▦▦▦，可以观察到随相位变化的电流；特别地，地板中心处的电流方向在逆时针旋转。观察 **S** 参数时，查看史密斯圆图并以 dB 为单位。

图 9.70　相位为 0°、45°、90°、135°时的表面电流

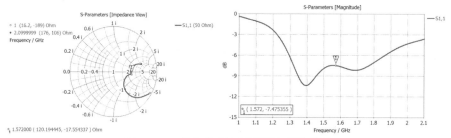

图 9.71　**S** 参数的史密斯圆图和幅值结果

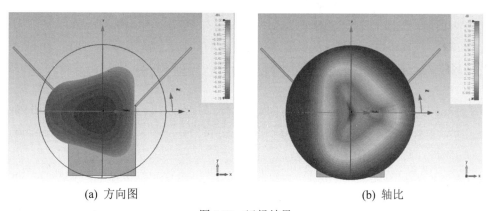

(a) 方向图　　　　　　　　　　　　　(b) 轴比

图 9.72　远场结果

9.6　思考题

1. 相比于传统的全波分析，特征模分析具有哪些优点？

2. 特征模理论中的特征值、模式重要性、特征角和模式权重系数的物理含义分别是什么？

彼此间存在什么数学关系？如何用 CST 仿真软件查看这些参数？

3. CST 支持对哪些模型进行特征模仿真？分别有哪些用于特征模分析的求解器？

4. 加与不加端口对特征模仿真的结果有影响吗？为什么？

5. 从特征模分析的角度来说，基于简并模分离的圆极化天线的原理是什么？

6. 不同于传统的简并模分离圆极化天线，基于耦合谐振器的圆极化天线的原理是什么？

7. 对于 9.5.2 节中的例子，如何调节天线结构使得两个模式的相位差为 90°？如何实现左旋圆极化或右旋圆极化？

8. 基于特征模仿真，设计一个圆极化圆形贴片天线，中心频率为 1.575GHz，介质板的材料和厚度与 9.4.2 节的设置一致，贴片上引入缝隙来实现简并模分离。

9. 在 9.5.2 节例子的基础上，针对智能手表的实际应用，将辐射器改为侧立的 IFA 形式，利用特征模分析，设计一个中心频率为 1.575GHz 的圆极化天线。

9.7 参考文献

[1] Chen Y, Wang C F. Characteristic modes: Theory and applications in antenna engineering[M]. Hoboken, NJ, USA: John Wiley & Sons, 2015.

[2] Harrington R, Mautz J. Theory of characteristic modes for conducting bodies[J]. IEEE Transactions on Antennas and Propagation, 1971, 19(5): 622-628.

[3] 傅君眉，冯恩信. 高等电磁理论[M]. 西安：西安交通大学出版社，2000.

[4] 李越. 面向小型天线设计的多模谐振器理论[D]. 北京：清华大学，2012.

[5] 邓长江. 多模式协同分析法在小型天线设计中的应用[M]. 北京：清华大学出版社，2019.

[6] Fang D G, Yang J J, Delisle G Y. Discrete image theory for horizontal electric dipoles in a multilayered medium[C]. IEE Proceedings H-microwaves, Antennas and Propagation. IET, 1988, 135(5): 297-303.

[7] Chow Y L, Yang J J, Fang D G, et al. A closed-form spatial Green's function for the thick microstrip substrate[J]. IEEE Transactions on Microwave Theory and Techniques, 1991, 39(3): 588-592.

[8] Wang C F, Ling F, Jin J M. A fast full-wave analysis of scattering and radiation from large finite arrays of microstrip antennas[J]. IEEE Transactions on Antennas and Propagation, 1998, 46(10): 1467-1474.

[9] Ling F, Wang C F, Jin J M. An efficient algorithm for analyzing large-scale microstrip structures using adaptive integral method combined with discrete complex-image method[J]. IEEE Transactions on Microwave Theory and Techniques, 2000, 48(5): 832-839.

[10] Ling F, Liu J, Jin J M. Efficient electromagnetic modeling of three-dimensional multilayer microstrip antennas and circuits[J]. IEEE Transactions on Microwave Theory And Techniques, 2002, 50(6): 1628-1635.

[11] Balanis C A. Antenna theory: analysis and design[M]. Hoboken, NJ, USA: John wiley & sons, 2015.

[12] Lin J F, Zhu L. Low-profile high-directivity circularly-polarized differential-fed patch antenna with characteristic modes analysis[J]. IEEE Transactions on Antennas and Propagation, 2020, 69(2): 723-733.

[13] Pozar D M. Microwave engineering[M]. Hoboken, NJ, USA: John wiley & sons, 2011.

[14] Hong J S G, Lancaster M J. Microstrip filters for RF/microwave applications[M]. Hoboken, NJ, USA: John Wiley & Sons, 2004.

[15] Hong J S. Couplings of asynchronously tuned coupled microwave resonators[J]. IEE Proceedings-Microwaves, Antennas and Propagation, 2000, 147(5): 354-358.

[16] Zhang X, Zeng Q Y, Zhong Z P, et al. Analysis and design of stable-performance circularly-polarized antennas based on coupled radiators for smart watches[J]. IEEE Transactions on Antennas and Propagation, 2022.

第 *10* 章

终端天线设计

本章分为 5 小节，分别介绍了终端天线的类型、倒 F 天线的建模、MIMO 天线的去耦技术及建模、手机边框天线的建模和 SAR 的仿真方法。10.1 节介绍了终端天线的类型、演变过程以及发展趋势。10.2 节介绍了倒 F 天线的演变过程及建模过程。10.3 节介绍了 MIMO 天线的去耦技术以及利用 LC 去耦的天线建模过程。10.4 节介绍了手机边框天线的发展由来以及一种 slot 边框天线的建模过程。10.5 节介绍了 SAR 的概念以及 SAR 的仿真计算方法。

10.1 终端天线介绍

移动终端设备包括手机、手表、平板电脑、无线耳机等一系列设备，天线在终端设备上的应用，以手机天线为代表，其研究最为广泛。手机天线按发展顺序可划分为外置天线、内置天线和边框天线。最初的手机使用的是外置天线，随着手机结构变得越来越紧凑，内置天线应运而生。进入智能手机时代后，由于边框天线更为美观且更加节省空间，其逐渐取代内置天线成为了主流。

10.1.1 外置天线

外置天线主要分为单极子天线、螺旋天线、PCB 印制螺旋天线和拉杆天线。外置天线的特点有：频带范围宽，辐射效率高，设计简单，成本低廉；但体积和剖面不利于产品小型化，并且天线比吸收率较高，辐射性能容易受人体影响。

图 10.1 所示为应用外置天线的几款手机，手机的名称从左到右分别为 Motorola Dynatac 8000X、Motorola 9800X 和 Nokia 5110。

(a) Motorola Dynatac 8000X

(b) Motorola 9800X

(c) Nokia 5110

图 10.1　应用外置天线的手机型号

图 10.2 所示为外置手机天线的演变过程。首先，如图 10.2(a)所示，外置天线由偶极子天线演变而来，偶极子天线的上下两臂长度相加约为 1/2 个真空波长。为了降低天线的剖面，如图 10.2(b)所示，偶极子天线的一个辐射臂用地板代替，变为单极子天线，这时天线的高度约为 1/4 个真空波长。进一步地，单极子天线的辐射臂改成了螺旋结构，天线的剖面可以变得更低，天线凸起更小，如图 10.2(c)所示。

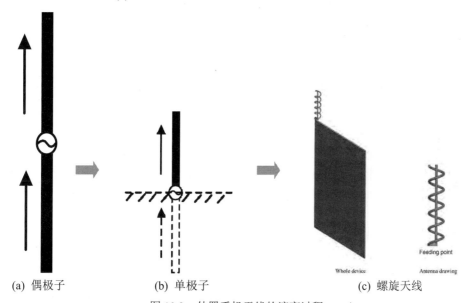

(a) 偶极子　　　　　(b) 单极子　　　　　(c) 螺旋天线

图 10.2　外置手机天线的演变过程

10.1.2　内置天线

目前内置天线的形式有很多，如微带贴片天线、缝隙天线、倒 F 天线、倒 L 天线和平面倒 F 天线等。内置天线的特点有：天线在手机内部，不额外增加手机的尺寸，没有凸起结构，隐蔽性强；一般安装于手机背部，远离人脑的部分，有利于减小天线对人体的辐射伤害。

内置天线在 2G 和 3G 手机中应用广泛，经典机型有 Motorola Razr V3 和 iPhone 3G，如图 10.3 所示。

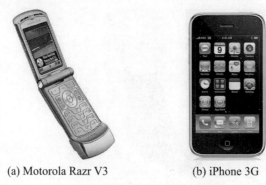

(a) Motorola Razr V3　　　　　(b) iPhone 3G

图 10.3　应用内置天线的手机型号

内置天线最为广泛的形式是平面倒 F 天线，它由矩形贴片天线演变而来，其演变过程和小型化原理如图 10.4 所示。工作在主模的矩形贴片天线处于半波谐振状态，电场关于中线呈奇对称，两边电场最强，中间电场为 0，相当于在对称面放置了一个无限大电壁。因此，在贴片中间放置一个短路壁，并去掉其中一半后，天线依然能在原频率附近谐振，而尺寸仅为原来的一半，适用于空间紧凑的终端设备。在实际应用中，短路壁也可以用单个短路针代替，其位置和尺寸为设计提供了更多的自由度。当该天线使用探针馈电时，侧面的投影刚好是一个倒 F，因此称为平面倒 F 天线。

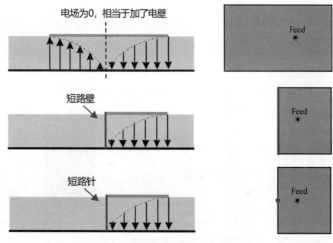

图 10.4　平面倒 F 天线的小型化原理

10.1.3　边框天线

出于外观美学需要和机械结构稳定性要求，目前大部分手机都采用了金属边框的工艺。2010 年，苹果公司发布了 iPhone 4，首次将手机的金属边框设计为天线，实现了外观、机械性能和电气性能的高度统一，其外观如图 10.5 所示。为了兼顾不同通信系统和覆盖不同频段，一般在金属边框上设置多个断点和短路点，将整个边框分成多个天线。另外，由于手机外观的需要，边框的断点位置不能任意调节，直接馈电难以实现阻抗匹配，一般需要外加匹配电路来实现边框天线各个频段的匹配。

图 10.5　iPhone 4 手机外观

10.1.4　手机天线的发展趋势

作为手机不可或缺的一部分，手机天线的形态随着手机外观的变化而变化，其性能与手机的结构、材料和尺寸密切相关。下面将以苹果手机的外观变化为例，总结手机天线近年来的发展趋势。表 10.1 列出了几款不同年份的苹果手机的屏占比、厚度和后壳材料，总结起来大致有以下三个变化趋势。

表 10.1　苹果手机结构变化

手机	iPhone 4	iPhone 5	iPhone 7	iPhone 8	iPhone X
屏占比(pts)	320×480	320×568	375×667	375×667	375×812
厚度/mm	9.3	7.6	7.1	7.3	7.7
后壳材料	玻璃	铝合金	铝合金	玻璃	玻璃

首先，手机的屏占比越来越大。屏幕背后一般含有钢片，对电磁波有屏蔽作用，不利于天线辐射。早期的苹果手机屏占比较小，屏幕上下的非屏幕区域可以用于放置内置天线。然而，随着手机屏占比不断增大，能放置天线的空间越来越少，天线的净空也越来越小，这会导致天线带宽减小和效率降低。

其次，手机的厚度变薄。早期的 iPhone 4 厚度为 9.3mm，从 iPhone 5 开始，厚度基本在 7mm 左右。同样地，随着手机厚度的减小，天线的净空明显减小，会导致带宽减小和效率降低。

最后，手机的后壳材料也发生了变化。从 2G 通信到 4G 通信初期，早期苹果手机后壳选用的材料是塑胶和玻璃，此时的手机天线类型主要是以内置天线为主，一般放置于后壳下方，需要透过后壳辐射；4G 通信中后期，手机选用的是铝合金后壳，这时手机天线的主要形态是金属边框天线；在 4G 通信后期和 5G 通信初期，手机后壳选用的材料是玻璃，这是因为 5G 通信系统要求手机端容纳更多的天线，金属边框天线能覆盖的频段是有限的，需要在手机的内部放置更多的内置天线。为了保证这些内置天线能辐射，就需要把后壳材料换为玻璃或者陶瓷，以减少对电磁波的屏蔽作用。

可以预见，未来手机中的天线数量将会不断增加，天线的净空越来越少，天线间的耦合越来越强，天线需要覆盖的频段也越来越多，这给天线的设计带来了巨大的挑战，同时也驱动了天线技术的不断革新。

10.2 倒 F 天线(IFA)

倒 F 天线(Inverted-F Antenna, IFA)是单极子天线的一种变形结构，具有体积小、结构简单、易于匹配和制作成本低等优点，被广泛应用于 Bluetooth、IEEE 802. a/b/g、HiperLAN 和 HomeRF 等短距离无线通信领域。另外，因为 IFA 的辐射既包含水平极化分量又包含垂直极化分量，所以对于应用环境主要为室内的 Bluetooth 和 WLAN 等通信标准，由于室内墙壁和装饰物等的散射会造成电场水平极化和垂直极化之间的相互转换，即退极化现象，使用 IFA 可以有效地增强接收效果。

10.2.1 IFA 的演变过程

IFA 的演变过程如图 10.6 所示。IFA 的演变过程与 10.1 节的外置手机天线类似，本质上是 1/4 波长谐振的单极子。在单极子的基础上，通过弯折 90°，形成倒 L 天线(Inverted-L Antenna, ILA)，获得极低的剖面。

需要说明的是，ILA 直接在单极子末端馈电，往往存在阻抗匹配困难的问题。为了让阻抗匹配变得更灵活，一般让 ILA 的一端接地，然后在到短路点特定距离的位置引入馈电枝节，此时天线的形状为一个放倒的 F，因而称为倒 F 天线。一般来说，馈电点靠近短路点时，输入阻抗呈减小趋势；馈电点远离短路点时，输入阻抗呈增大趋势。短路枝节可以等效为并联电感，影响输入阻抗的虚部。因此，在实际设计中，IFA 的长度根据工作频率来确定，而短路枝节和馈电枝节可根据阻抗匹配来灵活调节。

此外，IFA 与地板间存在着较强的耦合，通过镜像原理分析可知，IFA 高度越低，净空越小，则越难辐射，天线的带宽和效率会减小/降低。

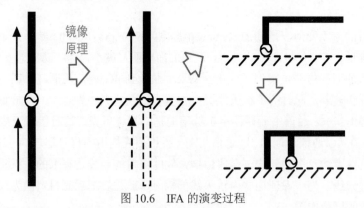

图 10.6　IFA 的演变过程

10.2.2 IFA 的设计

本节将设计一个印刷在 PCB 板材上的 IFA，其谐振频率为 3.5 GHz，10 dB 回损带宽为 400 MHz 左右，PCB 的长宽近似实际手机的大小。

所设计 IFA 的模型如图 10.7 所示。天线整体由三个部分组成，分别是介质板、地板和天线部分。介质板的材料选用的是较为常用的 FR4(玻璃纤维环氧树脂)，相对介电常数为 4.43，长度和宽度分别为 140 mm 和 73.7 mm，厚度为 $h_S = 0.8$ mm。地板位于介质板的下表面，比介质板稍小，长度和宽度分别为 140 mm 和 70 mm。

天线部分位于介质板的上表面，由三个部分组成，分别是短路枝节、馈电枝节及谐振枝节。枝节的宽度均为 W = 1mm，短路枝节和馈电枝节的长度 h=3.7 mm，谐振枝节的长度为 L=11.37mm。另外在建模中，天线和地板均为厚度为 0 的理想薄导体。其中，短路枝节与介质板下层的地板连接，在仿真中建立一个垂直的金属片与地板连接即可，实际加工时使用金属化过孔代替；馈电枝节在仿真中使用离散端口给天线馈电，端口面垂直放置，一端连接地板，一端连接天线的馈电枝节。

需要说明的是，IFA 本质上是 1/4 波长谐振的单极子天线，故谐振枝节的长度 L 和天线净空 h 之和取值大致为 1/4 介质波长。

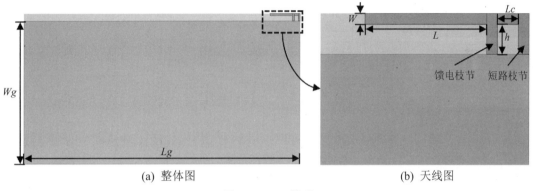

(a) 整体图   (b) 天线图

图 10.7 IFA 模型

本节设计的 IFA 使用了参数化的建模方法，天线各个部分的参数命名、取值以及变量的描述见表 10.2。

表 10.2 天线各参数取值

变量意义	变量名	变量值/mm	变量意义	变量名	变量值/mm
地板宽度	Wg	70	地板长度	Lg	140
天线净空	h	3.7	介质板厚度	hs	0.8
天线宽度	W	1	馈点位置	Lc	2.05
谐振枝节的长度	L	11.37			

1. 新建工程模板

双击软件图标打开软件，单击 New Template，创建新的工程模板。

单击 Microwaves & RF/Optical→Antenna→Next，进入选择工作流界面。

单击 Mobile Device Sub-6 GHz(Phone，Wearable，etc.)→Next，进入选择求解器界面。

单击 Frequency Domain→Next，进入选择单位界面。

单位使用默认即可，默认尺寸单位为 mm，默认频率单位为 GHz；单击 Next 按钮进入设置界面。

将最小频率和最大频率分别设为 3GHz 和 4GHz，之后单击 Next 按钮进入完成界面，如图 10.8 所示。确认无误后单击 Finish 按钮即可。

图 10.8　项目模板完成界面

2. 天线建模

1) 创建并定义变量

首先找到 CST 工作界面左下角的 Parameter List，如图 10.9 所示，在这里可以对模型设置变量。双击 Name 下面的<new parameter>即可输入变量的名称，输入完后双击 Expression 下面的空白处即可输入变量的取值。将表 10.2 中 IFA 所有变量的名称和取值全部对应输入即可。Description 是对变量的描述，有助于自己或他人对所定义的变量和模型的理解，此处可写可不写。

图 10.9　定义变量

2) 创建地板和介质板

首先创建一个地板，单击 Modeling 选项卡中的 ▪ 创建一个长方体，然后按<Esc>键直接进入赋值界面。地板的命名、取值以及材料的选取如图 10.10(a)所示，创建好的地板模型如图 10.10(b)所示。

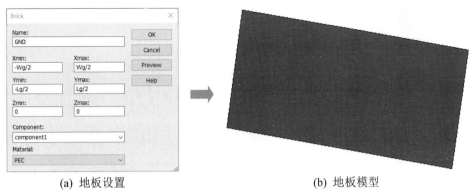

(a) 地板设置　　　　　　　　　　　　(b) 地板模型

图 10.10　创建地板

然后创建一个介质板，单击 Modeling 选项卡中的 🔲 创建一个长方体，然后按<Esc>键直接进入赋值界面。介质板的命名、取值如图 10.11(a)所示。介质板选用的材料是 FR4，可选的材料中没有这一材料，需要从 CST 的材料库中导入，如图 10.11(a)所示，在 Material 的下拉列表中单击 Load from Material Library…进入材料库对话框，如图 10.11(b)所示。然后在对话框上方的 Material 输入框中输入 FR-4，就会出现 FR4 材料的几种类型，这里单击有损耗的类型，也就是 FR-4(lossy)，然后单击对话框下面的 Load 按钮即可完成材料的导入。然后单击 OK 按钮完成对介质板的创建。

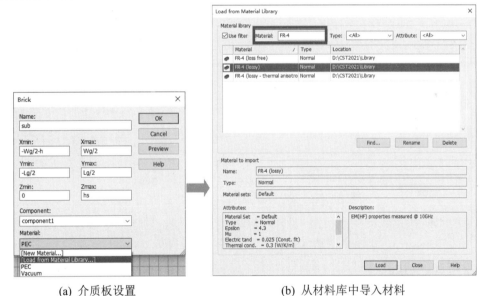

(a) 介质板设置　　　　　　　　　　　(b) 从材料库中导入材料

图 10.11　创建介质板

设置好材料后，此时会弹出图 10.12(a)所示的对话框，这说明地板与介质板重叠了，系统提示是否要进行布尔操作，但实际上地板是无厚度的理想薄金属面，位于介质板的表面，所以这一选项无须理会，在 Boolean combination 区域点选 None 选项，然后单击 OK 按钮即可。创建介质板后的模型如图 10.12(b)所示。

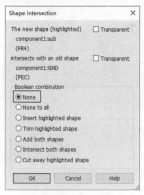

(a) 模型重叠对话框

(b) 创建介质板后的模型

图 10.12　介质板模型

　　然后就需要对 FR4 材料设置颜色和透明度。如图 10.13(a)所示，拉开 Materials 文件夹，右击 FR-4(lossy)弹出图 10.13(b)所示的快捷菜单，然后单击 Edit Material Properties…，弹出材料属性对话框，如图 10.13(c)所示，在 General 选项卡的 Color 区域将颜色改为深绿色，拖动 Transparency 下方的滑块将透明度调至适中即可。这里颜色可按照读者自己的喜好修改，没有特定的要求，但介质板设置透明度是为了可以看到介质板下面的地板，方便设置天线的短路壁和端口。PEC 可按照相同的方法设置颜色，设置完成后单击 OK 按钮即可。

(a) 拉开 Materials 文件夹　　　　(b) 快捷菜单　　　　(c) 材料属性对话框

图 10.13　设置材料颜色和透明度

3) 天线部分建模

　　首先需要创建 WCS，将建模的坐标移至介质板左上角。按<5>键将视角变成俯视图，然后单击 Modeling 选项卡中的 或者直接在英文输入法的情况下按<W>键，将坐标移至介质板左上角，出现坐标后双击进行确定即可，如图 10.14 所示。

　　注意：图 10.14 为创建好 WCS 后的结果，有时这一步骤创建的 WCS 的方向可能与图 10.14 中不一致，需要旋转 WCS 与其一致。否则后面的建模步骤将需要读者自行进行更改。

图 10.14 创建 WCS

　　然后开始创建天线的短路枝节部分,单击 Modeling 选项卡中的 创建长方体,然后按<Esc>键直接进入赋值界面。这里需要创建两个长方体,一个是短路枝节,一个是短路枝节末端与地板短路的金属壁,两者的建模操作如图 10.15 所示。

　　注意:上一步创建介质板时选用的材料是 FR4,之后如果创建一个新的结构,系统设置的材料就会变成 FR4,此时需要注意将材料改回 PEC。

(a) 创建短路枝节

(b) 创建短路壁

图 10.15 创建短路枝节和短路壁

　　接着创建天线的中间部分和馈电枝节,单击 Modeling 选项卡中的 创建长方体,然后按<Esc>键直接进入赋值界面。两者的建模操作如图 10.16 所示。

(a) 创建中间部分

(b) 创建馈电枝节

图 10.16 创建中间部分和馈电枝节

最后创建天线的谐振枝节，单击 Modeling 选项卡中的 创建长方体，然后按<Esc>键直接进入赋值界面。建模操作如图 10.17(a)所示。

以上就是整个 IFA 的建模操作，创建好的整体模型如图 10.17(b)所示。

(a) 创建谐振枝节

(b) 整体模型

图 10.17　创建谐振枝节和整体模型

3. 设置端口

首先需要将 WCS 移至馈电枝节的末端，单击 Modeling 选项卡中的 Align WCS 或者按<W>键，将 WCS 移至图 10.18(a)的位置。同样需要注意，此时 WCS 的方向可能与图 10.18(a)中不一致，需要旋转 WCS 或者读者自己根据实际情况设置端口。

确认 WCS 的方向与图 10.18(a)中一致后，单击 Simulation→Sources and Loads→Discrete Port，弹出离散端口设置对话框，端口的设置如图 10.18(b)所示。需要注意的是，图 10.18(a)中 WCS 的 w 轴正方向与 z 轴正方向相同，如果读者设置的 WCS 的 w 轴正方向与 z 轴正方向相反，就需要将图 10.18(b)中的 W2 由-hs 改为 hs。然后单击 OK 按钮完成端口的设置。

(a) 移动 WCS

(b) 设置离散端口

图 10.18　移动 WCS 并设置离散端口

4. 设置监视器

对于 IFA 来说，主要关注的是天线的匹配和方向图，其中匹配也就是 S 参数在天线仿真运行后在 1D Results 中自动给出，只需要设置远场监视器来查看天线的方向图。单击 Simulation→Monitors→Field Monitor，弹出监视器设置对话框，如图 10.19(a)所示。点选 Farfield/RCS 选项，其他选项保持默认即可，单击 OK 按钮。然后在 Navigation Tree→Field Monitors 中即可看到所设置的监视器，如图 10.19(b)所示。

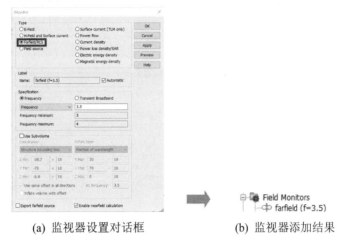

(a) 监视器设置对话框　　　　　　(b) 监视器添加结果

图 10.19　添加远场监视器

5. 设置求解器并运行仿真

本节 IFA 的仿真使用频域求解器，在开始设置工程模板时就已经选择过这一求解器，接下来将对其进行具体设置。单击 Simulation→Solver→Setup Solver，打开频域求解器设置对话框，如图 10.20(a)所示。这里需要更改一下最大迭代次数，系统默认的 8 次不能满足仿真要求，将其改为 15 即可，如图 10.20(b)所示。除了最大迭代次数以外，频域求解器设置对话框的其他选项使用系统默认即可。故设置好最大迭代次数后单击 OK 按钮，然后单击 Start 按钮，即可开始运行仿真。

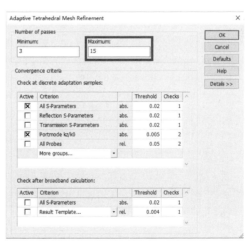

(a) 频域求解器设置对话框　　　　　　(b) 自适应四面体网格改进对话框

图 10.20　频域求解器设置

6. 查看仿真结果

1) 查看谐振频率

单击 Navigation Tree→1D Results 文件夹前面的 ⊞，展开天线的 1D 结果，如图 10.21 所示。这里主要查看 S-Parameters、VSWR 和 Z Matrix 这 3 个结果。

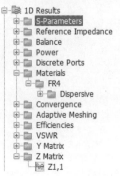

图 10.21   1D Results

首先单击 S-Parameters 查看天线的反射系数，结果如图 10.22(a)所示。可以看到，天线的谐振频率正好在 3.5GHz，-10dB 阻抗带宽是 396MHz，3.5GHz 时的反射系数为-43.89dB。另外，单击 1D Plot 选项卡中的 Smith Chart 即可查看 S_{11} 在圆图中的结果，如图 10.22(b)所示。圆图中 3 这一个 Maker 点的谐振频率为 3.5GHz，基本位于圆图中心点，说明此时天线的输入阻抗实部接近 50Ω，虚部接近于 0。

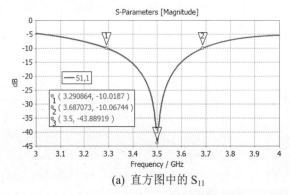
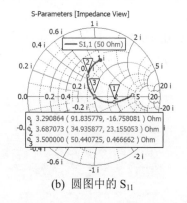

(a) 直方图中的 S_{11} (b) 圆图中的 S_{11}

图 10.22 S_{11} 结果

然后通过电压驻波比查看天线的谐振频率。单击 Navigation Tree→1D Results→VSWR，即可看到图 10.23 所示的电压驻波比随频率的变化关系。可以看到，3.5GHz 这个频点正好是电压驻波比最接近 1 的点，此时的反射系数也达到最小值。另外，从电压驻波比与反射系数之间的关系得出，反射系数为-10dB 时对应的电压驻波比大约是 1.92，将其频带用 Maker 标记出来后可以看到，天线在电压驻波比为 1.92 时的带宽与反射系数为-10dB 的带宽基本对应，谐振频率点也在同一点上。

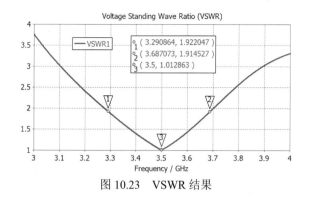

图 10.23　VSWR 结果

接着通过 **Z** 参数来查看天线的谐振频率。单击 Navigation Tree→1D Results→Z Matrix，然后单击 1D Plot 选项卡中的Real/Imag ▼查看输入阻抗曲线的实部和虚部，如图 10.24(a)所示。然后在曲线图中单击鼠标右键，在弹出的快捷菜单中单击 Show Axis Maker 使用坐标轴的标记，如图 10.24(b)所示。可以看到，3.5GHz 这一频点输入阻抗的实部接近 50Ω，虚部接近于 0，这也与图 10.22(b)中的结果相对应。

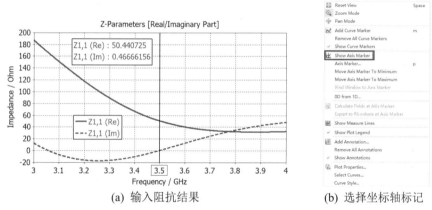

(a) 输入阻抗结果　　　　　　　　(b) 选择坐标轴标记

图 10.24　输入阻抗结果和选择坐标轴标记

2) 查看方向图

单击 Navigation Tree→Farfields 文件夹前面的，展开天线的远场结果，如图 10.25(a)所示。然后单击 farfield(f=3.5)[1]即可查看天线的 3D 远场方向图，勾选顶部菜单栏 Farfield Plot 中的 Show Structure 即可同时查看天线结构和方向图，如图 10.25(b)所示。然后展开 Farfield Cuts 即可看到图 10.25(c)中的选项，分别单击 Phi=0、Phi=90 和 Theta=90 即可分别查看天线 3D 远场方向图的三个切面，分别如图 10.25(d)、10.25(e)、10.25(f)所示，在切面方向图右下方的文本框中可以看到当前频率点、主波束幅度、主波束方位角、3dB 波束宽度和旁瓣电平这几个信息。

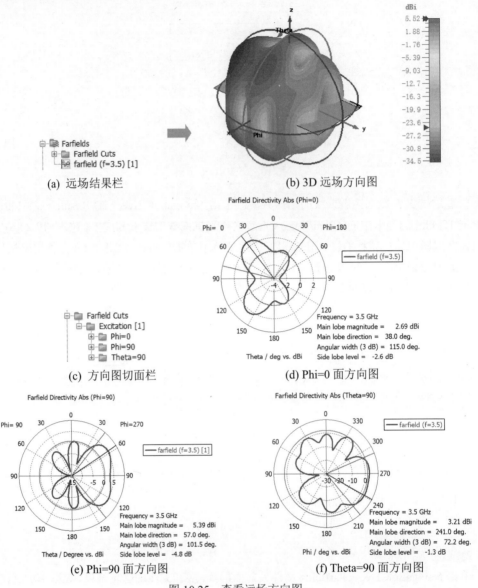

(a) 远场结果栏

(b) 3D 远场方向图

(c) 方向图切面栏

(d) Phi=0 面方向图

(e) Phi=90 面方向图

(f) Theta=90 面方向图

图 10.25　查看远场方向图

10.2.3　IFA 的结构参数分析

这里主要观察 IFA 的 3 个结构参数对天线谐振频率和带宽的影响，观察的参数有：天线的净空 h、馈电枝节位置 Lc 和天线的谐振长度 L。

1. IFA 的净空 h 对天线的影响

单击 Home 选项卡中的 Par.Sweep，弹出参数扫描对话框，如图 10.26(a)所示。然后依次单击 New Seq.和 New Par...按钮弹出设置参数对话框，具体设置如图 10.26(b)所示。设置完成后单击 OK 按钮，然后在参数扫描对话框中单击 Start 按钮。之后会弹出图 10.26(c)所示的对话框，此处点选 Delete current results(keep parametric results and cache)选项，然后单击 OK 按钮即可开始参数扫描。

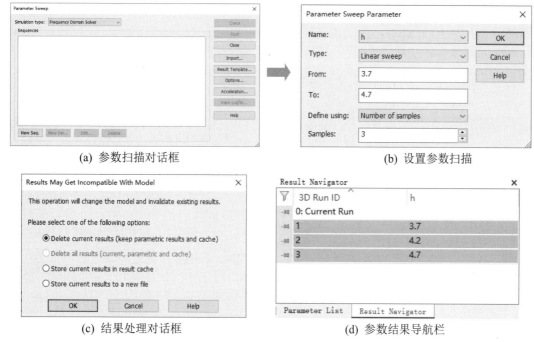

(a) 参数扫描对话框   (b) 设置参数扫描

(c) 结果处理对话框   (d) 参数结果导航栏

图 10.26　对天线净空 h 设置参数扫描分析

参数扫描完成后，首先单击 Navigation Tree→1D Results→S-Parameters 查看天线的反射系数。然后单击 CST 工作界面下面的 Result Navigator 将 Parameter List 切换成 Result Navigator(如果已经自动切换就不用这一步)，切换后如图 10.26(d)所示。然后按住<Ctrl>键，分别单击 3D Run ID 下的序号 1、2、3。

首先看到的是圆图中的结果，如图 10.27(a)所示。从圆图中可以看到，随着天线净空 h 的增加，S 参数的曲线逐渐往圆图的右上角移动，这说明天线的输入阻抗实部整体增加，虚部感性逐渐增强。

然后单击 1D Plot 选项卡中的 dB 将 S 参数切换到直方图中显示，并单击鼠标右键，在弹出的快捷菜单中单击 Show Axis Marker，结果如图 10.27(b)所示。可以看到，随着天线净空 h 的增加，谐振频率逐渐往低频移动。

实际上，增大 IFA 的净空 h 有利于天线的辐射，可以增加天线的带宽。如图 10.27(b)所示，反射系数直方图中增加天线的净空 h 带宽反而略有降低，这是因为 S1,1(h=3.7)的曲线是将其匹配到最佳的情况，此时的带宽达到最大值。而 S1,1(h=4.2)和 S1,1(h=4.7)这两条曲线没有匹配到最佳状态。

然后单击 1D Results→Z Matrix 观察天线的输入阻抗变化，结果如图 10.28 所示。可以看到，随着天线净空 h 的增加，在 3.5GHz 这一频率点天线的阻抗实部逐渐增加，虚部的感性也逐渐增强，这与圆图中的结果相对应。

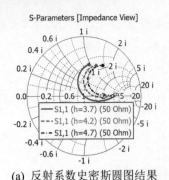

(a) 反射系数史密斯圆图结果

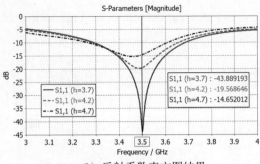

(b) 反射系数直方图结果

图 10.27　改变天线净空 h 反射系数的变化

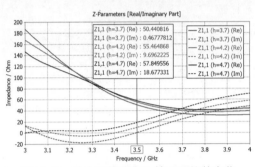

图 10.28　改变天线净空 h 输入阻抗的变化

2. 馈点位置 Lc 对天线性能的影响

注意：CST 参数扫描结束后，之前在 Parameter List 中设置的参数会变成参数扫描的最后一个参数的结果，所以此时需要把 h 重新改成 3.7。改完后，单击左侧 Navigation Tree 中的 Components 打开 3D 模型窗口，在出现 Some variables have been modified. Press 'Home: Edit->Parametric Update (F7)' 后，按 <F7>即可。

单击 Home 选项卡中的 Par. Sweep，弹出参数扫描对话框，如图 10.29(a)所示。首先将之前对 h 的参数扫描选项删除，单击 Sequence 1 下的 h=2.7,3.7,4.7(3，Linear)，然后单击 Delete 按钮。再设置对 Lc 的参数扫描分析，单击 New Par…按钮弹出设置参数对话框，具体设置如图 10.29(b)所示。设置完成后单击 OK 按钮，然后在参数扫描对话框中单击 Start 按钮。

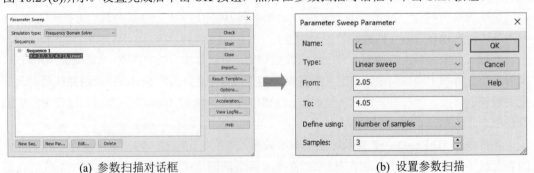

(a) 参数扫描对话框　　　　　　　　　　　(b) 设置参数扫描

图 10.29　对馈点位置 Lc 进行参数扫描分析

参数扫描完成后，首先单击 Navigation Tree→1D Results→S-Parameters 查看天线的反射系数。然后单击 CST 工作界面下面的 Result Navigator 将 Parameter List 切换成 Result Navigator。然后按住<Ctrl>键，分别单击 3D Run ID 下的序号 1、4、5，它们分别代表当 h=3.7 时，Lc 取 2.05、3.05 和 4.05 时的结果，结果如图 10.30(a)所示。可以看到，随着间距 Lc 的增大，天线的谐振频率逐渐往高频移动。然后单击 1D Plot 选项卡中的 Smith Chart 将 S 参数切换到圆图中显示，结果如图 10.30(b)所示。可以看到，随着 Lc 的增大，在圆图中 S 参数的曲线整体逐渐往左下角移动。也就是说，随着 Lc 的增大，天线输入阻抗的实部逐渐减小，虚部的容性逐渐增强。

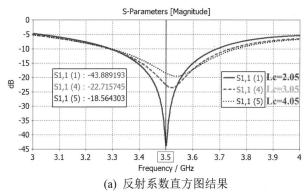

(a) 反射系数直方图结果   (b) 反射系数史密斯圆图结果

图 10.30 改变馈点位置 Lc 反射系数的变化

然后单击 1D Results→Z Matrix 观察天线的输入阻抗变化，结果如图 10.31 所示。可以看到，随着馈电位置 Lc 的增加，在 3.5GHz 这一频率点天线的阻抗实部逐渐减小，虚部的容性也逐渐增强，这与圆图中的结果相对应。

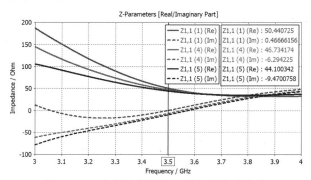

图 10.31 改变馈点位置 Lc 输入阻抗的变化

3. 谐振枝节的长度 L 对天线性能的影响

首先将 Lc 改回 2.05。然后单击 Home 选项卡中的 ⟋Par. Sweep，弹出参数扫描对话框，将上一步对 Lc 的参数扫描设置删除，即单击 Sequence 1 下的 Lc=2.05, 3.05,4.05(3, Linear)，然后单击 Delete 按钮。单击 New Par...按钮弹出设置参数对话框，具体设置如图 10.32 所示。设置完成后单击 OK 按钮，然后在参数扫描对话框中单击 Start 按钮。

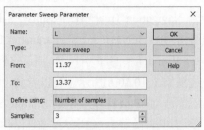

图 10.32　对谐振枝节的长度 L 进行参数扫描分析

参数扫描完成后，首先单击 Navigation Tree→1D Results→S-Parameters 查看天线的反射系数。然后单击 CST 工作界面下面的 Result Navigator 将 Parameter List 切换成 Result Navigator。然后按住<Ctrl>键，分别单击 3D Run ID 下的序号 1、6、7，它们分别代表当 h=3.7、Lc=2.05 时，L 取 11.37、12.37 和 13.37 的结果，结果如图 10.33 所示。

首先看到的是圆图中的结果，如图 10.33(a)所示。可以看到，随着 L 的增大，在圆图中 S 参数的曲线整体逐渐往上方移动。也就是说，随着 L 的增大，天线输入阻抗的实部逐渐减小，虚部的感性逐渐增强。

然后单击 1D Plot 选项卡中的 dB 将 S 参数切换到直方图中显示，结果如图 10.33(b)所示。可以看到，随着 L 的增大，天线的谐振频率逐渐往低频移动。

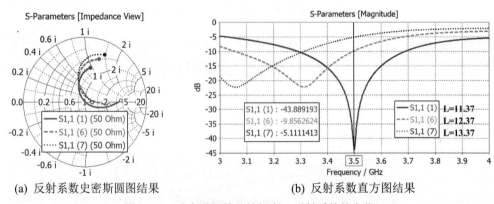

(a) 反射系数史密斯圆图结果　　　　　　　　(b) 反射系数直方图结果

图 10.33　改变谐振枝节的长度 L 反射系数的变化

然后单击 1D Results→Z Matrix 观察天线的输入阻抗变化，结果如图 10.34 所示。可以看到，随着 L 的增大，在 3.5GHz 这一频率点天线的阻抗实部逐渐减小，虚部的感性也逐渐增强，这与圆图中的结果相对应。

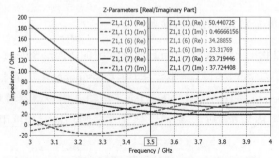

图 10.34　改变谐振枝节的长度 L 输入阻抗的变化

10.3 MIMO 天线与去耦

本节参阅本章参考文献[15]进行 MIMO 天线的设计。

本节首先介绍了 MIMO 天线的工作原理以及其设计需要用到的重要指标，然后介绍了天线耦合的形成机制和几种去耦的技术，最后对其中一种去耦方法 *LC* 去耦进行了仿真建模。

10.3.1 MIMO 天线概述

1. MIMO 天线的定义

MIMO 系统中的 MIMO(Multiple-Input Multiple-Output)在字面上表示多输入多输出的意思。在实际工程中，MIMO 无线通信系统表示在发射端和接收端都使用两个或两个以上天线的通信系统，其能通过空分复用和分集两种方式提高通信质量。图 10.35 所示为 MIMO 系统的简化模型。

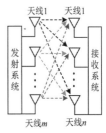

图 10.35　MIMO 系统的
简化模型

在 MIMO 无线通信系统中，任意一对收发天线之间的路径衰落都是独立的，这构成了多个并行的空间子信道，将需要发送的数据流分割为不同数据流，再由不同的子信道同时发出，数据的传输速率便可以成倍增长并且不占用额外的频谱资源。由于使用了多个天线，其优点是增加无线数据的信号路径，并提高传输速率和链路的可靠性。

2. MIMO 天线的重要指标

1) 隔离度

MIMO 天线系统在工作时，若天线单元之间存在能量耦合，则会降低信道之间的独立性，影响分集效果，降低信道容量和通信的速率。为了描述耦合强度，引入了隔离度的概念，隔离度越高，说明天线单元间的相互影响越小，MIMO 无线通信系统性能越好。在实际产品设计中，手机天线间的隔离度一般要求高于 10 dB。

端口隔离度表征的仅仅是电路网络参数，与天线的方向图没有必然联系，而信道之间的相关性与天线的方向图密切相关，因此，仅仅通过端口隔离度不能全面地评估多天线系统的性能。因此，我们引入包络相关系数的概念。

2) 包络相关系数

包络相关系数(Envelope Correlation Coefficient, ECC)是衡量两天线空间耦合强度的物理量，由式(10-1)来表示

$$\text{ECC} = \frac{\left| \iint_{4\pi} \vec{F}_i(\theta, \varphi) \cdot \vec{F}_j^*(\theta, \varphi) \, d\Omega \right|^2}{\iint_{4\pi} \left| \vec{F}_i(\theta, \varphi) \right|^2 d\Omega \cdot \iint_{4\pi} \left| \vec{F}_j(\theta, \varphi) \right|^2 d\Omega} \tag{10-1}$$

其中，$\vec{F}_i(\theta,\varphi)$ 和 $\vec{F}_j(\theta,\varphi)$ 分别表示两个天线分别激励时的远场矢量，分母的两项积分对

应于两个天线的辐射功率，分子对应于两个天线远场分量的内积，与两天线的空间耦合强度有关。

显然，ECC 越低，天线间的相关性越弱，MIMO 系统的分集增益就越高。由式(10-1)可知，降低 ECC 有两个方法。第一个方法是让两个天线的极化正交，即 $\vec{F}_i(\theta,\varphi)$ 和 $\vec{F}_j(\theta,\varphi)$ 正交，内积自然为 0。第二种方法是让两个天线的方向图互补，例如，一个为边射方向图，而另一个为端射方向图，式(10-1)的分子始终有一项趋于 0，内积结果同样趋于 0。

利用式(10-1)计算 ECC 需要先得到两个天线的 3D 方向图数据，测量相对比较复杂，一般要用到多探头测量系统。在工程应用中，有时会用 S 参数做粗略估计，计算方法如式(10-2)所示。由式(10-2)可知，当耦合系数 S_{ij} 等于 0 时，ECC 结果为 0。但要注意的是，这种计算方法是不准确的，一般不建议使用。

$$\text{ECC} = \frac{\left|S_{ii}^*S_{ij} + S_{ji}^*S_{jj}\right|^2}{\left[1 - \left(\left|S_{ii}\right|^2 + \left|S_{ji}\right|^2\right)\right]\left[1 - \left(\left|S_{jj}\right|^2 + \left|S_{ij}\right|^2\right)\right]} \tag{10-2}$$

10.3.2　天线的去耦技术

MIMO 天线单元之间的耦合会增加信道间的相关性，降低 MIMO 系统的分集增益和数据吞吐率。对于移动终端设备而言，多个天线分布于狭小的空间内，耦合问题尤为严重，天线去耦是终端天线设计的重点和难点。下面将讲解耦合形成的机制，并介绍几种去耦技术。

1. 耦合形成的机制

天线之间的耦合可分为 3 种形式，分别是空间波耦合、表面波耦合和共地电流耦合。图 10.36(a)所示为空间波耦合，当天线 2 出现在天线 1 的波束范围内时，天线 2 表面会感应出电流，馈至端口 2，形成耦合；当其中一个天线的主波束对着另一个天线时，天线间的空间波耦合最强。图 10.36(b)所示为表面波耦合，表面波可以在金属表面和介质板中传播，当介质基板越厚、介电常数越大时，表面波分量越多，耦合越强。图 10.36(c)所示为共地电流耦合，两个天线共用一块金属地板，其中一个天线的回地电流会耦合到另一个天线及其馈电端口，形成传输路径；特别地，当两个天线在地板上的电流极化方向相同且幅度分布有重叠区域时，耦合较强。

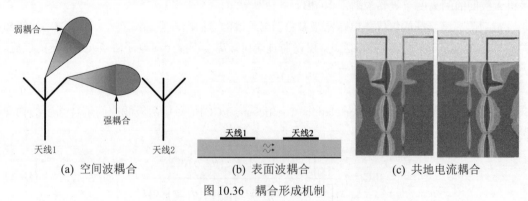

(a) 空间波耦合　　　　(b) 表面波耦合　　　　(c) 共地电流耦合

图 10.36　耦合形成机制

2. 天线去耦方法

1) 正交去耦和奇偶模去耦

众所周知，极化正交的两个天线很难通过场和路彼此交换电磁能量，因而天然具有高隔离的特性。正交去耦[1,2]正是利用了这个思想，将天线正交摆放，或者选择合适的端口位置，激励起天线的正交模式，使两个天线在间距小于半个工作波长的情况下，仍能保证很高的隔离效果。2009 年，新加坡国立大学陈志宁团队提出了一种适用于便携设备的宽带高隔离分集天线，其结构如图 10.37(a)所示。两个带有缝隙的辐射单元对称摆放，为了使两个天线极化电流正交，选择在左下角和右下角分别激励天线，最终在 3.1~5GHz 的工作带内实现了高于 20dB 的隔离度。2018 年，清华大学 Sun 等提出了一款适用于 5G 手持终端设备的紧凑型 MIMO 天线。如图 10.37(b)所示，天线结构由一个弯折单极子和一个边馈偶极子构成，端口 1 激励的模式电流主要沿 x 轴方向，而端口 2 激励的模式辐射主要由 y 轴方向的电流贡献。因此，尽管两个天线紧凑布置，仍能保证很好的端口隔离效果。

奇偶模去耦[3]原理与正交去耦相似，奇模指的是电场分布呈奇对称的模式，一般可由差模信号激励天线产生；偶模指的是电场分布呈偶对称的模式，一般由共模信号激励天线产生。对于很多结构对称的天线而言，奇模和偶模产生的电流分布或者辐射方向图往往是正交的，因此能实现很好的端口隔离。基于奇偶模去耦的思想，本章参考文献[3]利用手机金属边框设计了一款由开口缝隙天线对组成的 MIMO 天线。如图 10.37(c)所示，中间断开的金属边框与地板构成了两个对称的开口缝隙，当两个缝隙被差分激励时，缝隙内电场呈奇对称分布，天线工作于同相电流模式，该模式产生 y 方向极化辐射；当采用 Y 形微带馈电网络同相激励两缝隙时，缝隙内电场呈半波偶对称分布，此时产生的辐射为 x 方向极化。由于两模式极化正交，结构紧凑，非常适用于 5G 智能终端设备。

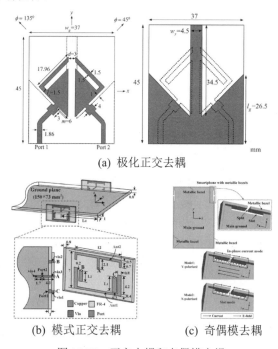

(a) 极化正交去耦

(b) 模式正交去耦　　(c) 奇偶模去耦

图 10.37　正交去耦和奇偶模去耦

2) 谐振器和缺陷地去耦

谐振器去耦[4]是指在两个天线单元之间引入微带谐振器，用以降低天线间的耦合强度，谐振器可以是末端短路的 1/4 波长谐振器，也可以是两端开路的半波长谐振器，通常采用弯折等形式进行小型化设计。其去耦原理可以从以下两个角度进行讲解：从波的传播路径来看，谐振器在谐振时起到带阻作用，抑制了相邻两个天线的能量耦合；从辐射场的角度来看，谐振器产生的二次辐射抵消了原来的耦合信号。通常情况下，引入多个谐振器可以解决宽频带互耦问题，但是，多个去耦谐振器单元间的复杂耦合关系极大地增大了调谐难度。2017 年，英国肯特大学 Xu 等通过在两个去耦谐振器中间额外引入一个金属边界[图 10.38(a)]，有效地提高了去耦谐振器间的独立性，即有效解决了两个天线单元间的多个去耦谐振器相互影响的问题。该去耦结构不受去耦单元数目的限制，换句话说，引入(N−1)个金属边界条件可以解决 N 个去耦谐振器间调谐时相互影响的问题。由于谐振器的加载方式灵活多样，结构紧凑，且易于与边框和壳体共形，在终端天线中受到了广泛的关注。

缺陷地去耦[5,6]是指在两个天线单元共用的地板上刻蚀缝隙[图 10.38(b)、10.38(c)]，引入缝隙谐振模式，本质上其去耦原理与谐振器去耦类似。在 Sub-6 GHz 频段，缝隙需要满足 1/4 波长或半波谐振条件，尺寸较大，破坏了地板的完整性，影响多层 PCB 上射频走线的性能，限制了其在实际中的应用。

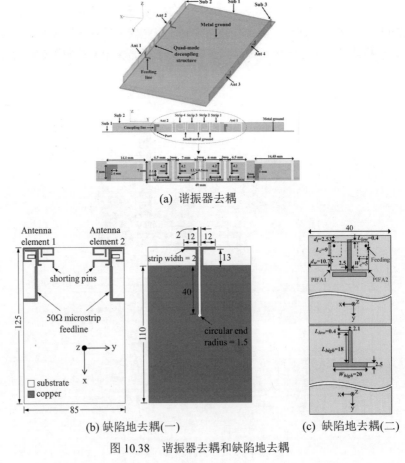

(a) 谐振器去耦

(b) 缺陷地去耦(一)　　　　(c) 缺陷地去耦(二)

图 10.38　谐振器去耦和缺陷地去耦

3) 中和线去耦

中和线去耦[7-9]是指在两个天线上选择合适的位置，然后用一根传输线将两个天线连接起来。其工作原理是一天线耦合至另一天线的能量与中和线传递过来的能量抵消，从而达到天线之间隔离的效果。中和线与天线的相对位置决定传输能量的幅度，中和线的长度则决定传输能量的相位。本章参考文献[7]首次提出了利用中和线提高紧凑摆放的两个 IFA 的隔离度，其结构如图 10.39(a)所示。后来，由于中和线技术在有限频带内去耦效果明显且易于实现，被广泛应用到终端 MIMO 天线的设计中[8,9]，如图 10.39(b)、10.39(c)所示。但是，由于补偿的信号相位随频率变化，传统的中和线仅适用于天线间的窄带去耦。

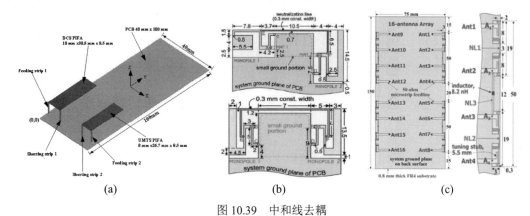

图 10.39 中和线去耦

4) 电路网络去耦

电路网络去耦[10,11]是指在两个天线的馈电端插入一个四端口的电路网络，并使得该网络的两个输入端口间隔离。电路网络去耦可以看成是外加电路网络引入的耦合与原耦合信号抵消；也可以理解为，天线与去电路间属于网络级联，级联后使得网络端参数发生了改变。图 10.40 所示为本章参考文献[10]和[11]提出的电路网络去耦结构。在图 10.40(b)中，两个单极子的馈线间引入 T 形微带网络实现去耦，去耦结构与中和线颇为相似，不同的地方在于：中和线一般加在辐射体上，而去耦电路加在馈电网络上；中和线一般需要通过 3D 电磁场仿真确定，而去耦电路网络仅通过网络参数综合就能确定和定量计算。

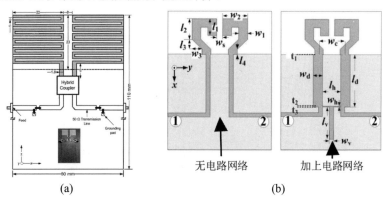

图 10.40 电路网络去耦

5) 反射面去耦

反射面去耦[12,13]是指在天线阵列上方放置周期性的平面反射结构，天线辐射的电磁波在此面上会发生反射和透射，反射面的高度影响了反射波的相位，而反射面上周期单元的形状、大小和疏密则同时影响了反射波的幅度和相位。若反射回来的电磁波和原来的耦合信号幅度相等且相位相反，则相互抵消，达到完全去耦的效果。反射面去耦在机理上和谐振器去耦类似，利用了二次辐射波与原信号的抵消。图 10.41(a)、10.41(b)所示的天线分别利用金属反射面和超材料反射面实现了天线的去耦。由于反射波的相位受反射面的高度影响，因此单层反射面去耦同样存在着带宽受限的问题。

(a) 金属反射面去耦

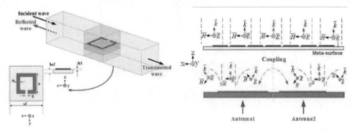

(b) 超材料反射面去耦

图 10.41　反射面去耦

6) LC 加载去耦

图 10.42 所示为 LC 加载去耦的两种结构，一般在两个天线之间添加 LC 集总元件。根据本章参考文献[14]和[15]，其去耦步骤和原理是：首先通过计算分析出两天线之间的互耦阻抗，然后在两个天线的短路臂(电流最大处)加载电容，或在谐振臂末端(电流最小处)加载电感，使两个天线端口之间的互耦阻抗为 0，从而达到去耦的效果。从耦合的形态来看，电感加载是引入磁耦合，与原天线的电耦合抵消；电容加载则是引入电耦合，与原天线的磁耦合抵消。

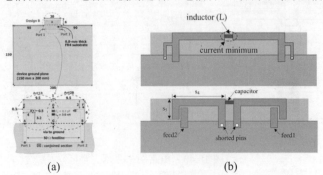

(a)　　　　　　　　　(b)

图 10.42　LC 加载去耦

7) 差模共模相消去耦

差模共模相消去耦的方法在本章参考文献[16-18]中被提出，其原理可从以下两个角度进行理解：从 S 参数的角度分析，式(10-3)中的 S_{dd11} 为差模反射系数，式(10-4)中的 S_{cc11} 为共模反射系数，从式(10-5)中可知，当 S_{dd11} 等于 S_{cc11} 时，S_{12} 等于 0。换句话说，当差模和共模信号激励时，并且两者在同一频段下同时实现近似相等的反射系数($S_{dd11} \approx S_{cc11}$)，则两个天线在端口上达到高隔离。从场的角度分析，如图 10.43(a)所示，当端口 1 和端口 2 同相激励时(共模信号激励)，天线等效为两个 y 向磁流辐射；而当两端口反相激励时(差模信号激励)，天线等效为两个 x 向磁流辐射；两者极化正交，因此具有天然的高隔离。清华大学 Sun 等在这方面做了大量的研究工作，部分天线结构如图 10.43(b)、10.43(c)所示，通过容性或感性加载，使两个天线在差模和共模激励下同时实现良好匹配，最终使得相距非常近的两个天线具有很好的隔离性能。

$$S_{dd11} = S_{11} - S_{12} \tag{10-3}$$

$$S_{cc11} = S_{11} + S_{12} \tag{10-4}$$

$$S_{cc11} - S_{dd11} = S_{12} \tag{10-5}$$

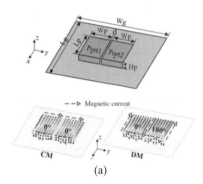
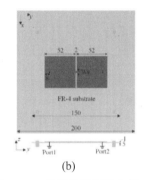
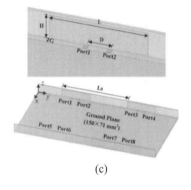

(a)   (b)   (c)

图 10.43 差模共模相消去耦

10.3.3 MIMO 天线的仿真设计

本节设计的模型参阅了本章参考文献[15]，所设计的模型如图 10.44 所示，模拟了实际手机中的一对 MIMO 天线。天线的矩形地板尺寸与普通手机尺寸相当，一对 IFA 对称地放置于地板边沿一侧，两辐射单元的开路端靠近，彼此存在着较强的耦合。本节将基于 10.3.2 节的 LC 加载去耦技术，详细介绍该天线去耦的设计过程。

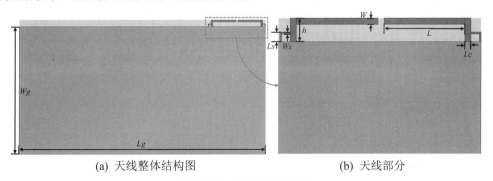

(a) 天线整体结构图   (b) 天线部分

图 10.44 MIMO 天线模型

1. MIMO 天线的建模

本节的模型只需将 10.2 节 IFA 的模型稍作修改就可完成。所以首先将 10.2 节的 CST 文件复制一份并打开，然后添加 Ws 和 Ls 这两个参数，并更改 Lc 和 L 的取值，然后按<F7>键更新参数。各参数具体的取值见表 10.3。

表 10.3　更改参数列表

变量意义	变量名	变量值/mm	变量意义	变量名	变量值/mm
地板宽度	Wg	70	地板长度	Lg	140
天线净空	h	3.7	介质板厚度	hs	0.8
天线宽度	W	1	馈点位置	Lc	1.4
谐振枝节的长度	L	13.1	短路枝节的宽度	Ws	0.3
短路枝节高度	Ls	1.5			

然后需要对之前的 IFA 结构稍作更改。如图 10.45(a)所示，双击 Navigation Tree→Component→component1→center，弹出历史树对话框，如图 10.45(b)所示。然后双击 Define brick 弹出模型设置对话框，具体更改如图 10.45(c)所示。设置完成后单击 OK 按钮。

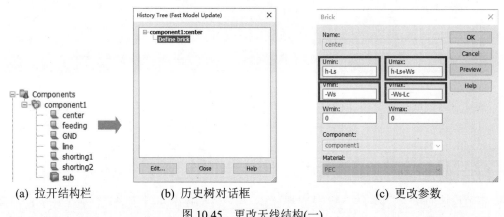

(a) 拉开结构栏　　　　(b) 历史树对话框　　　　(c) 更改参数

图 10.45　更改天线结构(一)

按照上面的方法依次修改 feeding、line、shorting1 和 shorting2，具体设置如图 10.46 所示。

然后需要对整个天线部分进行镜像复制来创建另一个 IFA 单元。首先设置 WCS，按<W>键，并将鼠标移至 IFA 谐振枝节底部的中间，出现坐标后鼠标在当前位置双击即可建立 WCS，如图 10.47(a)所示。然后单击 Modeling 选项卡中的 Transform WCS，弹出转换坐标系对话框，如图 10.47(b)所示，在对话框中将 DV 设置为-0.5，即 WCS 向 v 轴的负方向移动 0.5mm，设置完成后单击 OK 按钮。移动成功后的结果如图 10.47(c)所示。

(a) 更改馈电枝节参数

(b) 更改谐振枝节参数

(c) 更改短路枝节参数(一)

(d) 更改短路枝节参数(二)

图 10.46　更改天线结构(二)

(a) 建立 WCS

(b) 移动 WCS

(c) 移动后结果

图 10.47　设置 WCS

　　然后对天线进行镜像复制，这时可以将端口一并复制。天线和端口一并复制的方法如下：按住<Ctrl>键，分别单击 Navigation Tree→Component→component1 中的 center、feeding、line、shorting1 和 shorting2 以及 Navigation Tree→Ports 中的 port1，如图 10.48(a)、10.48(b)所示。然后单击 Modeling→Transform 展开下拉列表，如图 10.48(c)所示，单击 Mirror…，弹出 Transform Selected Object 对话框，如图 10.48(d)所示，在对话框中勾选 Copy 选项，然后在 V 中输入 1，表示以 *wu* 面为镜像面进行镜像复制，设置完成后单击 OK 按钮。镜像复制成功的天线部分模型如图 10.48(e)所示。

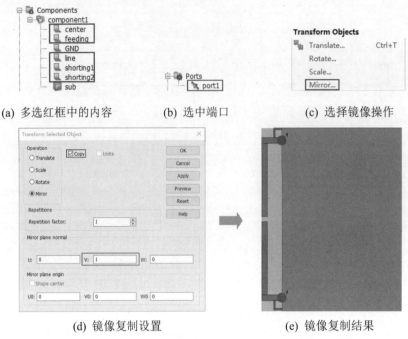

(a) 多选红框中的内容   (b) 选中端口   (c) 选择镜像操作

(d) 镜像复制设置   (e) 镜像复制结果

图 10.48　镜像复制 IFA 和端口

以上就是两单元的 MIMO 天线设计过程，接下来单击 Simulation→Solver→Setup Solver→Start，即可开始仿真。

2. 查看仿真结果

1) 查看 S 参数

单击 Navigation Tree→1D Results→S-Parameter 查看天线的 S 参数。结果如图 10.49 所示，图中 S2,1 和 S1,2 的绝对值即为两个 IFA 的隔离度。可以发现，此时的隔离度较差，最小值在 4dB 和 5dB 之间，远远达不到天线设计所能接受的要求。

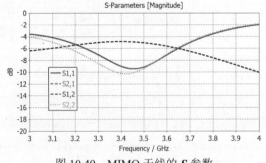

图 10.49　MIMO 天线的 S 参数

2) 查看 ECC

在 CST 中，ECC 的查看方法如下：

(1) 单击 Post-Processing 选项卡中的 Result Templates，弹出 Template Based Post-Processing 对话框，如图 10.50(a)所示。

(2) 在此对话框中，首先单击第一个下拉选项 2D and 3D Field Results 出现图 10.50(b)所示的内容，单击 Farfield and Antenna Properties。

(3) 然后单击第二个下拉选项 Add new post-processing step 出现图 10.50(c)所示的内容，单击 Diversity Gain and Correlation(from S-Parameters)弹出图 10.50(d)所示的对话框，对话框的设置使用系统默认即可，单击 OK 按钮。

(4) 之后 Template Based Post-Processing 对话框就会出现图 10.50(e)所示的内容，然后先选中所设置的后处理模板条目，再单击 Evaluate 按钮就可以计算 ECC。

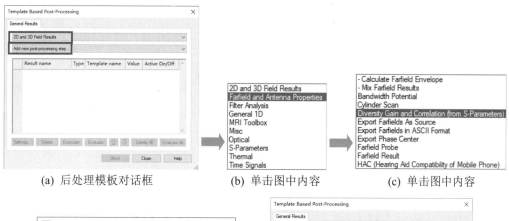

(a) 后处理模板对话框　　　　(b) 单击图中内容　　　　(c) 单击图中内容

(d) 设置 ECC　　　　　(e) 计算 ECC

图 10.50　计算 ECC

计算出的结果如图 10.51 所示，可以发现，在天线的谐振频率为 3.5GHz 左右，ECC 的值都在 0.3 以上，说明两个天线之间的耦合较为严重。

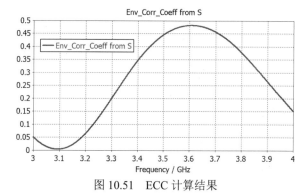

图 10.51　ECC 计算结果

10.3.4　MIMO 天线的去耦设计

为了解决上述两单元 MIMO 天线耦合较为严重的问题，本书参考了相关论文中的结构，采用了在两个 IFA 之间添加电感的方法实现了 MIMO 天线的去耦设计。

设计的方法如下：首先关闭后处理模板，然后切换到 3D 模型的窗口，单击 Simulation 选项卡中的 Pick Points 或者按<M>键，然后将鼠标移至其中一个 IFA 单元谐振枝节的顶部中间的位置，出现图 10.52(a)所示的情况时在该位置双击确定。采用同样的方法将两个 IFA 谐振枝节的顶部都标记上点，如图 10.52(b)所示。然后添加集总元件，单击 Simulation 选项卡中的 Lumped Element 打开 Lumped Network Element 对话框，如图 10.52(c)所示。在此对话框中只需将 L 设置为 3.4*10^-8，其他选项保持默认即可，设置完成后单击 OK 按钮确认。这样就完成了集总元件的添加，添加完成后整个天线的模型如图 10.52(d)所示。

以上就是 MIMO 天线的去耦设计，确认模型设置无误后即可单击 Simulation→Solver→Setup Solver→Start 开始仿真。

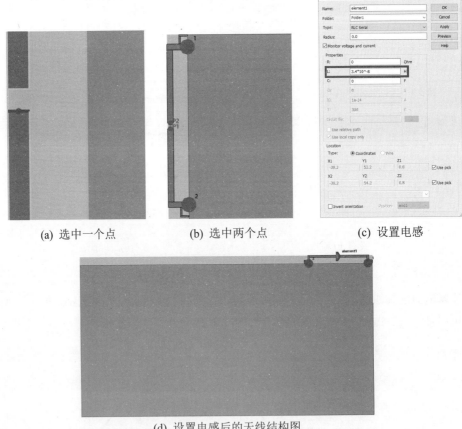

(a) 选中一个点　　　　　　(b) 选中两个点　　　　　　(c) 设置电感

(d) 设置电感后的天线结构图

图 10.52　添加集总元件

仿真完成后，首先查看天线的 **S** 参数，单击 Navigation Tree→1D Results→S-Parameter，结果如图 10.53 所示。可以发现，在两个单元的 IFA 都匹配的情况下，天线的隔离度都能保持在 12.5dB 以上，此时的隔离度已经能够满足 MIMO 天线的设计要求。

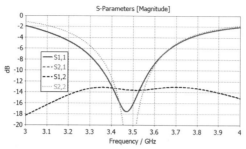

图 10.53　去耦后 MIMO 天线的 **S** 参数

然后查看天线的 ECC，单击 Navigation Tree→Tables→1D Results→Env_Corr_Coeff from S 即可查看 ECC，结果如图 10.54 所示。可以发现，在天线的谐振频率点为 3.5GHz 附近的 ECC 都能保持在 0.04 以下，这也满足 MIMO 天线的设计要求。

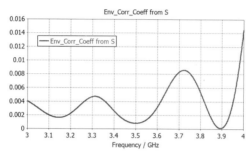

图 10.54　去耦后 MIMO 天线的 ECC

10.4 slot 与手机边框天线

早期智能手机的外壳材质以 PC 塑料(聚碳酸酯)和 ABS 塑料(丙烯腈、苯乙烯、丁二烯的聚合体)等工程材料为主，工程材料耐用性好，配色多样性高，加工技术成熟，成本低廉。但是，在 2010 年，苹果公司对手机边框工艺做出了革新，首次推出了金属边框手机 iPhone 4，其很快成了市场的新宠，之后，手机金属化边框/外壳成了主流设计。为了在手机有限的空间下放置更多的天线，苹果公司首创地将金属边框设计为天线，实现了机械性能、美学外观和电气性能的高度融合。为兼顾不同的通信频段，手机的金属边框一般被截断成多个部分，产生不同的谐振频率。

在实际应用中，由于金属边框天线的断点及其位置需要考虑到手机的美观设计需要，通常情况下边框的分段尺寸无法确保天线性能达到最佳，所以在设计中，手机边框天线都需要外加匹配电路才能使天线正常工作。

10.4.1　本节概述

图 10.55 所示为本章参考文献[19]中所提出的一种手机边框天线结构，手机边框和地板之

间构成了缝隙天线的辐射结构。在该设计中，手机边框没有设置断点，而是通过在地板和边框之间添加短路点，将整个手机沿着边框分成了多个缝隙天线(Ant 1 ~ Ant 5)。其中，Ant2、Ant3、Ant4 和 Ant5 通过微带线直接馈电，Ant1 则在馈电端加入集总元件匹配网络，使其工作频率调谐至所需的范围。

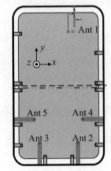

图 10.55　手机边框天线结构

1. 手机天线的关键指标

辐射效率和效率是衡量手机天线性能的关键指标。首先，天线的辐射效率 η_A 是衡量天线是否有效地将输入端口处的能量转换为无线电波能量的重要参量。天线从输入端口得到的功率，一部分辐射出去，另一部分转为天线内部的介质损耗和金属损耗。因此，天线的辐射效率定义为天线辐射出去的总功率 P_r 与天线获得的输入功率 P_A 的比值，其表达式为

$$\eta_A = \frac{P_r}{P_A} \tag{10-6}$$

另外，天线的辐射效率影响了天线的增益。天线的方向性系数 D 用来表示天线向某一个方向相对辐射强度的参数，与天线的辐射效率及效率无关。但是，天线的增益 G 由方向性系数及辐射效率共同决定，其表达式为

$$G = D\eta_A \tag{10-7}$$

一般手机天线要看的是总效率 η 而不是辐射效率 η_A，总效率与辐射效率的区别是：总效率是天线辐射功率 P_r 与天线的馈电总功率 P 的比值，总功率 P 包含了阻抗失配引起的损耗，而天线获得的输入功率 P_A 是由总功率减去阻抗失配损耗那一部分的功率得到的。所以天线的效率 η 和辐射效率 η_A 之间的表达式为

$$\eta = (1 - |\Gamma|^2) \cdot \eta_A \tag{10-8}$$

其中，Γ 是反射系数。

2. 手机天线仿真实例介绍

本节介绍的手机天线仿真实例参阅了本章参考文献[19]中的天线结构(图 10.55)，设计一个手机边框天线，天线的原始尺寸使其在 1.8GHz 和 3.5GHz 谐振，然后使用简单的匹配电路将 1.8GHz 的谐振点匹配到 2.45GHz。天线的仿真模型如图 10.56 所示，出于简单考虑，手机边框及地板为矩形，不做圆角处理。通过在边框和地板间加入短路片，将边框与地板之间的缝隙分割为多段，如图 10.56(a)所示，各个 slot 即代表了不同的天线单元。其中，端口 2~端口 5 激励

的是谐振在 3.5GHz 的 4 单元的 MIMO 天线；端口 1 处添加 LC 匹配网络，变换其谐振频率，在实际应用中一般使用变容二极管代替电容元件，以实现频率可重构，覆盖不同的通信频段。

10.4.2　手机边框天线的建模仿真

所设计的手机边框天线模型如图 10.56 所示。天线整体由 4 个部分组成，分别是介质板、地板、边框和 slot。介质板的材料选用的是 Taconic RF-30，相对介电常数为 3，损耗角正切 $\delta =$ 0.0013，长度和宽度分别为 150 mm 和 74 mm，厚度为 1 mm。地板位于介质板的下表面，长度和宽度分别为 146 mm 和 70 mm。边框的厚度为 2mm，边框与地板之间有 2mm 宽的 slot。短路片连接地板与边框，将 slot 分为多个部分，从而使天线产生多个频段的谐振。馈电端口在仿真中使用离散端口给天线馈电，端口设置一端连接地板，一端连接边框即可。另外，在建模中，短路片和地板均为厚度为 0 的理想薄导体。

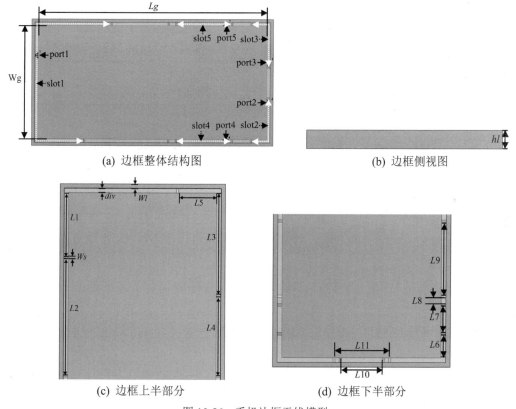

(a) 边框整体结构图　　　　　　　　　　　(b) 边框侧视图

(c) 边框上半部分　　　　　(d) 边框下半部分

图 10.56　手机边框天线模型

本节设计的边框天线同样使用了参数化和 WCS 的建模方法，其中 Wg 是地板宽度，Lg 是地板长度，div 是 slot 宽度，hs 是介质板厚度，hl 是边框高度，Wl 是边框厚度，Ws 是短路片宽度，L1~L11 代表短路片与馈点之间的距离，具体含义如图 10.56 所示。边框天线各个部分的参数命名、取值以及变量的描述见表 10.4。

注意：为了避免 WCS 使用过多而造成读者对建模过程理解困难，本节没有使用过多的 WCS，所以建模时各个部分的参数取值较为复杂。实际建模中，读者可灵活使用 WCS，这样可以加快建模速度。

表 10.4　边框天线参数取值

变量意义	变量名	变量值/mm	变量意义	变量名	变量值/mm
地板宽度	Wg	70	地板长度	Lg	146
slot 宽度	div	2	介质板厚度	hs	1
边框高度	hl	7	边框厚度	Wl	2
短路片宽度	Ws	1	短路片 1 与地板左上角的距离	L1	29
短路片 1 与短路片 2 的距离	L2	53	短路片 3 与地板左上角的距离	L3	46
短路片 3 与短路片 4 的距离	L4	36	馈电片 1 与地板左上角的距离	L5	18
短路片 5 与地板右下角的距离	L6	9.5	短路片 5 与短路片 7 的距离	L7	11.2
短路片 7 与馈电片 5 的距离	L8	2.7	馈电片 5 与短路片 9 的距离	L9	30.8
短路片 11 与短路片 12 的距离	L10	18	馈电片 2 与馈电片 3 的距离	L11	23.5

1. 新建工程模板

双击软件图标打开软件，单击 New Template，创建新的工程模板。

单击 Microwaves & RF/Optical→Antenna→Next，进入选择工作流界面。

单击 Mobile Device Sub-6 GHz(Phone，Wearable，etc.)→Next，进入选择求解器界面。

单击 Time Domain→Next，进入选择单位界面。

单位使用默认即可，默认尺寸单位为 mm，默认频率单位为 GHz；单击 Next 按钮进入设置界面。

将最小频率和最大频率分别设为 1GHz 和 4GHz，之后单击 Next 按钮进入完成界面，如图 10.57 所示。确认无误后单击 Finish 按钮即可。

图 10.57　项目模板完成界面

2. 天线建模

1) 创建并定义参量

首先找到 CST 工作界面下方的 Parameter List，双击 Name 下面的<newparameter>即可输入变量的名称，输入完后双击 Expression 下面的空白处即可输入变量的取值。将表 10.4 中边框天线模型的所有变量的名称和取值全部对应输入即可。

2) 创建地板和介质板

首先创建一个地板，单击 Modeling 选项卡中的 创建一个长方体，然后按<Esc>键直接进入赋值界面。地板的命名、取值以及材料的选取如图 10.58(a)所示。

本节金属选用的材料是 Copper，可选的材料中没有这一材料，需要从 CST 的材料库中导入，在 Material 的下拉列表中单击 Load from Material Library...打开材料库对话框，找到 Copper(annealed)。选好材料后单击 OK 按钮完成对地板的创建。创建好的地板模型如图 10.58(b)所示。

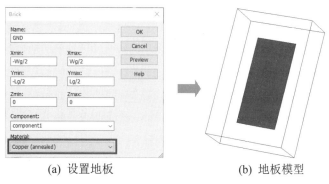

(a) 设置地板   (b) 地板模型

图 10.58 创建地板

然后创建一个介质板，单击 Modeling 选项卡中的 创建一个长方体，然后按<Esc>键直接进入赋值界面。介质板的命名、取值如图 10.59(a)所示。介质板选用的材料是 Taconic NF-30(lossy)，可选的材料中没有这一材料，需要从 CST 的材料库中导入，在 Material 的下拉列表中单击 Load from Material Library...打开材料库对话框，找到 Taconic NF-30(lossy)。选好材料后单击 OK 按钮完成对介质板的创建。然后在弹出的对话框中点选 Boolean combination 区域的 None 选项，然后单击 OK 按钮。创建好的介质板模型如图 10.59(b)所示。

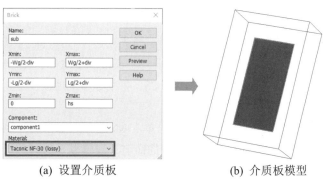

(a) 设置介质板   (b) 介质板模型

图 10.59 创建介质板

3) 构造边框

构造边框的办法就是创建两个不同大小的长方体，将大的长方体用布尔操作中的 Subtract 减去小的长方体即可。首先单击 Modeling 选项卡中的 创建一个长方体，然后按<Esc>键直接进入赋值界面。长方体的命名、取值以及材料的选取如图 10.60(a)所示。然后再创建一个长方体，其命名、取值以及材料的选取如图 10.60(b)所示。

然后使用布尔操作构造边框。单击 Navigation Tree→Components→component1→loop，如图 10.60(c)所示。单击 Modeling 选项卡中的 Boolean，弹出图 10.60(d)所示的菜单，单击 Subtract，再单击 Navigation Tree→Components→component1→cut，然后按<Enter>键即可完成操作。创建好的边框模型如图 10.60(e)所示。

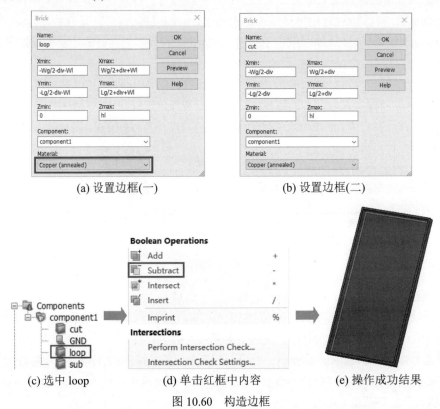

(a) 设置边框(一)   (b) 设置边框(二)

(c) 选中 loop   (d) 单击红框中内容   (e) 操作成功结果

图 10.60 构造边框

4) 创建多个短路片和馈电片

接下来构造边框天线的多个短路片和馈电片。首先创建 WCS，将坐标移至地板的左上角。方法是在 3D 窗口或者 Navigation Tree→Components→component1→GND 中选中地板，然后按<W>键或者单击 Modeling 选项卡中的 Align WCS，将鼠标移至地板左上角双击即可。创建好的坐标系模型如图 10.61(a)所示。

在此坐标系下，创建左边两个接地的短路片。单击 Modeling 选项卡中的 创建一个长方体，然后按<Esc>键直接进入赋值界面。两个短路片的命名、取值以及材料的选取如图 10.61(b)、10.61(c)所示。

(a) 移动 WCS

(b) 设置短路片 1

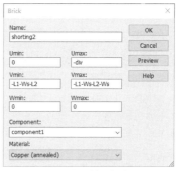
(c) 设置短路片 2

图 10.61　创建左边两个短路片

左边两个短路片创建好后，需要将 WCS 移至地板右上角。按<W>键或者单击 Modeling 选项卡中的 Align WCS，然后将鼠标移至地板右上角双击即可。创建好两个短路片以及移动过 WCS 的模型如图 10.62(a)所示。

在此坐标系下，创建右边的两个短路片和馈电片 1，短路片和馈电片 1 的命名、取值以及材料的选取如图 10.62(b)至 10.62(d)所示。另外，创建所有馈电片时，可能会弹出 Boolean combination 对话框，在对话框中点选 None to all 选项后单击 OK 按钮即可。创建好的模型如图 10.62(e)所示。

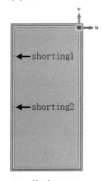
(a) 移动 WCS

(b) 设置短路片 3

(c) 设置短路片 4

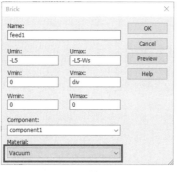
(d) 设置馈电片 1

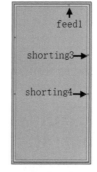
(e) 建模成功结果

图 10.62　创建右边两个短路片和馈电片 1

然后创建模型下半部分的短路片和馈电片。采用同样的方法将 WCS 移至地板右下角，如图 10.63(a)所示。然后依次创建 shorting5、shorting6、shorting7、shorting8、shorting9、shorting10、feed5、feed4。这一部分的短路片和馈电片的命名、取值以及材料的选取如图 10.63(b)至 10.63(i)所示。创建好的模型如图 10.63(j)所示。

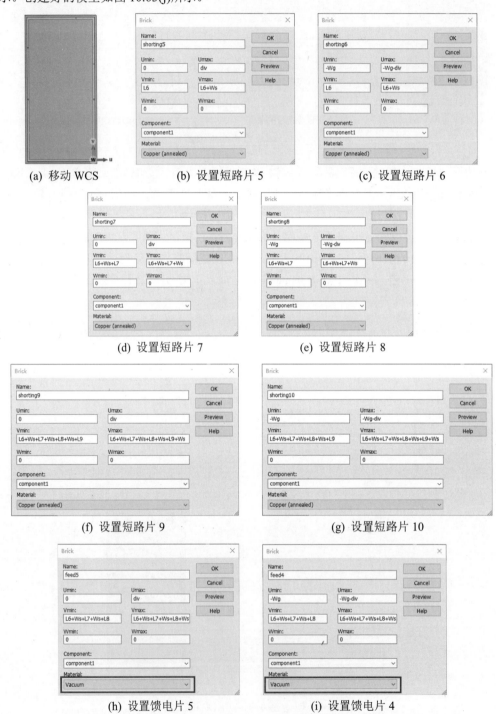

(a) 移动 WCS   (b) 设置短路片 5   (c) 设置短路片 6

(d) 设置短路片 7   (e) 设置短路片 8

(f) 设置短路片 9   (g) 设置短路片 10

(h) 设置馈电片 5   (i) 设置馈电片 4

图 10.63　创建下半部分短路片和馈电片

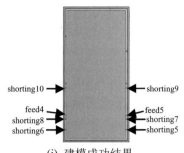

(j) 建模成功结果

图 10.63　创建下半部分短路片和馈电片(续)

接着创建下面的两个短路片和馈电片。将 WCS 移至地板最下方中间的位置，如图 10.64(a) 所示。然后依次创建 shorting11、shorting12、feed2、feed3。这一部分的短路片和馈电片的命名、取值以及材料的选取如图 10.64(b)至 10.64(e)所示。以上就是整个边框模型的建模过程，建立完成的模型如图 10.64(f)所示。

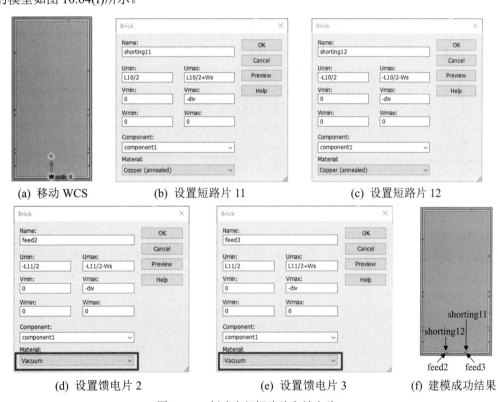

(a) 移动 WCS　　　　(b) 设置短路片 11　　　　(c) 设置短路片 12

(d) 设置馈电片 2　　　　(e) 设置馈电片 3　　　　(f) 建模成功结果

图 10.64　创建底部短路片和馈电片

3. 设置离散端口和监视器并开始仿真

1) 设置端口

为了简化模型，本节使用离散端口馈电。

首先设置端口 1，步骤如下：单击 Navigation Tree→Components→component1→feed1，如图 10.65(a)所示，在 3D 窗口中将视角缩小到 feed1 处，然后按<M>键或者单击 Modeling 选项

卡中的✐Pick Points，将鼠标移至 feed1 一端的中点，如图 10.65(b)所示，之后双击即可取点成功，然后用相同的方法取 feed1 另一端的中点。单击 Simulation 选项卡中的 Discrete Port 打开 Discrete Edge Port 对话框设置端口。在此对话框中，所有设置保持默认即可，单击 OK 按钮成功创建端口。

其他四个端口的设置方法与端口 1 的设置方法相同，按顺序设置端口 2~端口 5，使其与 feed2~feed5 一一对应，设置好所有端口的整体模型如图 10.65(c)所示。

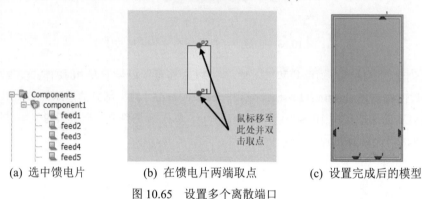

(a) 选中馈电片　　　　(b) 在馈电片两端取点　　　　(c) 设置完成后的模型

图 10.65　设置多个离散端口

2) 设置监视器

对于手机边框天线来说，主要关注的是天线的 S 参数、效率、方向图和 ECC，其中 S 参数在天线仿真运行后在 1D Results 中自动给出，效率和方向图的查看需要添加远场监视器，另外 ECC 结果的调用方法在 10.3 节已经给出。

单击 Simulation→Monitors→Field Monitor 打开 Monitor 对话框，如图 10.66(a)所示。由于需要添加的是远场监视器，而且整个天线在 1.6~3.8GHz 附近有谐振，所以在此对话框中的 Type 区域点选 Farfield/RCS 选项。然后在 Specification 中下拉 Frequency 并改为 Step width(linear)，如图 10.66(b)所示。将频率最小值和最大值分别设置为 1.6 GHz 和 3.8 GHz，步长设置为 0.2 GHz 一个点，如图 10.66(c)所示。设置完成后，可以在 Navigation Tree→Filed Monitors 中查看是否添加成功，如图 10.66(d)所示。

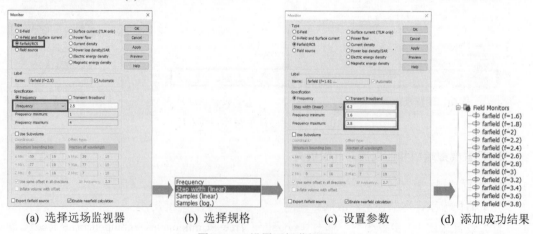

(a) 选择远场监视器　　　(b) 选择规格　　　(c) 设置参数　　　(d) 添加成功结果

图 10.66　设置远场监视器

3) 开始仿真

单击 Home 选项卡中的 Setup Solver 打开 Time Domain Solver Parameters 对话框设置求解器，如图 10.67 所示。在此对话框中直接单击 Start 按钮进行仿真即可。

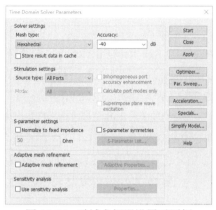

图 10.67　时域求解器设置对话框

4. 查看仿真结果

1) 查看天线 S 参数

仿真完成后，首先查看天线的 S 参数，由于显示本节中的端口较多，下面的 S 参数将分成若干张图显示，读者在实际仿真中可同时查看。首先查看端口 1 的反射系数，展开 Navigation Tree→1D Results→S-Parameters，如图 10.68(a)所示，然后单击 S1,1 即可单独查看端口 1 的反射系数。在反射系数图中按<M>键或者单击鼠标右键，在弹出的快捷菜单中单击 Add Curve Marker 添加 Maker 点，并将其移至谐振频率点，如图 10.68(b)所示。端口 2~端口 5 产生的是 4 单元的 3.5GHz 谐振，多选 S2,2、 S3,3、 S4,4 和 S5,5 查看其反射系数，如图 10.68(c)所示。然后除去各端口的反射系数以外的曲线即为各端口之间的隔离度，如图 10.68(d)所示，可以看到，各端口之间的隔离度均在-12 dB 以下。

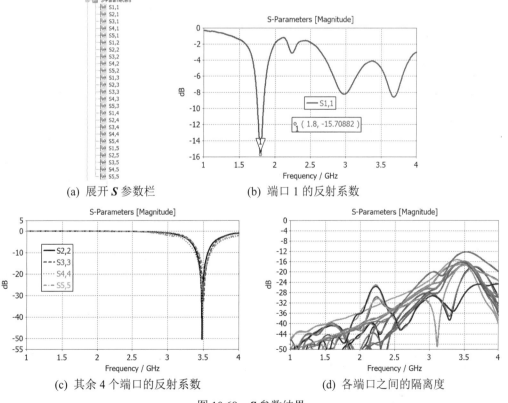

(a) 展开 S 参数栏　　　　(b) 端口 1 的反射系数

(c) 其余 4 个端口的反射系数　　　(d) 各端口之间的隔离度

图 10.68　S 参数结果

2) 查看天线效率

天线的效率包括辐射效率和总效率, 总效率与辐射效率和反射系数都相关。展开 Navigation Tree→1D Results→Efficiencies, 如图 10.69(a)所示, 在这里多选后面的 Tot. Efficiency[1]、 Tot. Efficiency[2]、 Tot. Efficiency[3]、 Tot. Efficiency[4]和 Tot. Efficiency[5]即可查看天线各端口的总效率, 结果如图 10.69(b)所示。

然后多选 Rad. Efficiency[1]、 Rad. Efficiency[2]、 Rad. Efficiency[3]、 Rad. Efficiency[4]和 Rad. Efficiency[5]可以查看天线各端口的辐射效率, 结果如图 10.69(c)所示。另外, 单击 1D Plot 选项卡中的 Linear 即可将效率或者辐射效率用数值显示。

从图 10.69(b)中可以发现, 端口 1 的效率在 1.8 GHz 时最高, 在90%以上, 而在 2.8~3.8 GHz 时也相对较高, 因为此时的反射系数也相对较低。而端口 2~端口 5 的效率在 3.4~3.6 GHz 时最高, 同样地, 端口 2~端口 5 的谐振频率也在 3.5 GHz。

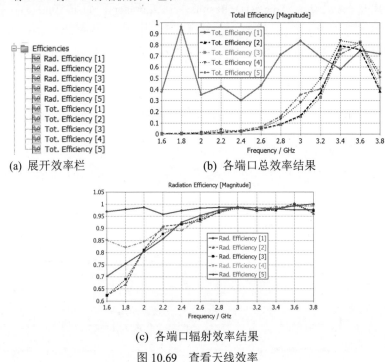

(a) 展开效率栏　　　　　(b) 各端口总效率结果

(c) 各端口辐射效率结果

图 10.69　查看天线效率

3) 查看天线 ECC

ECC 的计算一次只能计算两个端口之间的结果, 要查看多个端口之间的 ECC, 就需要添加多个端口的 ECC 计算。

添加多个 ECC 的方法如下:

(1) 首先添加端口 1 和端口 2 之间的 ECC。单击 Post-Processing 选项卡中的 Result Templates, 弹出 Template Based Post-Processing 对话框, 如图 10.70(a)所示。

(2) 单击对话框中的第一个下拉选项 2D and 3D Field Results 出现图 10.70(b)所示的内容, 单击 Farfield and Antenna Properties。

(3) 单击对话框中的第二个下拉选项 Add new post-processing step 出现图 10.70(c)所示的内

容，单击 Diversity Gain and Correlation(from S-Parameters)弹出图 10.70(d)所示的对话框，对话框的设置使用系统默认即可，直接单击 OK 按钮。

(4) 之后 Template Based Post-Processing 对话框就会出现图 10.70(e)所示的内容，由于这里需要添加多个 ECC，所以需要更改 Result name 中的名称以便于分辨。单击 Result name 下的 Env_Corr_Coeff from，停顿 1 秒以上再单击一下即可更改名称，这里更改名称为 1_2，代表端口 1 和端口 2 之间的 ECC。

(5) 在此对话框中再单击 Add new post-processing step 并选择 Diversity Gain and Correlation (from S-Parameters)弹出 ECC 的设置对话框，在对话框中将 Port2 改为 Port3，如图 10.70(f)所示。此时即为端口 1 和端口 3 之间的 ECC，将其改名为 1_3。

(6) 按照同样的方法将剩下几个端口之间的 ECC 添加进去，添加完成后的对话框如图 10.70(g)所示。

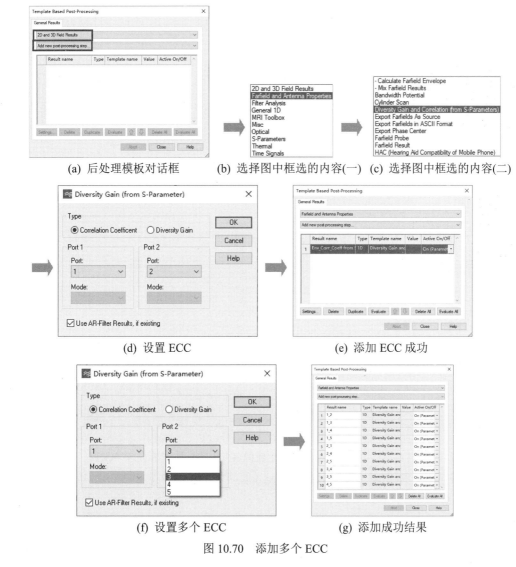

(a) 后处理模板对话框　　(b) 选择图中框选的内容(一)　(c) 选择图中框选的内容(二)

(d) 设置 ECC　　　　　　　　　(e) 添加 ECC 成功

(f) 设置多个 ECC　　　　　　　(g) 添加成功结果

图 10.70　添加多个 ECC

所有的 ECC 添加完成后，在此对话框中单击右下角的 Evaluate All 按钮即可计算所有的 ECC。关闭后处理模板，展开 Navigation Tree→Tables→1D Results 即可分别查看各端口之间的 ECC，如图 10.71(a)所示。同样由于显示问题，ECC 的查看结果将分开处理。首先多选 1_2、1_3、1_4 和 1_5 以查看端口 1 与其他端口之间的 ECC，如图 10.71(b)所示。

由于端口 1 的谐振频率是在 1.8GHz，而端口 1 与其他端口在 1.8GHz 附近的 ECC 值均小于 0.1，所以满足设计要求。

然后同样多选端口 2 查看与其他端口之间的 ECC。由于端口 1 与端口 2 之间的 ECC 等于端口 2 与端口 1 之间的 ECC，故只需查看 2_3、2_4 和 2_5，结果如图 10.71(c)所示。然后用同样的方法查看端口 3~端口 5 之间的 ECC，结果如图 10.71(d)所示。

端口 2~端口 5 产生的谐振频率是在 3.5GHz，在 3.5GHz 处所有端口之间的 ECC 均小于 0.1，同样满足设计要求。

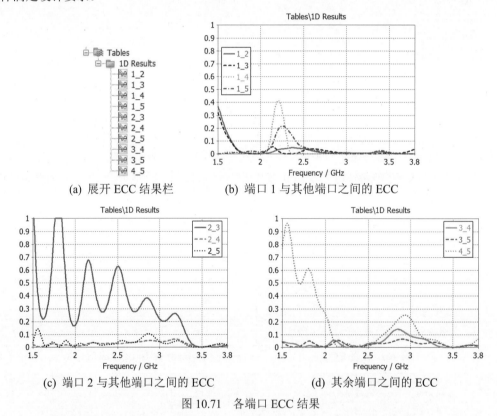

(a) 展开 ECC 结果栏　　　(b) 端口 1 与其他端口之间的 ECC

(c) 端口 2 与其他端口之间的 ECC　　　(d) 其余端口之间的 ECC

图 10.71　各端口 ECC 结果

5. 设计匹配电路

接下来将通过设计一个简单的匹配电路使端口 1 的谐振频率调至 2.4GHz。首先切换到设计匹配电路的界面，单击 3D 窗口下面的 Schematic 即可切换，如图 10.72(a)所示，切换后的界面如图 10.72(b)所示。

在此界面下，首先切换电容电感的单位。单击 CST 工作界面右下角的 mm GHz ns K V A Ohm S F H 弹出图 10.73 所示的对话框。在此对话框中将电感的单位设置为 nH，将电容的单位设置为 pF。

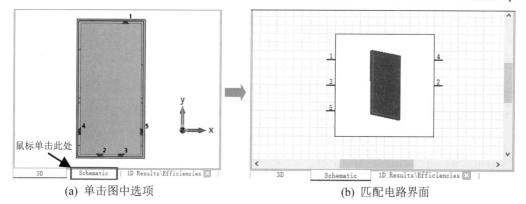

(a) 单击图中选项　　　　　　　　　(b) 匹配电路界面

图 10.72　切换至匹配电路界面

图 10.73　设置单位

设计匹配电路最为重要的一点就是通过史密斯圆图查看规律。所以首先查看端口 1 的 S 参数在圆图中的结果，可以回到之前的 3D 窗口查看，也可以在匹配电路的工作界面查看。在匹配电路的工作界面中查看的方法是：单击 Home 选项卡中的 ExternalPort▼ 设置一个外部激励端口，并将其放置到匹配电路界面，然后将鼠标移至右边的天线端口 1 处就可以引出一根线，将其与左边的外部端口 1 连接即可，如图 10.74(a)所示。

在匹配电路界面查看 S 参数需要先添加 Tasks 计算，单击 Home 选项卡中的 Tasks 弹出 Select Simulation Task 对话框，在此对话框中选择 S-Parameters，然后直接单击 OK 按钮即可添加成功。单击 Home 选项卡中的 Update 即可开始计算。

匹配电路界面的计算很快，3 秒左右即可完成，完成后单击 Navigation Tree→Tasks→SParal→S-Parameters 即可查看 S 参数，这里选择在圆图中查看，单击 1D Plot 选项卡中的 Smith Chart 即可查看结果，并添加 Maker 至 2.45 GHz，如图 10.74(b)所示。如果读者查看之前 3D 窗口中端口 1 的 S 参数结果，就会发现两者的结果是一致的。

注意：由于只添加了一个外部端口，天线的其他端口不工作，所以这里查看的 *S* 参数是端口 1 的无源 *S* 参数，在天线隔离度较好的情况下，使用这种方法查看的 *S* 参数是没有问题的。但是如果天线各端口的隔离度较差，就需要查看天线的有源 *S* 参数，这就需要添加多个外部端口，添加多个外部端口的方法将在 10.5 节介绍。

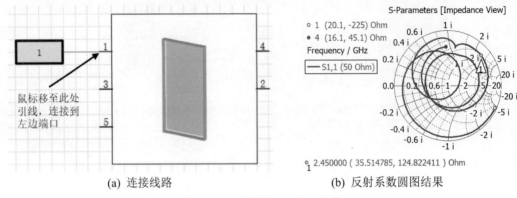

(a) 连接线路　　　　　　　　　　(b) 反射系数圆图结果

图 10.74　查看端口 1 的 *S* 参数

接下来介绍一下设计匹配电路的思路。如图 10.75(a)所示，首先串电容频点将会向等电阻圆下方的虚部移动，电容值越小，频点越接近高阻抗；串电感频点将会向等电阻圆上方的虚部移动，电感值越大，频点越接近高阻抗；并电容频点将会向等电导圆下方的虚部移动，电容值越大，频点越接近高阻抗；并电感频点将会向等电导圆上方的虚部移动，电感值越小，频点越接近高阻抗。

导纳圆图的显示方法是：单击 1D Plot 选项卡中的 Smith Chart▼将 Z Smith Chart 改为 Y Smith Chart 即可，结果如图 10.75(b)所示。

另外，设计匹配电路的顺序是从天线的端口出发，一步一步向外部端口添加元件，接下来的设计顺序就是如此。

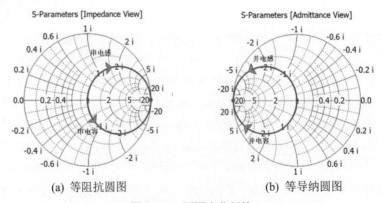

(a) 等阻抗圆图　　　　　　　　　　(b) 等导纳圆图

图 10.75　圆图变化规律

添加集总元件的方法如下：单击 Navigation Tree 旁边的 Block Selection Tree 进入块选择树，如图 10.76(a)所示。单击最后一个 Circuit Elements 即可在界面左下角选择集总元件，如图 10.76(b)所示。选择好需要的集总元件后，将需要的集总元件用鼠标拖动到右边的匹配电路界面即可添加成功。

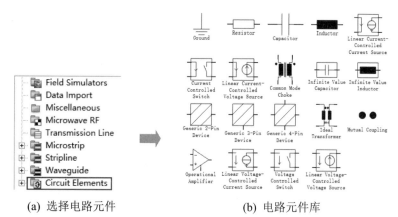

(a) 选择电路元件　　　　　　　　(b) 电路元件库

图 10.76　添加集总元件

要实现 2.45 GHz 的谐振，就要在圆图中将 2.45 GHz 这一频点移至圆图中心。从圆图的结果来看，首先需要并电容将频点移至 50 Ω 的归一化等阻抗圆上，这里并联 0.1 pF 的电容。切换 Schematic 窗口，将电容拖到匹配电路界面后，此时的电容值是 1pF，需要进行更改。更改方法是先选中界面中的电容，然后在工作界面下方的 Block Parameter List(CAP1)→Settings 处将 Capacitance 右边的值改为 0.1，如图 10.77(a)所示。然后用同样的方法在元件库中将 GND 添加到匹配界面，并连接好电路，如图 10.77(b)所示。

添加好电容之后，单击 Home 选项卡中的 Update 即可开始计算，计算完成后单击 Navigation Tree→Tasks→SParal→S-Parameters 查看圆图中的 S 参数，如图 10.77(c)所示。可以看到，此时 2.45 GHz 这一频点已经移动到 50 Ω 的等阻抗圆上。

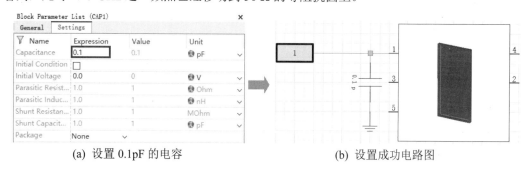

(a) 设置 0.1pF 的电容　　　　　　　(b) 设置成功电路图

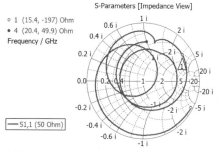

(c) 仿真结果

图 10.77　并联一个 0.1 pF 的电容

接下来就需要串联一个电容，让 2.45GHz 这一频点随等阻抗圆往圆图中心走，同样添加一个电容到匹配界面，此时也可以直接复制粘贴匹配界面中的电容。这里选择添加一个 0.43 pF 的电容，如图 10.78(a)所示。

添加好电容之后，单击 Home 选项卡中的 Update 即可开始计算。然后查看此时圆图的 **S** 参数，结果如图 10.78(b)所示，发现 2.45 GHz 这一频点已经移至圆图中心。然后将 **S** 参数切换到直方图中的结果，如图 10.78(c)所示，可以看到，端口 1 在 2.45 GHz 这一频点取得良好的匹配。

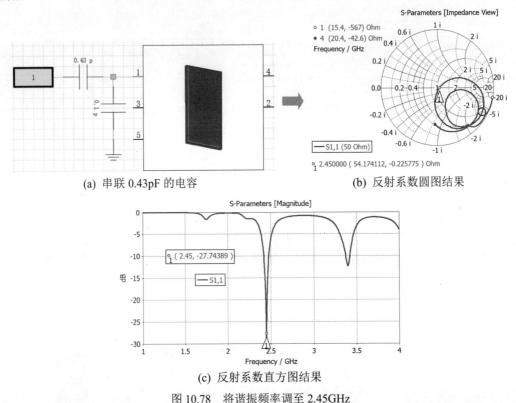

(a) 串联 0.43pF 的电容   (b) 反射系数圆图结果

(c) 反射系数直方图结果

图 10.78 　将谐振频率调至 2.45GHz

一般加上匹配电路后，天线的效率会降低，所以调好匹配电路后，需要查看天线的效率。查看天线效率的方法如下：

(1) 单击 Home 选项卡中的 Tasks 弹出 Select Simulation Task 对话框，在此对话框中选择 AC, Combine results，如图 10.79(a)所示，选择完成后单击 OK 按钮。之后会在匹配界面下面弹出 Task Parameter List (AC1)设置窗口。

(2) 在该窗口下的 AC 一般不需要设置，保持系统默认即可，但要查看频率范围是否正确，若不正确，可如图 10.79(b)中所示，先取消勾选 Maximum Frequency Range 选项，然后在下面的 Fmin 和 Fmax 中更改频率范围。

(3) 如图 10.79(c)所示，这里需要更改端口 1 的状态，系统默认为 Load，即端口 1 接匹配负载，这里需要将其改为接信号。单击 Load 后，单击 Define Excitation…打开 Define AC-Excitation 对话框，如图 10.79(d)所示，在 Source 区域中点选 Signal 选项，然后单击 OK 按钮。

(4) 如图 10.79(e)所示，在 Combine Results 中勾选 Combine Results 选项。最后图 10.79(f)
中的 Results 保持系统默认即可。

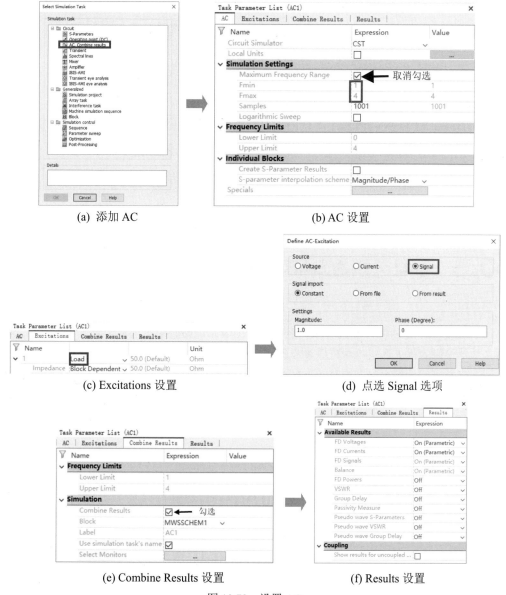

(a) 添加 AC

(b) AC 设置

(c) Excitations 设置

(d) 点选 Signal 选项

(e) Combine Results 设置

(f) Results 设置

图 10.79　设置 AC

设置好 AC 后，单击 Home 选项卡中的 ⟳Update 开始计算，计算完成后需要单击 3D 回到
3D 模型窗口查看结果。展开 Navigation Tree→1D Results→Efficiencies 即可查看效率，如图 10.80(a)
所示，图中的 System Rad. Efficiency[AC1]和 System Tot. Efficiency[AC1]就是匹配后的辐射
效率和总效率。这里只查看总效率，结果如图 10.80(b)所示。在总效率的曲线图中可以发现，
端口 1 在 2.45GHz 和 3.4GHz 时效率较高，同时在前面查看加上匹配网络的 *S* 参数时也可以看
到端口 1 在 2.45GHz 和 3.4GHz 时有谐振。

注意： 设置完 AC 可能会出现 ✖ `Combine results: No valid HEX mesh found.` 这样的错误，即找不到有效的十六进制网格，这会导致计算失败，甚至 3D 窗口中的结果也会受影响。这里的解决方法是可以在 Simulation 选项卡的 Frequency 中微调频率范围，重新运行在 3D 窗口中的仿真即可。

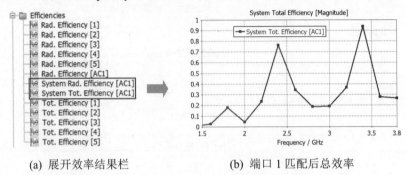

| (a) 展开效率结果栏 | (b) 端口 1 匹配后总效率 |

图 10.80　查看匹配后效率

 10.5　手机天线的 SAR 仿真

比吸收率(Specific Absorption Rate，SAR)是一个表示电磁辐射对人体影响大小的指标。SAR 的含义是单位时间内人体组织单位质量吸收或消耗的电磁功率的大小，单位是 W/kg。SAR 在不同的地区有不同的标准，其中最主要的是 ITU(国际电信联盟)制定的欧标，其采用的测试标准的测量单位是 10g，标准限值为 2.0W/kg；另外就是 FCC(美国联邦通信委员会)制定的美标，其采用的测试标准的测量单位是 1g，标准限值为 1.6W/kg。

10.5.1　SAR 计算方法

根据生物剂量学的定义，SAR 值的计算公式为

$$SAR = \frac{d}{dt}\left(\frac{dW}{dM}\right) = \frac{d}{dt}\left(\frac{dW}{\rho dV}\right) \tag{10-9}$$

其中，W 是吸收的能量，M 是单位质量，ρ 是物体的密度，V 是物体的体积。

在手机天线测量中，SAR 是指人体暴露在射频电磁场中的能量吸收速率。其计算公式变为

$$SAR = \sigma E^2 / \rho \tag{10-10}$$

其中，σ 是人体组织的电导率，ρ 是人体组织的密度，E 是电场强度。由于人体组织的电导率和密度是已知的，所以只要知道电场强度 E，就可以计算 SAR 值。SAR 值越低，人体吸收的辐射量就越少。

10.5.2　SAR 仿真模型的设置

本节使用的天线模型可沿用 10.4 节的 slot 与手机边框天线模型，SAR 仿真用的人头手模

型取自 CST 自带的元件库 Component Library 中的例子 SAR Head Hand and Phone 中的人头手，虽然元件库中的模型已经包括手机部分，且已完成基础设置，但为了向读者完整展示 SAR 仿真求解步骤，本节将导入 10.4 节的边框天线进行仿真。

1. SAR 仿真模型的设置过程

首先将 10.4 节设计的边框天线复制一份并打开，然后单击 File 选项卡，如图 10.81(a)所示，单击元件库 Component Library。之后滚动鼠标滚轮下拉找到图 10.81(b)所示的人头手模型，然后单击➡将其作为一个工程文件打开。

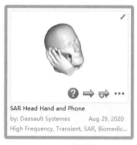

(a) 进入元件库 (b) 下载模型

图 10.81　打开 CST 自带的人头手模型

打开后按住<Ctrl>键，分别双击 CST 3D 窗口中的人头和手的模型，或者也可以多选 Navigation Tree→Body 下的 Hand 和 Head，多选之后将其复制，按<Ctrl>+<C>键或者单击鼠标右键，在弹出的快捷菜单中单击📋Copy。然后将人头和手的模型粘贴到 10.4 节所设计的 slot 与手机边框天线的工程文件中，即打开 slot 与手机边框天线工程文件，单击 Modeling 选项卡中的✏取消 WCS，然后直接在 3D 窗口中按<Ctrl>+<V>键。之后 3D 窗口会出现提示 Align: Pick reference face (Press ESC to leave or RETURN to finish)，直接按<ESC>键取消即可。然后会弹出图 10.82(a)所示的对话框，这说明天线与人头手模型重叠了，后面需要旋转人头手或者天线，这里先在 Boolean combination 区域点选 None to all 选项，然后单击 OK 按钮确认。

注意：上述复制和粘贴的过程中，计算机需要处理和加载模型，这需要一定时间，此时不要进行其他操作，否则 CST 可能会闪退。

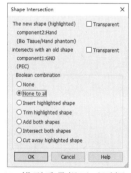

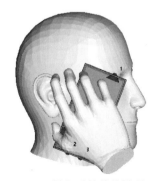

(a) 模型重叠提示对话框 (b) 导入后的整体模型

图 10.82　导入人头手模型

复制成功的模型如图 10.82(b)所示。这时可以看到，天线整体模拟的手机模型的确是与人头手模型重叠了。可以选择旋转人头手模型。首先多选 Head 和 Hand，然后单击 Modeling 选项卡中的 Transform 打开 Transform Selected Object 对话框，在 Operation 区域点选 Rotate 选项，在 Z 中输入 265，如图 10.83(a)所示，之后单击 OK 按钮。图 10.83(b)所示为旋转成功后的整体模型。

旋转后模型其实还会重叠，主要原因是手机边框天线的模型相对较大，无法避免重叠，不过此时的重叠对仿真结果影响不大，忽略即可。

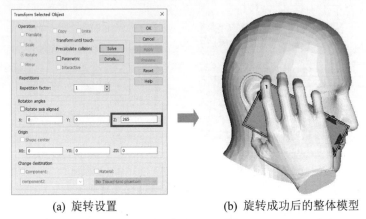

(a) 旋转设置   (b) 旋转成功后的整体模型

图 10.83 旋转人头手模型

2. 添加监视器并开始仿真

计算手机天线的 SAR 值需要添加计算 SAR 的监视器，这里可以将之前添加的所有远场监视器删除来加快仿真速度。单击 Simulation 选项卡中的 Field Monitor 弹出 Monitor 对话框，这里点选 Power loss density/SAR 选项，并将频率设为 1.8GHz 和 3.5GHz，如图 10.84(a)所示，添加完成后，展开 Navigation Tree→Field Monitors 查看是否添加成功，如图 10.84(b)所示。确认无误后，可直接单击 Home 选项卡中的 Setup Solver 打开 Time Domain Solver Parameters 对话框，并在此对话框中单击 Start 按钮进行仿真。

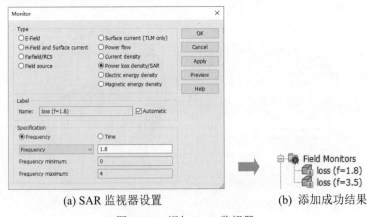

(a) SAR 监视器设置   (b) 添加成功结果

图 10.84 添加 SAR 监视器

10.5.3 查看 SAR 结果

1. 查看 **S** 参数

仿真完成后，首先查看天线的 **S** 参数，这里同样单独显示端口 1 和其他端口的 **S** 参数，如图 10.85(a)、10.85(b)所示。可以发现，添加好人头手模型后，各端口反射系数的仿真结果都有一定程度的频偏，这是人头手模型对天线的影响，所以此时需要通过调节匹配电路将频率纠正回来。

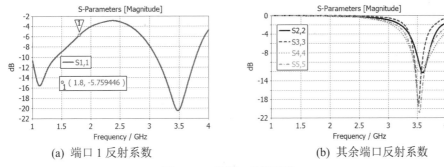

(a) 端口 1 反射系数　　　　　　　　(b) 其余端口反射系数

图 10.85　各端口反射系数

2. 设置匹配电路

这里只讲一下端口 1 的匹配电路设计过程，其他端口用同样的设计思想微调即可。首先将端口 1 的反射系数在圆图中表示，并切换为导纳圆(Y Smith Chart)，如图 10.86(a)所示。

根据 10.4 节边框天线中所介绍的匹配电路的设计思想，可考虑先串电感将 1.8GHz 这一频点移至等导纳圆上，然后并联电容将其移至圆图中心。具体设计过程如图 10.86 所示，首先串联一个 2.6 nH 的电感，然后再并联一个 2.5 pF 的电容，即可将 1.8GHz 这一频点移至圆图中心，在图 10.86(f)中可以发现，端口 1 在 1.8GHz 这一频点取得匹配。

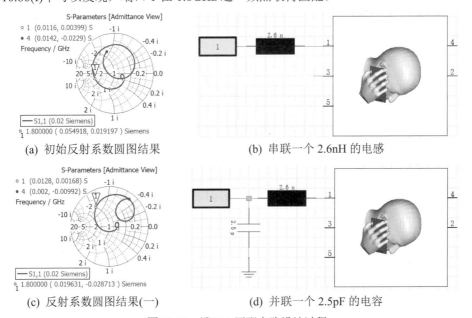

(a) 初始反射系数圆图结果　　　　　　　(b) 串联一个 2.6nH 的电感

(c) 反射系数圆图结果(一)　　　　　　　(d) 并联一个 2.5pF 的电容

图 10.86　端口 1 匹配电路设计过程

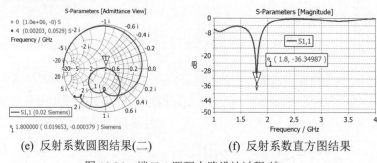

    (e) 反射系数圆图结果(二)   (f) 反射系数直方图结果

图 10.86   端口 1 匹配电路设计过程(续)

    然后按照同样的方法将端口 2~端口 5 的频率调至 3.5GHz，各端口匹配电路的设计及 S 参数的结果如图 10.87 所示。

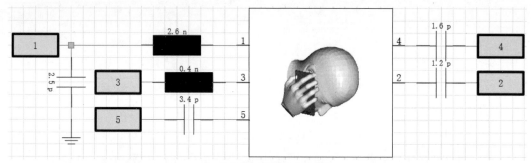

(a) 对各端口设置匹配电路

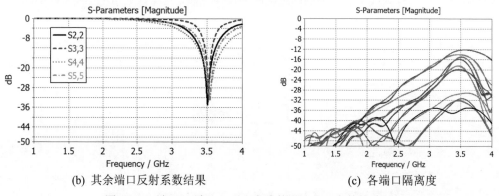

    (b) 其余端口反射系数结果   (c) 各端口隔离度

图 10.87   端口 2~端口 5 匹配电路的设计及 S 参数的结果

3. 设置 AC

    设置 AC 的方法与 10.4 节类似，不过一个 AC 只能查看一个端口的结果，所以需要设置 5 个 AC。每一个 AC 都需要单独设置，这里主要讲一下 AC 中 Excitations 的设置方法，其他参考 10.4 节的设置即可。

    首先要将 10.4 节设置的 AC 删除，位置在 Navigation Tree→Tasks→AC1，如图 10.88(a)所示。找到后单击 AC1，按<Delete>键，然后会弹出图 10.88(b)所示的对话框，单击 "是(Y)" 按钮即可删除 AC。

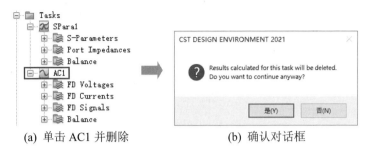

(a) 单击 AC1 并删除　　　　　(b) 确认对话框

图 10.88　删除 AC

如图 10.89(a)所示，设置 AC1 时，在 Excitations 中将端口 1 设置为接信号 Signal，其他端口设置为 Load 接匹配负载即可。

如图 10.89(b)所示，设置 AC2 时，在 Excitations 中将端口 2 设置为接信号 Signal，其他端口设置为 Load 接匹配负载即可。

设置 AC3 时，在 Excitations 中将端口 3 设置为接信号 Signal，其他端口设置为 Load 接匹配负载即可。

设置 AC4 时，在 Excitations 中将端口 4 设置为接信号 Signal，其他端口设置为 Load 接匹配负载即可。

设置 AC5 时，在 Excitations 中将端口 5 设置为接信号 Signal，其他端口设置为 Load 接匹配负载即可。

所有 AC 设置完成后，即可单击 Home 选项卡中的 Update 开始计算。

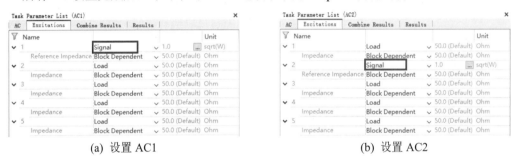

(a) 设置 AC1　　　　　　　　　(b) 设置 AC2

图 10.89　设置 AC

4. 计算 SAR

计算完成后，回到 3D 界面开始计算 SAR 值。单击 Post-Processing 选项卡中的 SAR 弹出 SAR Calculation 对话框，如图 10.90(a)所示。在此对话框中，单击 Monitor 下面的 loss(f=1.8) [1]，可以看到图 10.90(b)所示的下拉列表。

在这里，AC1 代表的是加上匹配电路后的端口 1，端口 1 的谐振频率是 1.8GHz；AC2~AC5 分别与端口 2~端口 5 对应，它们的谐振频率都为 3.5GHz。所以，先选择 loss(f=1.8)[AC1]，其他保持默认设置即可，直接单击 Calculate 按钮计算 SAR。然后用相同的方法分别添加 loss(f=3.5)[AC2]、loss(f=3.5)[AC3]、loss(f=3.5)[AC4]和 loss(f=3.5)[AC5]，计算 SAR 值。

全部添加完成后，可在 Navigation Tree→2D/3D Results→SAR 中查看结果，如图 10.90(c)所示。

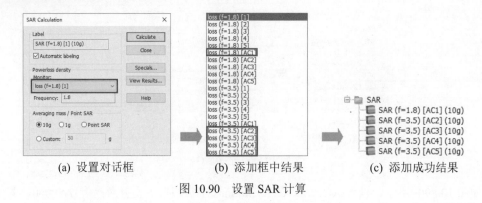

(a) 设置对话框　　　　　　　(b) 添加框中结果　　　　　　(c) 添加成功结果

图 10.90　设置 SAR 计算

5. 查看 SAR 值

这里主要是看人头上的 SAR 值，所以此时可把手模型隐藏，单击 Navigation Tree→Components→component2→Hand，然后按<Ctrl>+<H>键或者单击鼠标右键，在弹出的快捷菜单中单击 Hide 即可隐藏。

分别单击 Navigation Tree→2D/3D Results→SAR 中的列表查看各端口的 SAR 值。各端口的 SAR 值结果如图 10.91 所示。可以看到，加上匹配电路后的端口 1、端口 3 和端口 5 的最大 SAR 值已经超过了 2W/kg，即超过了欧标，而端口 2 和端口 4 的最大 SAR 值均低于欧标。不过，由于端口 2~端口 5 是 4 单元的 MIMO 天线，在实际中可能会同时工作，这时真正的 SAR 值就是 4 个端口的 SAR 值相加的结果，虽然 SAR 值将会严重超标，但实际上，由于手机其他各种结构的影响，大部分的能量可能会被吸收或者反射到其他地方，这会明显降低 SAR 值。

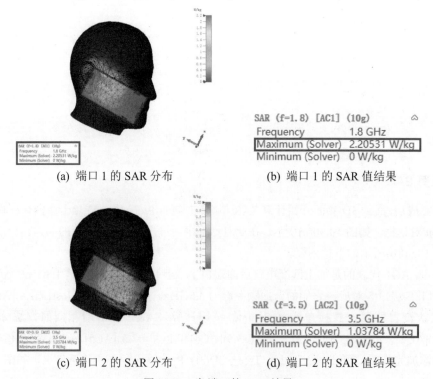

(a) 端口 1 的 SAR 分布　　　　　　　　　(b) 端口 1 的 SAR 值结果

(c) 端口 2 的 SAR 分布　　　　　　　　　(d) 端口 2 的 SAR 值结果

图 10.91　各端口的 SAR 结果

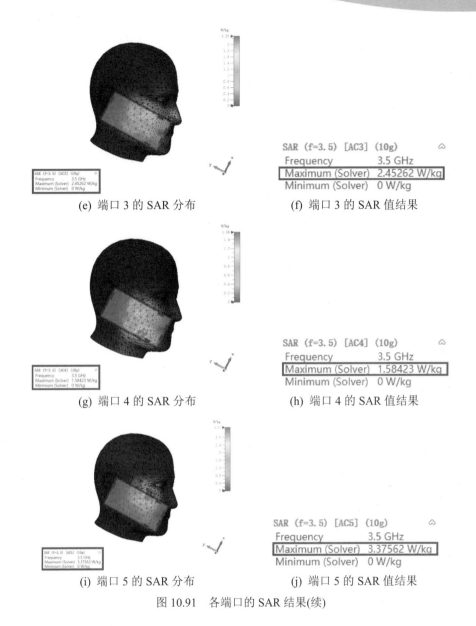

(e) 端口 3 的 SAR 分布　　　　(f) 端口 3 的 SAR 值结果

(g) 端口 4 的 SAR 分布　　　　(h) 端口 4 的 SAR 值结果

(i) 端口 5 的 SAR 分布　　　　(j) 端口 5 的 SAR 值结果

图 10.91　各端口的 SAR 结果(续)

10.6 思考题

1. 现阶段终端采用的天线类型有哪些？

2. 设计一个在 2.45 GHz 谐振的 IFA，介质板使用 FR4，厚度为 0.8mm，地板大小为 150mm×75mm。

3. 设计一个在 2.45 GHz 谐振的两单元 IFA，天线的放置参照 10.3 节，使两个天线尽可能接近，仿真观察其隔离度，并在两个天线之间加载电感改善隔离度，使隔离度达到 12dB 以上。

4. 设计一个单端口的边框天线, 使其谐振在 1.8 GHz 附近, 介质板使用 FR4, 厚度为 1mm, 然后使用匹配电路将谐振频率调至 2.4 GHz。

5. 将人头手模型导入第 4 题所设计的天线中, 并微调匹配网络使其匹配, 计算 SAR。

 参考文献

[1] See T S P, Chen Z N. An ultrawideband diversity antenna[J]. IEEE Transactions on Antennas and Propagation, 2009, 57(6): 1597-1605.

[2] Sun L, Feng H, Li Y, et al. Compact 5G MIMO mobile phone antennas with tightly arranged orthogonal-mode pairs[J]. IEEE Transactions on Antennas and Propagation, 2018, 66(11): 6364-6369.

[3] Chang L, Yu Y, Wei K, et al. Polarization-orthogonal co-frequency dual antenna pair suitable for 5G MIMO smartphone with metallic bezels[J]. IEEE Transactions on Antennas and Propagation, 2019, 67(8): 5212-5220.

[4] Xu H, Zhou H, Gao S, et al. Multimode decoupling technique with independent tuning characteristic for mobile terminals[J]. IEEE Transactions on Antennas and Propagation, 2017, 65(12): 6739-6751.

[5] Shoaib S, Shoaib I, Shoaib N, et al. Design and performance study of a dual-element multiband printed monopole antenna array for MIMO terminals[J]. IEEE Antennas and Wireless Propagation Letters, 2014, 13: 329-332.

[6] Zhang S, Lau B K, Tan Y, et al. Mutual coupling reduction of two PIFAs with a T-shape slot impedance transformer for MIMO mobile terminals[J]. IEEE Transactions on Antennas and Propagation, 2011, 60(3): 1521-1531.

[7] Diallo A, Luxey C, Le Thuc P, et al. Study and reduction of the mutual coupling between two mobile phone PIFAs operating in the DCS1800 and UMTS bands[J]. IEEE Transactions on Antennas and Propagation, 2006, 54(11): 3063-3074.

[8] Su S W, Lee C T, Chang F S. Printed MIMO-antenna system using neutralization-line technique for wireless USB-dongle applications[J]. IEEE Transactions on Antennas and Propagation, 2011, 60(2): 456-463.

[9] Wong K L, Lu J Y, Chen L Y, et al. 8-antenna and 16-antenna arrays using the quad-antenna linear array as a building block for the 3.5-GHz LTE MIMO operation in the smartphone[J]. Microwave and Optical Technology Letters, 2016, 58(1): 174-181.

[10] Bhatti R A, Yi S, Park S O. Compact antenna array with port decoupling for LTE-standardized mobile phones[J]. IEEE Antennas and Wireless Propagation Letters, 2009, 8: 1430-1433.

[11]　Wu C H, Zhou G T, Wu Y L, et al. Stub-loaded reactive decoupling network for two-element array using even–odd analysis[J]. IEEE Antennas and Wireless Propagation Letters, 2013, 12: 452-455.

[12]　Wu K L, Wei C, Mei X, et al. Array-antenna decoupling surface[J]. IEEE Transactions on Antennas and Propagation, 2017, 65(12): 6728-6738.

[13]　Wang Z, Zhao L, Cai Y, et al. A meta-surface antenna array decoupling (MAAD) method for mutual coupling reduction in a MIMO antenna system[J]. Scientific Reports, 2018, 8(1): 1-9.

[14]　Wong K L, Lin B W, Lin S E. High-isolation conjoined loop multi-input multi-output antennas for the fifth-generation tablet device[J]. Microwave and Optical Technology Letters, 2019, 61(1): 111-119.

[15]　Deng C, Liu D, Lv X. Tightly arranged four-element MIMO antennas for 5G mobile terminals[J]. IEEE Transactions on Antennas and Propagation, 2019, 67(10): 6353-6361.

[16]　Sun L, Li Y, Zhang Z, et al. Antenna decoupling by common and differential modes cancellation[J]. IEEE Transactions on Antennas and Propagation, 2020, 69(2): 672-682.

[17]　Sun L, Li Y, Zhang Z. Decoupling between extremely closely spaced patch antennas by mode cancellation method[J]. IEEE Transactions on Antennas and Propagation, 2020, 69(6): 3074-3083.

[18]　Sun L, Li Y, Zhang Z, et al. Self-decoupled MIMO antenna pair with shared radiator for 5G smartphones[J]. IEEE Transactions on Antennas and Propagation, 2020, 68(5): 3423-3432.

[19]　Chen Q, Lin H, Wang J, et al. Single ring slot-based antennas for metal-rimmed 4G/5G smartphones[J]. IEEE Transactions on Antennas and Propagation, 2018, 67(3): 1476-1487.

第11章

周期结构仿真

本章主要介绍周期结构仿真。11.1 节介绍 1D 漏波天线，着重分析微带漏波天线，并仿真设计一个基于周期性短路钉加载的微带漏波天线。11.2 节介绍频率选择表面的单元仿真，从单元仿真中得到整个频率选择表面的特性。11.3 节重点分析 Fabry-Perot 谐振腔天线，并利用 11.2 节的频率选择表面单元组成部分反射面，加载在传统的贴片天线上，实现增益的显著提高。

11.1 1D 漏波天线

根据波的传播特性，天线可以分为谐振型天线和行波天线两大类。常见的谐振型天线包括贴片天线、偶极子/单极子天线、缝隙天线、环天线和介质谐振天线等，天线上的电流和场分布为驻波形式，带宽一般比较窄，波束方向固定。行波天线主要为漏波天线，天线的电流和场分布表现为行波分布，终端一般接有负载，带宽较宽，天线的波束指向和工作频率有关。

漏波天线在 20 世纪 40 年代被提出，最早的漏波天线是由开缝矩形波导构成的。近几十年来，漏波天线技术得到飞速发展。特别地，平面漏波天线由于可以直接加工在印制电路板上，具有剖面低、易加工、结构简单、馈电容易、增益高以及可以波束扫描等优点，因此得到了广泛的研究。

漏波结构是一种能让电磁波在定向传播的同时还可以泄漏和辐射到空间中的导波结构。根据结构和工作原理的不同，漏波天线可以分为不同的种类。第一种分类是把漏波天线分为 1D 漏波天线和 2D 漏波天线。1D 漏波天线指的是导波结构是 1D 的，即这个导波结构只支持一个固定方向的行波；而 2D 漏波天线支持从圆心径向往外传播的行波[1]。还有一种分类则是按结构分为均匀、准均匀和周期性漏波天线。

均匀漏波天线，顾名思义，天线结构沿着导波方向是均匀的。传播波数为 $k_z = \beta - j\alpha$，其中，β 为相位常数，α 为衰减常数。在均匀导波结构中，只有快波才能够将能量泄漏出去形成辐射，即 $v_p > c$，其中 v_p 为相速，c 为光速，此时有 $\beta/k_0 < 1$（k_0 为自由空间中的波数）。均匀漏波天线的主波束指向角度 θ_m（θ_m 为主波束方向与导波方向的夹角）由相位常数 β 决定，如式(11-1)所示，并且均匀漏波天线一般只能在前向象限扫描($0° < \theta_m < 90°$)。

$$\theta_m = \cos^{-1}(\beta/k_0) \tag{11-1}$$

如图 11.1 所示，漏波天线的归一化波数 β/k_0 一般随频率变化，结合式(11-1)，可以理解为，漏波天线的主波束指向是随着频率变化的，具有波束扫描的功能，即频扫特性。

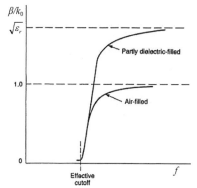

图 11.1　归一化波数 β/k_0 随频率变化曲线[2]

而漏波天线在扫描平面的 HPBW(Half-Power Beamwidth，半功率波束宽度)$\Delta\theta$ 可由式(11-2)近似计算：

$$\Delta\theta = \frac{1}{(L/\lambda_0)\cos\theta_m} \tag{11-2}$$

其中，L 是漏波天线的长度。由式(11-2)可以发现，半功率波束宽度 $\Delta\theta$ 主要由天线的长度决定，但需要注意的是，它也受到衰减常数 α 的影响。α 越大，天线单位长度的泄漏量越大，电磁波在导波结构中的衰减就越快，导致天线有效辐射长度变短，因此主波束的宽度就越大；而 α 越小，天线单位长度的泄漏量也越小，能量在天线中的衰减就越慢，从而使天线有效辐射长度变长，故主波束也将变窄；但过小的 α 会导致大部分入射波被终端负载吸收，降低辐射效率。需要说明的是，式(11-2)得到的是一个中间值，对于恒定的天线口面场分布，分子中的单位因子 1 应替换为 0.88；对于中间大两边小的锥形分布，系数可能为 1.25 或更高。因此，式(11-2)中的分子需要根据实际情况来进行改变。

与均匀漏波天线不同，周期性漏波天线的主模是慢波。由于结构的周期性，该结构会产生无限多的空间谐波，其中一些谐波是快波，而其他谐波是慢波。其中，第 n 次谐波的波数为

$$k_n = k_z + 2\pi n / T \tag{11-3}$$

其中，T 为周期结构的周期。尽管该结构中基次谐波($n = 0$)是一个慢波，但是该漏波结构中第 $n = -1$ 次谐波往往是一个快波($|\beta_{-1}| < k_0$)，所以周期性漏波天线一般由第 $n = -1$ 次谐波向外泄漏能量。周期性漏波天线既可以在后向象限扫描($\beta_{-1} < 0$)，也可以在前向象

限扫描($\beta_{-1} > 0$)。

准均匀漏波天线的结构虽然是周期的,但是其基次谐波是一个快波($\beta < k_0$),而且其周期 T 一般远小于波长。准均匀漏波天线的辐射特性与均匀漏波天线类似,其主波束方向角和波瓣宽度由式(11-1)和式(11-2)计算。一般的准均匀漏波天线只能在前向象限扫描($\beta > 0$)。

常见的 1D 漏波天线有微带漏波天线、波导漏波天线、SIW(Substrate Integrated Waveguide,基片集成波导)漏波天线等,如图 11.2 所示。2D 漏波天线如图 11.3 所示。

为了进一步详细说明漏波天线的工作原理和设计方法,本节参阅了本章参考文献[7]提出的天线结构,仿真分析了一种基于周期性短路钉加载的微带漏波天线。

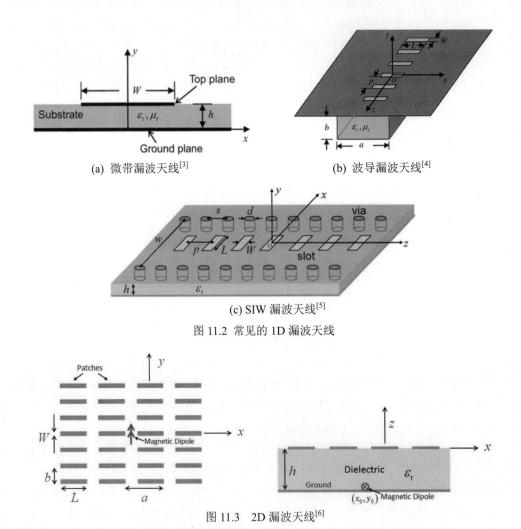

(a) 微带漏波天线[3]　　　　　　　　　　(b) 波导漏波天线[4]

(c) SIW 漏波天线[5]

图 11.2　常见的 1D 漏波天线

图 11.3　2D 漏波天线[6]

11.1.1　微带漏波天线理论分析

早在 20 世纪 70 年代,就有研究人员开始研究微带线的漏波辐射了。Ermert 研究了微带传输线中基模和高阶模的传播特性[8,9],发现了高阶模的"辐射"现象。随后,Menzel 首次利用均匀微带线中的第一个高阶 EH_1 模提出了微带漏波天线[10],并通过实验证明了 EH_1 模式的漏波辐射。由于微带漏波天线具有剖面低、容易集成和可波束扫描等优点，因此在先进的无线通信和雷达系统的应用中得到了广泛关注。

常见的微带漏波天线有 EH_1 和 EH_2 两个工作模式，其结构和场分布如图 11.4 所示。

EH_1 模是微带线第一阶高阶模，为快波模式，因此可以满足漏波辐射的条件。由图 11.4(a) 可以看出，EH_1 模的横向场分布为奇对称，横切面上有一个电场零点，为半波分布，类似于矩形贴片天线的 TM_{01} 模，因而 EH_1 模辐射的方向图为单向波束。因为 EH_1 模须工作在截止频率以上，所以微带线的宽度必须要大于或等于工作频率的 1/2 介质波长。

EH_2 模是微带线第二阶高阶模，也是快波模式，因此也可以实现漏波辐射。由图 11.4(b)可以看出，EH_2 模的横向场分布为偶对称，横向上有两个零点，为全波分布，类似于矩形贴片天线的 TM_{02} 模，因而 EH_2 模辐射的方向图为裂开的双波束。为了使 EH_2 模工作在截止频率以上，微带线的宽度必须要大于或等于工作频率的 1 个介质波长。

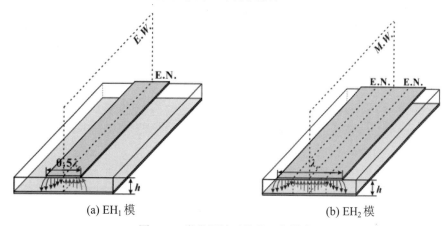

(a) EH_1 模　　　　　　　　　　　(b) EH_2 模

图 11.4　微带漏波天线的工作模式

EH_0 模是微带线的主模，属于 TEM 波，是慢波模式，原本不具备漏波辐射的特性。但是，在结构中周期性地加载一列短路钉后，由于短路钉的并联电感效应，使得主模的相速增加，甚至超过光速，从而形成快波，产生漏波辐射。由图 11.5(a)可以看出，EH_0 模的横向场在无短路加载时是呈均匀分布的，与高阶模的微带漏波天线不同，EH_0 模的横向场没有半波分布和全波分布的限制，因而其微带线宽度的选择没有限制，设计更加灵活。

下面着重分析短路钉加载的 EH_0 模微带漏波天线，每一个周期单元的等效电路模型如图 11.5(b)所示，一个完整的周期单元可以看作由一段微带线、一个并联电感和另一段对称的微带线级联而成，则整个周期的 ABCD 矩阵 $\boldsymbol{M}_u$ 等于上述三部分的 ABCD 矩阵相乘，可以表示为

$$
\begin{aligned}
\boldsymbol{M}_u &= \boldsymbol{M}_m \cdot \boldsymbol{M}_i \cdot \boldsymbol{M}_m \\
&= \begin{bmatrix} \cos\theta_m & \mathrm{j}Z_0\sin\theta_m \\ \mathrm{j}\dfrac{\sin\theta_m}{Z_0} & \cos\theta_m \end{bmatrix} \begin{bmatrix} 1 & 0 \\ \dfrac{1}{\mathrm{j}\omega L_i} & 1 \end{bmatrix} \begin{bmatrix} \cos\theta_m & \mathrm{j}Z_0\sin\theta_m \\ \mathrm{j}\dfrac{\sin\theta_m}{Z_0} & \cos\theta_m \end{bmatrix}
\end{aligned}
\tag{11-4}
$$

其中，θ_m 是长度为 T 的微带线的电相位，$\theta_m = \beta_m T/2$，β_m 是微带线的相位常数，Z_0 是微带线的特征阻抗，L_i 是短路钉的并联电感。

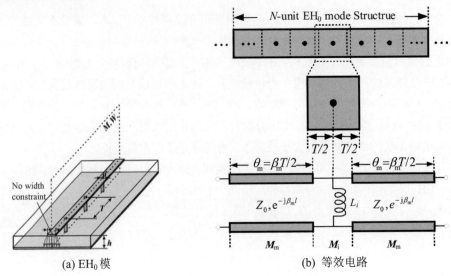

(a) EH$_0$ 模　　　　　(b) 等效电路

图 11.5　EH$_0$ 模微带漏波天线与等效电路

由式(11-4)可得，整个周期单元的 $\boldsymbol{M}_u$ 矩阵中的元素 A_u 和 D_u 分别为

$$A_u = -\sin^2 \theta_m + \cos \theta_m \left[\cos \theta_m + \frac{Z_0 \sin \theta_m}{\omega L_i} \right] \tag{11-5}$$

$$D_u = \cos^2 \theta_m + \mathrm{j} Z_0 \sin \theta_m \left[\frac{\cos \theta_m}{\mathrm{j} \omega L_i} + \frac{\mathrm{j} \sin \theta_m}{Z_0} \right] \tag{11-6}$$

对比有损耗传输线模型的 ABCD 矩阵

$$\boldsymbol{M} = \begin{bmatrix} \cosh(\gamma z) & \sinh(\gamma z) \\ \dfrac{1}{Z_0} \sinh(\gamma z) & \cosh(\gamma z) \end{bmatrix} \tag{11-7}$$

可以得到短路钉加载的微带线的有效传播常数

$$\cosh(\gamma_{\mathrm{eq}} T) = \frac{A_u + D_u}{2} \tag{11-8}$$

$$\gamma_{\mathrm{eq}} = \alpha_{\mathrm{eq}} + \mathrm{j} \beta_{\mathrm{eq}} \tag{11-9}$$

因此

$$\gamma_{\mathrm{eq}} = \frac{1}{T} \cosh^{-1} \left(\frac{A_u + D_u}{2} \right) \tag{11-10}$$

衰减常数 α 和相位常数 β 可以分别对有效传播常数 γ_{eq} 取实部和虚部得到。

11.1.2　漏波天线设计概述

本节对漏波天线设计分为两个步骤，第一步先创建基础模型，从基础模型中提取到衰减常数 α 和相位常数 β，第二步是基于第一步的结构拓展周期数和增加匹配段，得到完整设计。

首先需要提取衰减常数和相位常数，基础模型如图 11.6 所示，对应的结构参数见表 11.1。基础模型包括地板、介质基板、微带线及 5 个短路钉。

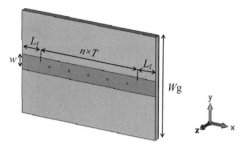

图 11.6　漏波天线基础模型

表 11.1　变量列表

变量意义	变量名	变量值
周期数	n	5
馈线距离/mm	L_f	10
一个周期的距离/mm	T	10.6
微带线宽度/mm	w	7.5
短路钉直径/mm	d	0.8
介质板厚度/mm	h	3
地板宽度/mm	Wg	50

首先基于上面的结构进行理论分析，然后提取周期结构的传播特性参数，再进行一个完整的漏波天线设计。完整的漏波天线包含：周期数拓展为 $n = 28$ 的周期结构，左右两端分别添加一段阻抗变换段及 50Ω 的微带线，结构如图 11.7 所示。其中，新增的馈电结构参数 $w_1 = 4.5\ \text{mm}$，$w_2 = 8.7\ \text{mm}$，$l_1 = 9.4\ \text{mm}$，$l_2 = 5\ \text{mm}$。

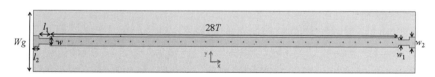

图 11.7　完整漏波天线结构

11.1.3　漏波天线设计

1. 从基础模型中提取衰减常数和相位常数

1) 新建工程模板

(1) 运行 CST 并创建工程模板。

双击软件图标打开软件，单击 New Template，开始新建工程模板。

单击 Microwaves & RF/Optical，选择微波与射频/光学应用。

单击 Antennas，选择天线应用；接着进行下一步操作，单击 Next 按钮。

单击 Planar(Patch, Slot, etc.)，选择平面结构的工作流；接着进行下一步操作，单击 Next 按钮。

(2) 设置求解器类型和求解频率。

单击 Frequency Domain，选择频域求解器；接着进行下一步操作，单击 Next 按钮。

选择尺寸单位为 mm、频率单位为 GHz、时间单位为 ns、温度单位为 Kelvin；接着进行下一步操作，单击 Next 按钮。

频率范围为 3~6 GHz，在第一个和第二个输入框分别输入 3 和 6，接着单击 Next 按钮。

检查模板的参数(求解器、单位等)，如图 11.8 所示。单击 Finish 按钮，完成工程模板的创建。

单击 File 选项卡，单击 Save As，读者可以自定义文件名称及文件地址。或者按<Ctrl>+<S>键自定义文件名称及文件地址。

图 11.8　新建工程模板

2) 建模

(1) 创建介质基板。

单击 Modeling 选项卡的 Shapes 功能区中的◨(长方体)，在 3D 模型窗口左上角出现 Double click first point in working plane (Press ESC to show dialog box) 后，按<Esc>键。

在弹出的 Brick 对话框中输入介质基板名称、位置、尺寸及材料，在 Name 中输入 substrate，在 Xmin 中输入-Lf，在 Xmax 中输入 n*T+Lf，在 Ymin 中输入-Wg/2，在 Ymax 中输入 Wg/2，在 Zmin 中输入 0，在 Zmax 中输入 h，在 Material 的下拉列表中单击 New material...，在弹出的 New Material 对话框中新建材料，材料名称为 F4B，电导率 Epsilon 为 2.5。为了方便后面的建模，这里需要将 F4B 材料加入到 CST 的材料库中，在 New Material 对话框中勾选 Add to material library 选项，单击 OK 按钮。在弹出的 Add to Material Library 对话框中单击 Add 按钮，完成 F4B 材料加入材料库操作，以后可以直接在材料库中调用。具体参数设置如图 11.9 所示。

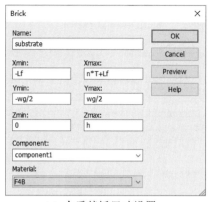

(a) 介质基板尺寸设置   (b) 新建材料

图 11.9   介质基板参数设置

(2) 创建地板。

单击 Modeling 选项卡的 Shapes 功能区中的 █(长方体)，在 3D 模型窗口左上角出现
`Double click first point in working plane (Press ESC to show dialog box)` 后，按<Esc>键。

在弹出的 Brick 对话框中输入地板名称、尺寸及材料，设置地板的材料为 PEC，具
体参数设置如图 11.10 所示，然后单击 OK 按钮。

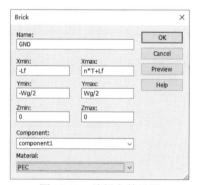

图 11.10   地板参数设置

(3) 创建短路钉。

单击 Modeling 选项卡的 Shapes 功能区中的 ●(圆柱体)，在 3D 模型窗口左上角出现
`Double click center point in working plane (Press ESC to show dialog box)` 后，按<Esc>键。更改名称为
pin，设置内外半径、高度、位置及材料，具体参数设置如图 11.11(a)所示，然后单击 OK 按钮。

建成第一根短路钉后，对其进行平移复制。选中第一根短路钉 pin，然后按<Ctrl>+<T>键，
在弹出的 Transform Selected Object 对话框中，勾选 Copy 选项，将 Repetition factor(重复因子)
设置为 4，平移向量设置为(T，0，0)，如图 11.11(b)所示，然后单击 OK 按钮。

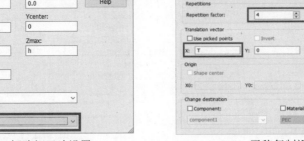

(a) 短路钉尺寸设置　　　　　　(b) 平移复制设置

图 11.11　短路钉参数设置

(4) 创建微带线。

单击 Modeling 选项卡的 Shapes 功能区中的 (长方体)，在 3D 模型窗口左上角出现 `Double click first point in working plane (Press ESC to show dialog box)` 后，按<Esc>键。

在弹出的 Brick 对话框中输入名称、尺寸及材料，设置材料为 PEC，具体参数设置如图 11.12 所示，然后单击 OK 按钮。

图·11.12　微带线参数设置

3) 创建激励端口

首先在模型的左侧面创建波导端口 1。按<4>键，将视图切换到模型的左侧面。在英文输入法的情况下按<F>键，切换到 Pick Face 模式，出现提示 `Select face in main view (Press ESC to leave this mode)`，此时选中模型左侧面并双击。然后单击 Simulation→Sources and Loads→Waveguide Port ，弹出 Modify Waveguide Port 对话框，波导端口 1 参数设置如图 11.13(a)所示。需要注意的是，Zmax 处要向上增加 20(根据波导端口的添加要求)，然后端口到参考面的距离 Diastance to ref.Plane 为-Lf(此处端口平移是为了提取整数倍周期的传播常数，并且剔除端口不连续性带来的误差)。

此外，还需要在模型的右侧面创建波导端口 2。按<6>键，将视图切换到模型的右侧面。在英文输入法的情况下按<F>键，切换到 Pick Face 模式，出现提示 `Select face in main view (Press ESC to leave this mode)` ，此时选中模型右侧面并双击。然后单击

Simulation→Sources and Loads→Waveguide Port，弹出 Modify Waveguide Port 对话框，波导端口 2 参数设置如图 11.13(b)所示。

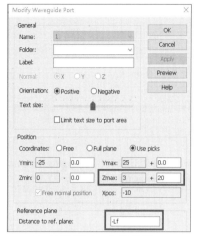
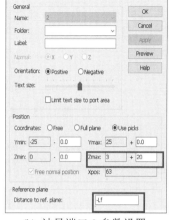

(a) 波导端口 1 参数设置　　　　　　(b) 波导端口 2 参数设置

图 11.13　波导端口参数设置

端口平移前后对比如图 11.14 所示。

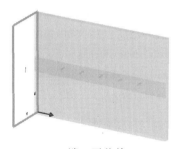
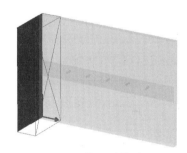

(a) 端口平移前　　　　　　(b) 端口平移后

图 11.14　端口平移前后对比

4) 仿真计算

单击 Home 选项卡中的 Start Simulation 按钮开始仿真计算。

5) 仿真结束后处理

仿真结束后，需要从仿真结果中提取出所需的衰减常数 α 和相位常数 β。式(11-8)中的 A_u 和 D_u 为网络中 ABCD 矩阵里的系数，而 ABCD 矩阵与 $\boldsymbol{Z}$ 矩阵有以下对应关系：

$$A = Z_{11} / Z_{21} \tag{11-11}$$

$$D = Z_{22} / Z_{21} \tag{11-12}$$

再结合式(11-10)，因此有

$$\gamma_{eq} = \frac{1}{T}\cosh^{-1}\left(\frac{Z_{11}+Z_{22}}{2Z_{21}}\right) \tag{11-13}$$

接下来对仿真结果进行后处理，单击 Post-Processing→Tools→Result Templates 🖾，弹出 Template Based Post-Processing 对话框，如图 11.15 所示。

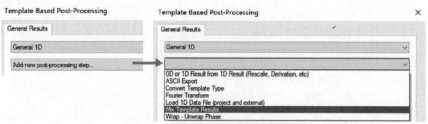

图 11.15 对仿真结果后处理设置(一)

单击 General 1D 和 Add new post-processing step...，再单击 Mix Template Results，弹出 Mix Template Results 对话框。首先提取传播常数 γ，表达式及具体设置如图 11.16(a)所示，值得注意的是，模型中的周期数为 n = 5，所以表达式中为 n*T，单击 OK 按钮进行确定。将 Result name 改为 Gama_Length，如图 11.16(b)所示。

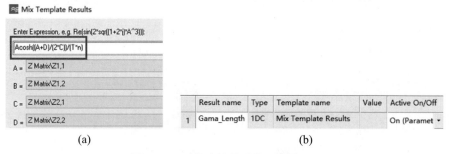

(a)   (b)

图 11.16 对仿真结果后处理设置(二)

得到传播常数 γ 后，再提取衰减常数 α 和相位常数 β。其操作与上面类似，表达式及具体设置如图 11.17 所示，并将名字改为 Alpha 和 Beta_length。

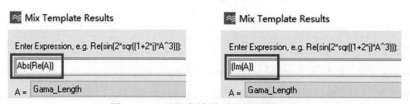

图 11.17 对仿真结果后处理设置(三)

创建结果模板后，需要在仿真结束后进行计算，单击 Template Based Post-Processing 对话框右下方的 Evaluate All 按钮可进行计算，计算结束后可以在左侧 Navigation Tree 中进行查看，如图 11.18 所示。

图 11.18 后处理结果

传播常数 γ 随频率的变化如图 11.19 所示。

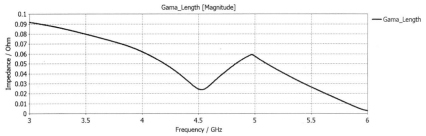

图 11.19　传播常数 γ 随频率的变化

衰减常数 α 随频率的变化如图 11.20 所示。

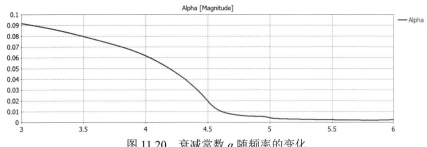

图 11.20　衰减常数 α 随频率的变化

双曲余弦函数 cosh( ) 具有以下性质：

$$\cosh(x + \mathrm{j}(2n-1)\pi) = -\cosh(x), \quad n = 0, \pm1, \pm2, \, \ldots \tag{11-14}$$

$$\cosh(x + \mathrm{j}2n\pi) = \cosh(x), \quad n = 0, \pm1, \pm2, \, \ldots \tag{11-15}$$

因此，用式(11-10)求传播常数 γ 时，可以得到

$$\gamma = \frac{1}{T} \cosh^{-1}\left(\frac{A_u + D_u}{2}\right) + \mathrm{j}\frac{2n\pi}{T}, \quad n = 0, \pm1, \pm2, \, \ldots \tag{11-16}$$

其中，$\dfrac{2\pi}{5T} \approx 0.12$。从图 11.21 和图 11.22 中可以看到，由于双曲余弦函数 cosh( ) 的性质，相位常数 β 的相位发生了 3 次变化，对应了 β 实部的 3 次变化，因此需要对曲线进行还原。还原步骤在图 11.22 中已做出标注，先对曲线①取绝对值，再对处理后的曲线①和曲线②整体进行 "0.12-|beta|" 的处理，然后再对曲线③取绝对值。

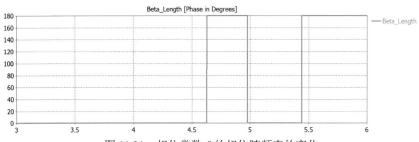

图 11.21　相位常数 β 的相位随频率的变化

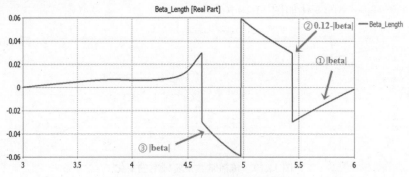

图 11.22　相位常数 β 随频率的变化

还原 β 后，还需得到归一化波数 β/k_0，如图 11.23 所示。可以看到，3~6 GHz 均处于漏波区($\beta/k_0 < 1$)，同时 5 GHz 处的 $\beta/k_0 = 0.596$，这将用于后面计算主波束指向角。

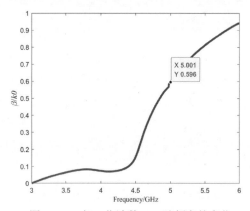

图 11.23　归一化波数 β/k_0 随频率的变化

2. 完整漏波天线设计

1) 建模

前面已经创建过工程模板，这里只需在前面的工程模板上新建一个工程便可以开始建模，具体的结构参数见 11.1.2 节。

(1) 创建介质基板。

单击 Modeling 选项卡的 Shapes 功能区中的■(长方体)，在 3D 模型窗口左上角出现 Double click first point in working plane (Press ESC to show dialog box) 后，按<Esc>键。

在弹出的 Brick 对话框中输入介质基板名称、位置、尺寸及材料，在 Name 中输入 substrate，在 Xmin 中输入-(l1+l2)，在 Xmax 中输入 n*T+l1+l2，在 Ymin 中输入-Wg/2，在 Ymax 中输入 Wg/2，在 Zmin 中输入 0，在 Zmax 中输入 h，材料为 F4B(前面已加入材料库，此处直接调用即可)，如图 11.24 所示，然后单击 OK 按钮。

(2) 创建地板。

单击 Modeling 选项卡的 Shapes 功能区中的■(长方体)，在 3D 模型窗口左上角出现 Double click first point in working plane (Press ESC to show dialog box) 后，按<Esc>键。

在弹出的 Brick 对话框中输入地板名称、尺寸及材料，设置地板的材料为 PEC，具体参数设置如图 11.25 所示，然后单击 OK 按钮。

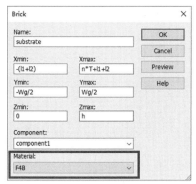

图 11.24　介质基板参数设置

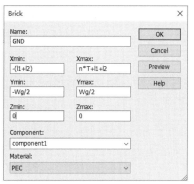

图 11.25　地板参数设置

(3) 创建短路钉。

单击 Modeling 选项卡的 Shapes 功能区中的◎(圆柱体)，在 3D 模型窗口左上角出现 `Double click center point in working plane (Press ESC to show dialog box)` 后，按<Esc>键。在弹出的 Cylinder 对话框中更改名称为pin，设置内外半径、高度、位置及材料，具体参数设置如图 11.26(a) 所示，然后单击 OK 按钮。

建成第一根短路钉后，对其进行平移复制。选中第一根短路钉 pin，然后按<Ctrl>+<T>键，在弹出的 Transform Selected Object 对话框中，勾选 Copy 选项，将 Repetition factor(重复因子) 设置为 27，平移向量设置为(T，0，0)，如图 11.26(b)所示，然后单击 OK 按钮。

(a) 短路钉尺寸设置

(b) 平移复制设置

图 11.26　短路钉参数设置

(4) 创建微带线。

首先创建中间的漏波区域的微带线。单击 Modeling 选项卡的 Shapes 功能区中的◎(长方体)，在 3D 模型窗口左上角出现 `Double click first point in working plane (Press ESC to show dialog box)` 后，按<Esc>键。

在弹出的 Brick 对话框中输入名称、位置、尺寸及材料，设置材料为 PEC，具体参数设置如图 11.27 所示，然后单击 OK 按钮。

图 11.27　微带线参数设置

然后创建左侧的阻抗变换段的微带线。单击 Modeling 选项卡的 Shapes 功能区中的■(长方体)，在 3D 模型窗口左上角出现 Double click first point in working plane (Press ESC to show dialog box) 后，按<Esc>键。在弹出的 Brick 对话框中输入名称、位置、尺寸及材料，设置材料为 PEC，具体参数设置如图 11.28(a)所示，然后单击 OK 按钮。

接下来镜像复制阻抗变换段的微带线到右边，选中新建好的阻抗变换段的微带线，按<Ctrl>+<T>键，弹出 Transform Selected Object 对话框，点选 Mirror 选项并勾选 Copy 选项，将 Repetition factor(重复因子)设置为 1，镜像平面的法向量设置为(1，0，0)，形心坐标设置为(n*T/2，0，0)，如图 11.28(b)所示，然后单击 OK 按钮。

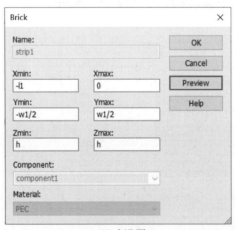

(a) 尺寸设置

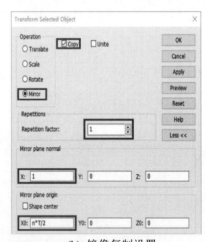

(b) 镜像复制设置

图 11.28　阻抗变换段微带线参数设置

接着创建 50Ω 的微带线。单击 Modeling 选项卡的 Shapes 功能区中的■(长方体)，在 3D 模型窗口左上角出现 Double click first point in working plane (Press ESC to show dialog box) 后，按<Esc>键。在弹出的 Brick 对话框中输入名称、位置、尺寸及材料，设置材料为 PEC，具体参数设置如图 11.29(a)所示，然后单击 OK 按钮。

同样地，需要把 50Ω 微带线镜像复制到右边。选中新建好的 50Ω 微带线，按住<Ctrl>+<T>

键，弹出 Transform Selected Object 对话框，选中 Mirror 单选按钮并勾选 Copy 复选框，将
Repetition factor(重复因子)设置为 1，镜像平面的法向量设置为(1, 0, 0)，形心坐标设置为(n*T/2,
0，0)，如图 11.29(b)所示，然后单击 OK 按钮。

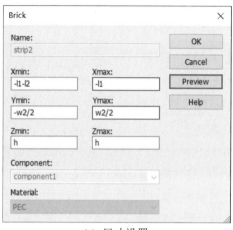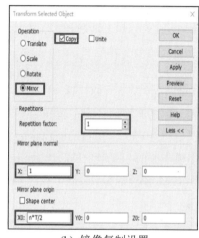

(a) 尺寸设置　　　　　　　　　　　　　(b) 镜像复制设置

图 11.29　50Ω 微带线参数设置

(5) 旋转模型。

为了更好地观察仿真结果，接下来需要对建好的模型进行两次旋转操作。

第一次旋转：绕 y 轴旋转-90°。首先选中全部已建好的模型，单击 ⊟ ⊕ component1，然
后按<Ctrl>+<T>键，弹出 Transform Selected Object 对话框，点选 Rotate 选项，在绕轴旋
转 Rotate axis aligned 处填入(0，-90，0)，如图 11.30(a)所示。

第二次旋转：绕 z 轴旋转 180°。再次选中全部已建好的模型，单击 ⊟ ⊕ component1，
然后按<Ctrl>+<T>键，弹出 Transform Selected Object 对话框，点选 Rotate 选项，在绕轴
旋转 Rotate axis aligned 处填入(0，0，180)，如图 11.30(b)所示。

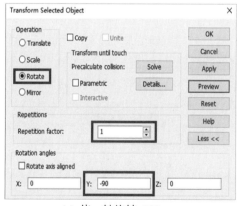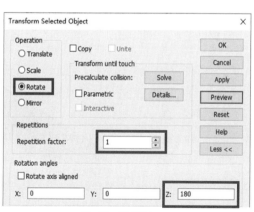

(a) 绕 y 轴旋转-90°　　　　　　　　　　(b) 绕 z 轴旋转 180°

图 11.30　旋转模型参数设置

2) 创建激励端口

模型建好之后，下面创建端口。按<3>键，将视图切换到模型的背面。在英文输入法的情况下按<F>键，切换到 Pick Face 模式，出现提示 Select face in main view (Press ESC to leave this mode)，此时选中模型背面并双击。然后单击 Simulation→Sources and Loads→Waveguide Port，弹出 Modify Waveguide Port 对话框，波导端口 1 参数设置如图 11.31(a)所示。需要注意的是，Xmax 处要向上增加 20，不需要平移端口。

注意，Xmin 和 Xmax 处端口刚创建成功时可能与图 11.31 有所不同，单击 OK 按钮关闭后再次打开波导端口便与图 11.31 一致。

此外，还需要在模型的正面创建端口。按<5>键，将视图切换到模型的正面。在英文输入法的情况下按<F>键，切换到 Pick Face 模式，出现提示 Select face in main view (Press ESC to leave this mode)，此时选中模型正面并双击。然后单击 Simulation→Sources and Loads→Waveguide Port，弹出 Modify Waveguide Port 对话框，波导端口 2 参数设置如图 11.31(b)所示。

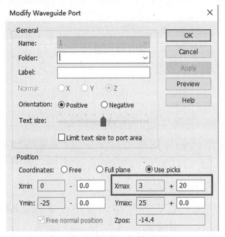

(a) 波导端口 1 参数设置   (b) 波导端口 2 参数设置

图 11.31　波导端口参数设置

设置好的波导端口如图 11.32 所示。

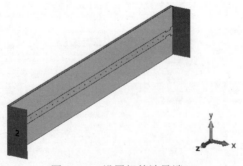

图 11.32　设置好的波导端口

创建完端口之后，需要对端口阻抗进行归一化。单击 Simulation 选项卡的 Solver 功能区中的，弹出 Frequency Domain Solver Parameters 对话框，勾选 Normalize S-parameter to 复选框，

并在下方输入框中输入 50，这样端口阻抗就归一化为 50Ω 了，如图 11.33 所示。

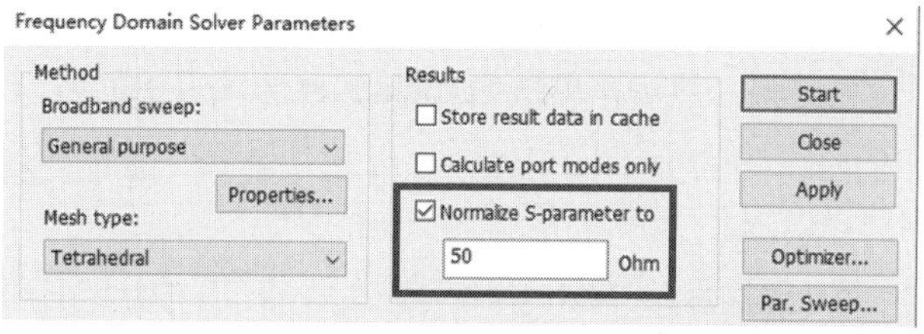

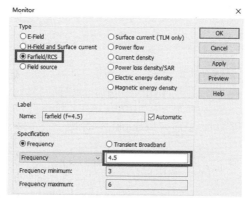

图 11.33　端口阻抗归一化为 50Ω

3) 添加监视器

为了查看漏波天线的频扫特性，需要添加几个远场监视器，查看的频率为 4.5GHz、4.75 GHz、5 GHz 和 5.25GHz。单击 Simulation 选项卡的 Monitors 功能区中的 Field Monitor 按钮，在弹出的 Monitor 对话框中，点选 Farfield/RCS 选项，将频率改为 4.5，然后单击 OK 按钮，如图 11.34 所示。依次操作，将剩余 3 个频点的远场监视器添加进来。

图 11.34　远场监视器参数设置

4) 仿真计算

单击 Home 选项卡中的 Start Simulation 按钮开始仿真计算。

5) 查看仿真结果

仿真计算结束后，可以查看仿真结果。在左侧 Navigation Tree 中，单击 1D Results 文件夹前面的加号，再单击 S-Parameters 文件夹前面的加号，出现 4 个 **S** 参数，查看 S1,1，结果如图 11.35 所示。

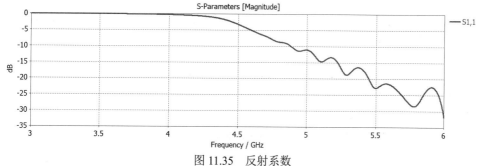

图 11.35　反射系数

然后再查看远场方向图。在左侧 Navigation Tree 中，单击 Farfields 文件夹前面的加号 ⊞，每个频点都会出现两个结果，这两个结果是一样的，分别是由两个波导端口产生的。这里先查看 5 GHz 的其中一个远场结果，然后再单击 Farfield Plot 选项卡中的 👆，查看 3D 远场方向图，如图 11.36 所示。

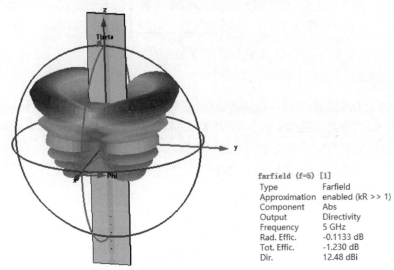

图 11.36　3D 远场方向图

由 3D 远场方向图可以看到，主瓣大概在 phi = 45° 的位置，接下来查看 phi = 45° 切面的方向图，进而确定波束指向。

单击 Farfield Plot 选项卡中的 🖼，选择 phi = 45° 切面，查看 2D 远场方向图，如图 11.37 所示。

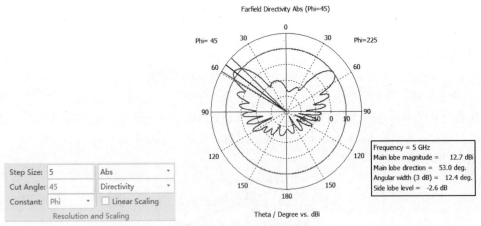

图 11.37　2D 远场方向图

可以看到，主瓣波束指向为 53°。再结合前面提取的相位常数 β，在 5 GHz 处 $\beta/k_0 = 0.596$，由式(11-1)可得

$$\theta = \arccos(\beta / k_0) \tag{11-17}$$

可得 $\theta = 53.4°$，可见理论计算结果与仿真结果相一致。

接下来依次查看 4.5GHz、4.75GHz、5.25GHz 的 phi = 45°切面的方向图，此处为了方便观察趋势，将 4 条曲线放在一起比较，如图 11.38 所示。可以看出，随着频率的变化，主波束指向也跟着变化，频率越高，波束指向角越小，验证了漏波天线的频扫特性。

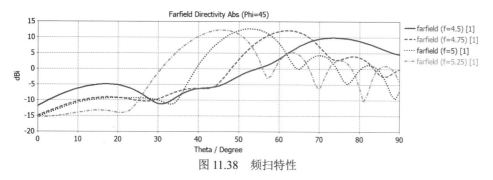

图 11.38　频扫特性

11.2　频率选择表面仿真

本节主要介绍频率选择表面(Frequency Selective Surfaces，FSS)的仿真，从 FSS 单元仿真出发，讲解仿真的步骤及方法，以获得整个 FSS 结构的反射和透射特性。

11.2.1　FSS 单元简介

FSS 最早出现在 20 世纪 50~60 年代，其本质是一种空间滤波器，与电磁波相互作用表现出明显的带通或带阻的滤波特性。目前 FSS 的应用主要有雷达罩、极化旋转、卡塞格伦天线副反射面以及吸波材料等。FSS 一般为周期结构，常见的形式是在介质表面上周期性地布置金属贴片，或者在导电金属表面上周期性地布满缝隙，这就对应了两种类型的 FSS 结构——贴片型和缝隙型。

贴片型 FSS 结构及等效模型如图 11.39(a)所示。假设电磁波电场沿垂直方向入射，在电磁波的作用下，贴片间的空隙会聚集电荷，因此可等效为电容，贴片本身可以等效为电感，因此贴片型 FSS 可以等效为电容和电感的串联，具有带阻滤波的特性，类似电路中的带阻滤波器。

缝隙型 FSS 结构及等效模型如图 11.39(b)所示，可以等效为电容和电感的并联，具有带通滤波的特性，类似电路中的带通滤波器。

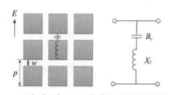

(a) 贴片型 FSS 结构及等效模型　　　　(b) 缝隙型 FSS 结构及等效模型

图 11.39　FSS 结构及等效模型[11]

图 11.39 中的两种 FSS 结构是最为常见的，图中的贴片/缝隙的形状可以由正方形替换为圆形、多边环形(如六边形)、十字形等，如图 11.40 所示。环形 FSS 结构及等效模型如图 11.41 所示。

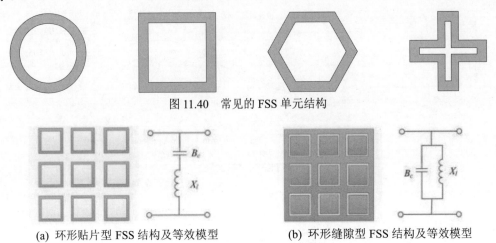

图 11.40　常见的 FSS 单元结构

(a) 环形贴片型 FSS 结构及等效模型　　　　(b) 环形缝隙型 FSS 结构及等效模型

图 11.41　环形 FSS 结构及等效模型[11]

11.2.2　FSS 单元仿真设计

由于 FSS 是特定单元的周期性延拓，因此在实际仿真时只需在周期边界下对单元进行仿真，就可以获得整个周期结构的滤波特性。本节的 FSS 单元为方形贴片，模型如图 11.42 所示，其边长为 $S = 9.5$ mm，材料为 PEC，周期为 10 mm，略大于贴片边长。

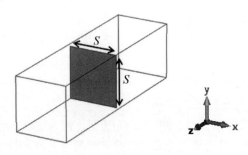

图 11.42　FSS 单元

1. 新建工程模板

1) 运行 CST 并创建工程模板

双击软件图标打开软件，单击 New Template，开始新建工程模板。

单击 Microwaves & RF/Optical，选择微波与射频/光学应用。

单击 Periodic Structures，接着进行下一步操作，单击 Next 按钮。

单击 FSS, Metamaterial - Unit Cell，选择 FSS 工作流；接着进行下一步操作，单击 Next 按钮。

单击 Phase Reflection Diagram，单击 Next 按钮。

2) 设置求解器类型和求解频率

选择频域求解器 Frequency Domain，单击 Next 按钮，默认尺寸单位为 mm，默认频率单位为 GHz，继续单击 Next 按钮。

接下来设置求解频率范围，勾选 Frequency 复选框，将频率范围设置为 7~10 GHz。最后，检查模板的参数(求解器、单位、设置)，Template Name 默认，单击 Finish 按钮完成工程模板的创建，如图 11.43 所示。

保存当前文件，按<Ctrl>+<S>键，文件名称和文件地址需用户自定义。

图 11.43　新建工程模板

2. 设计建模

1) 创建正方形贴片

单击 Modeling 选项卡的 Shapes 功能区中的 ▭ (长方体)，出现 `Double click first point in working plane (Press ESC to show dialog box)` 后，按<Esc>键。在弹出的 Brick 对话框中输入名称和尺寸，并选择材料为 PEC，单元的边长 S 为 9.5 mm，无厚度，具体参数设置如图 11.44 所示。

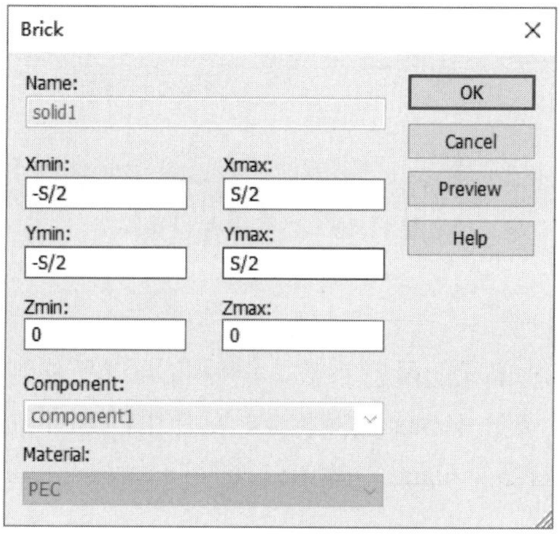

图 11.44　正方形贴片参数设置

2) 调整视图并保存模型

按<5>键，调节观察的视图。按<Space>键，使模型适应窗口大小。按<Ctrl>+<S>键，保存当前模型。

3. 背景设置

单击 Simulation→Settings→Background，在弹出的 Background Properties 对话框中输入背景的尺寸，这里的距离为背景盒子与正方形贴片的距离，四周与正方形贴片的距离为 0.25 mm，背景盒子上下与正方形贴片的距离为 L = 18 mm(该距离大约为 8.5 GHz 的半个真空波长)，则背景盒子的尺寸为 10mm × 10mm × 36 mm，如图 11.45 所示。

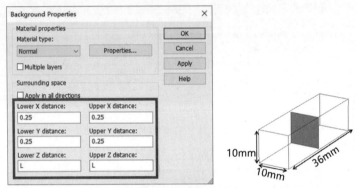

图 11.45　背景设置

4. 边界条件设置

单击 Simulation→Settings→Boundaries，在弹出的 Boundary Conditions 对话框中，将 Zmin 和 Zmax 的边界条件改为 open，再依次单击"确定"按钮，如图 11.46 所示。

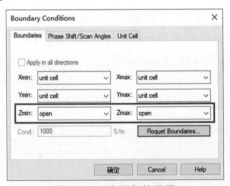

图 11.46　边界条件设置

5. 端口平移设置

为了方便后面观察 FSS 单元的反射系数，需要将端口平移到正方形贴片的位置。单击 Navigation Tree→Ports，双击 Zmax 的图标▣，在弹出的 Settings for Floquet Boundaries 对话框中的 Distance to reference plane 栏输入-L 即可，如图 11.47 所示。

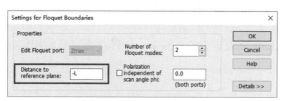

图 11.47　端口平移设置

端口平移前后对比如图 11.48 所示。

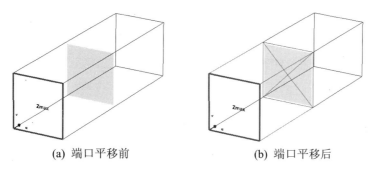

(a) 端口平移前　　　　　　　　　(b) 端口平移后

图 11.48　端口平移前后对比

对端口 Zmin 采用同样的操作进行平移。

6. 仿真计算

单击 Home 选项卡中的 Start Simulation 按钮 开始仿真计算。

7. 查看仿真结果

仿真计算结束后，可以查看 FSS 单元的反射系数的幅度和相位。

在左侧 Navigation Tree 中，单击 1D Results 文件夹前面的加号，再单击 S-Parameters 文件夹前面的加号，出现 8 个 **S** 参数，如图 11.49(a)所示。下面对其中的几个参数进行简单的介绍。**S** 参数中的 1、2 表示不同的模式，分别为 TE 模和 TM 模，如图 11.49(b)、11.49(c)所示。

SZmax(1)，Zmax(1)代表的是模式 1 从 Zmax 端口输入，Zmax 端口输出模式 1 的反射系数。

SZmax(2)，Zmax(1)代表的是模式 1 从 Zmax 端口输入，Zmax 端口输出模式 2 的反射系数。

SZmin(1)，Zmax(1)代表的是模式 1 从 Zmax 端口输入，Zmin 端口输出模式 1 的传输系数。其他 **S** 参数的含义以此类推。

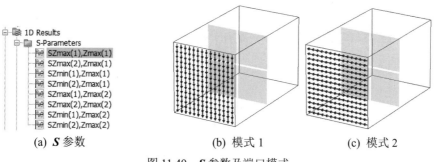

(a) **S** 参数　　　　　　(b) 模式 1　　　　　(c) 模式 2

图 11.49　**S** 参数及端口模式

此处只需观察第一个 **S** 参数，即 SZmax(1), Zmax(1)。首先查看 **S** 参数的幅度，单击 SZmax(1),
Zmax(1)，然后单击 1D Plot 选项卡中的 Linear；再查看 **S** 参数的相位，单击 1D Plot 选项卡中
的 Phase，如图 11.50 所示。

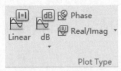

图 11.50　1D Plot 选项卡中的 Linear 和 Phase

S 参数的幅值和相位分别如图 11.51 和图 11.52 所示。可以看到，在 8.28 GHz 时方形贴片
型 FSS 结构的反射系数的幅值约为 0.82，相位约为-145.16°，这将用于后面设计 Fabry-Perot 谐
振腔天线。

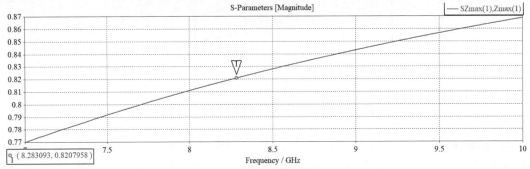

图 11.51　反射系数幅值

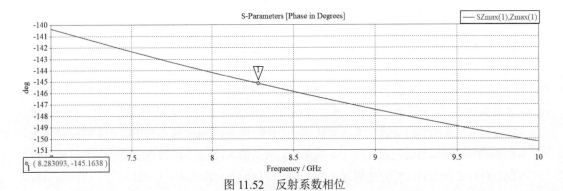

图 11.52　反射系数相位

11.3　基于周期反射表面的高增益天线

在 11.2 节进行了 FSS 的单元仿真，由仿真结果可以看出，该正方形贴片组成的周期结构
为部分反射表面，本节首先将会对 Fabry-Perot 谐振腔天线进行具体的理论分析，然后在传统的
贴片天线上方加载该部分反射表面，显著提高贴片天线的增益。

11.3.1　Fabry-Perot 谐振腔天线的理论分析

Fabry-Perot 谐振腔天线是一种经典的高增益天线，最早在本章参考文献[12]中被提出，它能轻易实现极高的增益，且结构简单，适用于远距离通信。Fabry-Perot 谐振腔天线的工作原理如图 11.53 所示，在馈源天线的前方覆盖了一层部分反射面(Partially Reflecting Sheet, PRS)，该反射面一般为周期性金属结构，能同时透射和反射部分电磁波。电磁波在地板和该反射面间多次反射后，天线的等效口径被显著增大，因而能形成高增益辐射。由于地板和反射面间构成一个 Fabry-Perot 谐振腔体，所以这一类天线也称为 Fabry-Perot 谐振腔天线。透射/反射波的相位与反射面的高度有关，因此，改变反射面的高度，天线的最大辐射方向也会跟着改变。下面将介绍如何计算反射面高度、波束指向和天线的方向性系数。

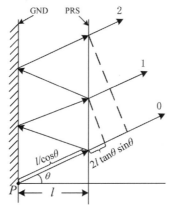

图 11.53　Fabry-Perot 谐振腔天线的工作原理[12]

Fabry-Perot 谐振腔天线的工作原理如图 11.53 所示，若透射出的电磁波在 θ 方向上同相叠加，则相邻透射波(如波束 0 和波束 1)的相位差要满足

$$\Delta\varphi = \frac{2\pi}{\lambda} 2l \tan\theta \sin\theta - \frac{2\pi}{\lambda}\frac{2l}{\cos\theta} + \Psi_\Gamma(f) + \Phi_\Gamma(f) = -2N\pi \tag{11-18}$$

其中，$\Psi_\Gamma(f)$ 为电磁波在 PRS 分界面的反射相位，$\Phi_\Gamma(f)$ 为电磁波在地板表面的反射相位，f 为工作频率，式(11-18)中右边第一项为相邻两透射波的空间波程差对应的相位差。当最大辐射方向 $\theta = 0°$ 时，高度 l 需满足

$$l = \frac{N\lambda}{2} + \left(\frac{\Psi_\Gamma(f) + \Phi_\Gamma(f)}{\pi}\right)\frac{\lambda}{4}, \quad N = 1, \ 2,\ldots \tag{11-19}$$

若 PRS 与地板之间无介质板，此时地板的反射系数为-1，即 $\Phi_\Gamma(f) = -\pi$。若 PRS 与地板表面之间有一层介质板，如图 11.54(a)所示，则此时可以用传输线模型来计算介质分界面上的反射相位，等效的传输线模型如图 11.54(b)所示，馈源天线到地板等效为特征阻抗为 Z_d 的传输线，一侧被地板短路，长度为介质基板的厚度 d，馈源天线到 PRS 间的空气等效为特征阻抗为 Z_0 的传输线。Z_d 和 Z_0 在数值上分别等于介质和空气中的波阻抗，所以有 $Z_0 = 120\pi \ \Omega$，$Z_d = Z_0 /\mathrm{sqrt}(\varepsilon_r)$，其中，$\varepsilon_r$ 为介质的相对介电常数。

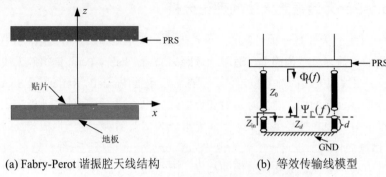

(a) Fabry-Perot 谐振腔天线结构　　　　(b) 等效传输线模型

图 11.54　Fabry-Perot 谐振腔天线结构及等效模型

在图 11.54(b)的传输线模型中，从两段传输线分界面往地板看进去的输入阻抗等于

$$Z_{\text{in}} = j\tan(\beta d) \tag{11-20}$$

则该分界面上的反射系数为

$$\Gamma = \frac{jZ_d\tan(\beta d) - Z_0}{jZ_d\tan(\beta d) + Z_0} \tag{11-21}$$

可得反射系数的相位

$$\Phi_\Gamma \approx \angle\frac{jZ_d\tan(\beta d) - Z_0}{jZ_d\tan(\beta d) + Z_0} = \pi - 2\tan^{-1}(Z_d\tan(\beta d) / Z_0) \tag{11-22}$$

其中，β 为介质中的相位常数。

假设电磁波在 PRS 分界面的反射系数为 Γ_{FSS}，且 Fabry-Perot 谐振腔天线刚好满足法向($\theta = 0°$)辐射的条件，本章参考文献[13]的理论分析证明，此时天线方向性系数刚好是 Γ_{FSS} 的函数，表示为

$$D_r = \frac{1 + |\Gamma_{\text{FSS}}(f, \theta=0)|}{1 - |\Gamma_{\text{FSS}}(f, \theta=0)|}D_0 \tag{11-23}$$

其中，D_0 为馈源天线的方向性系数。由式(11-23)可以发现，PRS 对电磁波的反射越大，天线的方向性系数就越大。

Fabry-Perot 谐振腔天线的 PRS 一般有两类，包括介质覆层和金属 FSS 覆层。常见的介质覆层是在馈源天线上方悬放的一层或多层介质，而每一层介质往往具有不同的厚度和不同的相对介电常数，如图 11.55 所示。

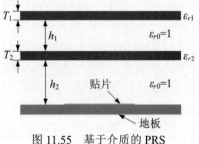

图 11.55　基于介质的 PRS

Fabry-Perot 谐振腔天线常用的 FSS 覆层有贴片型、缝隙型及带条型等几种。在 11.2 节已经介绍过贴片型和缝隙型的 FSS,并且已经通过仿真得到了贴片型 FSS 的反射系数和反射相位。基于带条型 FSS 覆盖层的 Fabry-Perot 谐振腔天线如图 11.56 所示,每一个带条都可被看作一个振子(dipole),它们之间的间距影响了反射系数的大小。需要说明的是,基于不同单元形状的 FSS 具有不同的反射特性,其带宽特性也有所差异。一般来说,Fabry-Perot 谐振腔天线的增益带宽比较窄,因为式(11-18)和式(11-19)所表示的腔体谐振条件只在单频点上满足。同时,该类天线的增益和带宽往往也是矛盾的,天线增益越高,其 3dB 增益带宽就越窄。要想增加天线的带宽,FSS 覆盖层应该具有尽可能接近正斜率的反射相位特性。

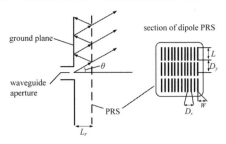

图 11.56　基于微带线的 PRS 结构[14]

11.3.2　设计概述

本节设计的基于周期反射表面的 Fabry-Perot 谐振腔天线一共包括两部分,分别为贴片天线及其上方含 9×9 单元的周期反射表面,结构如图 11.57 所示。

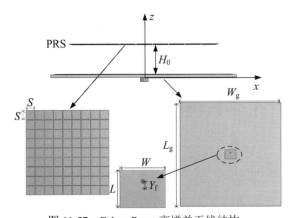

图 11.57　Fabry-Perot 高增益天线结构

贴片天线的中心频率在 8.25 GHz,介质基板的材料为 Arlon DiClad 527 (lossy),相对介电常数为 2.5,具体的参数见表 11.2。

周期反射表面由 9×9 的贴片单元构成,贴片为边长 9.5 mm 的正方形薄片,单元之间的间隔为 0.5 mm。在 11.2 节的 FSS 单元仿真中已经提取到 8.28 GHz 的反射系数幅值为 0.82,相位为 $\Psi_\Gamma(f) = -145°$,由式(11-22)可以得到贴片天线的反射相位为 $\Phi_\Gamma = 146.94°$,再由式(11-19)可以计算得到最大辐射方向 $\theta = 0°$ 时的部分反射覆层的高度 $l \approx 18.02$ mm,此处选取高度为 H0 = 18 mm。

表 11.2　变量列表

变量意义	变量名	变量值/mm
介质基板长度	Lg	110
介质基板宽度	Wg	110
介质基板厚度	h	1.6
贴片长度	L	10
贴片宽度	W	12
馈点位置	Yf	2
周期反射表面单元边长	S	9.5
周期反射表面高度	H0	18

11.3.3　基于周期反射表面的 Fabry-Perot 高增益天线仿真设计

1. 新建工程模板

1) 运行 CST 并创建工程模板

双击软件图标打开软件，单击 New Template，开始新建工程模板。

单击 Microwaves & RF/Optical，选择微波与射频/光学应用。

单击 Antennas，选择天线应用；接着进行下一步操作，单击 Next 按钮。

单击 Planar(Patch, Slot, etc.)，选择平面结构的工作流；接着进行下一步操作，单击 Next 按钮。

2) 设置求解器类型和求解频率

单击 Frequency，选择频域求解器；接着进行下一步操作，单击 Next 按钮。

默认尺寸单位为 mm，默认频率单位为 GHz；接着进行下一步操作，单击 Next 按钮。

频率范围为 7.5~9GHz，在第一个和第二个输入框中分别输入 7.5 和 9；接着进行下一步操作，单击 Next 按钮。

检查模板的参数(求解器、单位、设置)，Template name 默认，单击 Finish 按钮完成工程模板的创建，如图 11.58 所示。

图 11.58　创建工程模板

保存当前文件，按<Ctrl>+<S>键，文件名称和文件地址需用户自定义。

2. 设计建模

1) 贴片天线建模

由于 8.1 节已经讲过了贴片天线的建模，这里不再赘述，结构参数参考表 11.2。

(1) 添加监视器。

建模结束后，为了查看远场方向图，需要添加远场监视器，查看的频率为 8.28 GHz。单击 Simulation 选项卡中的 Field Monitor 按钮，在弹出的 Monitor 对话框中点选 Farfield/RCS 选项，将频率改为 8.28，如图 11.59 所示，然后单击 OK 按钮。

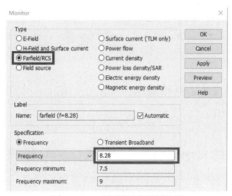

图 11.59　设置远场监视器

(2) 运行仿真计算。

添加完监视器后，进行仿真计算。单击 Home 选项卡中的 Start Simulation 按钮开始仿真计算。

(3) 查看仿真结果。

为了与加了周期反射表面之后的增益进行对比，这里需要先查看贴片天线的增益，选取观察的频率为 8.28 GHz。

在左侧 Navigation Tree 中，单击 Farfields 文件夹前面的加号，再单击 Farfield Cuts 文件夹前面的加号，单击查看 8.28 GHz 的远场方向图。在 Farfield Plot 选项卡的 Resolution and Scaling 功能区中选择切面角度。这里查看 2D 方向图，选取的切面为 phi=0°，如图 11.60 所示。

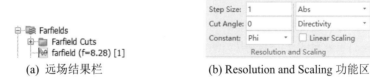

(a) 远场结果栏　　　　　　(b) Resolution and Scaling 功能区

图 11.60　查看 2D 方向图

2D 方向图如图 11.61 所示，最大增益为 6.96 dBi。

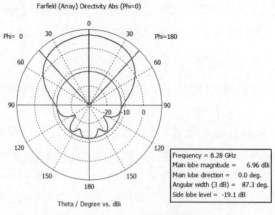

图 11.61　2D 方向图

2)　周期反射表面建模

复制前面的贴片天线的文件，另外创建一个工程，在上一个工程的基础上加入周期反射表面。打开工程文件，开始建模。

(1)　创建一个正方形贴片。

单击 Modeling 选项卡的 Shapes 功能区中的■(长方体)，出现 Double click first point in working plane(Press ESC to show dialog box)后，按<Esc>键。在弹出的 Brick 对话框中输入名称和尺寸，并选择材料为 PEC。单元的边长 S 为 9.5 mm，无厚度，在贴片天线上方高度为 H0 处，参数设置如图 11.62 所示。

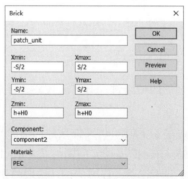

图 11.62　正方形贴片参数设置

(2)　对正方形贴片进行平移复制。

首先选中第(1)步创建的正方形贴片，然后按<Ctrl>+<T>键，弹出 Transform Selected Object 对话框，勾选 Copy 选项，将 Repetition factor(重复因子)设置为 4，平移向量 Translation vector 设置为(10，0，0)。这样就将正方形贴片沿 x 轴正方向复制了 4 个，贴片之间的间距为 0.5，参数设置如图 11.63 所示。

同样地，将正方形贴片沿 x 轴负方向复制 4 个，间距为 0.5。选中第(1)步创建的正方形贴片，然后按<Ctrl>+<T>键，弹出 Transform Selected Object 对话框，勾选 Copy 选项，将 Repetition factor(重复因子)设置为 4，平移向量 Translation vector 设置为(-10，0，0)。这样就可以得到 9 个正方形贴片，如图 11.64 所示。

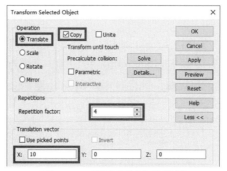

图 11.63　平移复制参数设置

图 11.64　正方形贴片平移复制

　　然后将这 9 个正方形贴片合并，先选中第一个正方形贴片，再将鼠标放在第 9 个正方形贴片上，同时按住<Shift>键，此时就把 9 个正方形贴片都选中，再单击 Modeling 选项卡中的 Boolean 图标 ▣，此时 9 个正方形贴片就合并成一个行单元了，如图 11.65 所示。

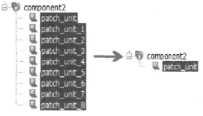

图 11.65　合并正方形贴片

　　接下来需要将上面的行单元沿 y 轴方向复制。选中 9 个正方形贴片，然后按<Ctrl>+<T>键，弹出 Transform Selected Object 对话框，勾选 Copy 选项，将 Repetition factor(重复因子)设置为 4，平移向量 Translation vector 设置为(0，10，0)。这样就将行单元沿 y 轴正方向复制了 4 个，贴片之间的间距为 0.5。

　　最后，再将第一个行单元沿 y 轴负方向复制 4 个。选中第一个行单元，即最开始的 9 个正方形贴片，按<Ctrl>+<T>键，弹出 Transform Selected Object 对话框，勾选 Copy 选项，将 Repetition factor(重复因子)设置为 4，平移向量 Translation vector 设置为(0，-10，0)。这样就得到了 9×9 的周期反射表面，如图 11.66 所示。

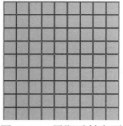

图 11.66　周期反射表面

3. 添加监视器

为了和前面贴片天线的仿真结果进行比较，需要添加远场监视器，查看的频率为 8.28 GHz。单击 Simulation 选项卡中的 Field Monitor 按钮▣，在弹出的 Monitor 对话框中点选 Farfield/RCS 选项，将频率改为 8.28，如图 11.67 所示，然后单击 OK 按钮。

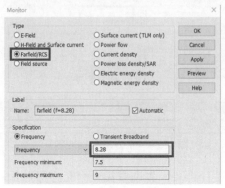

图 11.67 设置远场监视器

4. 运行仿真计算

建模结束后，进行仿真计算。单击 Home 选项卡中的 Start Simulation 按钮▣开始仿真计算。

5. 查看仿真结果

在左侧 Navigation Tree 中，单击 Farfields 文件夹前面的加号⊞，再单击 Farfield Cuts 文件夹前面的加号⊞，单击查看 8.28 GHz 的远场方向图。这里查看 2D 方向图，选取的切面为 phi=0°。在 Farfield Plot 选项卡的 Resolution and Scaling 功能区中选择切面角度。

如图 11.68 所示，增加了周期反射表面之后，Fabry-Perot 天线的最大增益达到了 17.1 dBi。

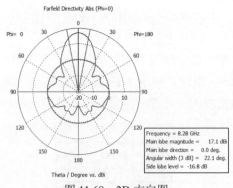

图 11.68　2D 方向图

与没有加周期反射表面的贴片天线相比，增益由 6.95 dBi 显著增加到 17.1 dBi，如图 11.69 所示。而由式(11-21)可计算得到理论的最大增益为 17 dBi，与仿真结果接近。

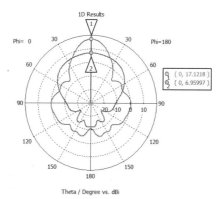

图 11.69　最大增益对比图

11.4 总结

　　本章首先在 11.1 节中对 1D 漏波天线进行了简单的介绍，着重分析了微带漏波天线，并给出了一个基于周期性短路钉加载的微带漏波天线设计实例。然后在 11.2 节简单介绍了 FSS，并讲解了周期结构的仿真方法和技巧，仿真了一个周期为 10 mm 的正方形贴片单元，提取相应的反射系数幅值和相位。11.3 节较为系统地讲解了 Fabry-Perot 谐振腔天线的原理，提供了清晰的设计思路，然后基于 11.2 节的正方形贴片单元设计了一个周期反射表面，仿真结果验证了在贴片天线上加载周期反射表面可以显著提高增益。

　　通过本章的学习，读者除了可以学习到如何使用 CST 进行周期结构仿真，还可以学习到微带漏波天线和 Fabry-Perot 谐振腔天线的相关理论。

11.5 思考题

　　1. 均匀漏波天线、周期性漏波天线和准均匀漏波天线之间有什么区别？

　　2. 微带线的 EH_0 模、EH_1 模和 EH_2 模有什么区别？加载了短路钉的微带线的 EH_0 模为何能实现漏波辐射？

　　3. 周期结构单元仿真时，采用的是什么端口？它与其他的激励端口，如波导端口、离散端口有什么不同？

　　4. 采用图 11.40 中常见的几种 FSS 单元结构进行周期结构仿真，并组成周期反射表面，加载在贴片天线上方，是否也可以实现增益提高的功能？

　　5. Fabry-Perot 谐振腔天线虽然结构简单，能实现高增益，但同时它也具有一定的缺点，请举例说明。

11.6 参考文献

[1] 龙云亮，刘菊华，李元新. 平面漏波天线综述[J]. 微波学报，2013，29(Z1):49-54.

[2] Volakis J Ł. Antenna engineering handbook[M]. New York: McGraw-Hill Education, 2007.

[3] Liu J, Jackson D R, Long Y. Propagation Wavenumbers for Half-and Full-Width Microstrip Lines in the EH1 Mode[J]. IEEE Transactions on Microwave Theory and Techniques, 2011, 59(12): 3005-3012.

[4] Liu J, Jackson D R, Long Y. Modal analysis of dielectric-filled rectangular waveguide with transverse slots[J]. IEEE Transactions on Antennas and Propagation, 2011, 59(9): 3194-3203.

[5] Liu J, Jackson D R, Long Y. Substrate integrated waveguide (SIW) leaky-wave antenna with transverse slots[J]. IEEE Transactions on Antennas and Propagation, 2011, 60(1): 20-29.

[6] Sengupta S, Jackson D R, Long S A. Modal analysis and propagation characteristics of leaky waves on a 2-D periodic leaky-wave antenna[J]. IEEE Transactions on Microwave Theory and Techniques, 2018, 66(3): 1181-1191.

[7] Xie D, Zhu L, Zhang X. An EH 0-mode microstrip leaky-wave antenna with periodical loading of shorting pins[J]. IEEE Transactions on Antennas and Propagation, 2017, 65(7): 3419-3426.

[8] Ermert H. Guided modes and radiation characteristics of covered microstrip lines[J]. Archiv Elektronik und Uebertragungstechnik, 1976, 30: 65-70.

[9] Ermert H. Guiding and radiation characteristics of planar waveguides[J]. IEE Journal on Microwaves, Optics and Acoustics, 1979, 3(2): 59-62.

[10] Menzel W. A new travelling wave antenna in microstrip[C]. 1978 8th European Microwave Conference. IEEE, 1978: 302-306.

[11] 王义富. 一种频率选择表面的等效电路分析模型研究[C]. 2017 年全国天线年会论文集(下册)，2017:33-36.

[12] Trentini G V. Partially reflecting sheet arrays[J]. IRE Transactions on Antennas and Propagation, 1956, 4(4): 666-671.

[13] Foroozesh A, Shafai L. Investigation into the effects of the patch-type FSS superstrate on the high-gain cavity resonance antenna design[J]. IEEE Transactions on Antennas and Propagation, 2009, 58(2): 258-270.

[14] Feresidis A P, Vardaxoglou J C. High gain planar antenna using optimised partially reflective surfaces[J]. IEE Proceedings-Microwaves, Antennas and Propagation, 2001, 148(6): 345-350.

第**12**章

散射场仿真

本章首先在 12.1 节以表面等离子体为例介绍散射近场的提取，介绍如何对网格进行设置，使得两个仿真子工程的网格剖分相同；接着介绍如何在后处理中对总场和入射场进行相减操作，从而得到散射近场。12.2 节首先介绍雷达散射截面的概念，接着介绍单站雷达散射截面的仿真。

12.1 散射近场的提取

本节将以表面等离子体为例介绍散射近场的提取。

12.1.1 表面等离子体概述

表面等离子体可以在纳米尺度上实现超衍射现象，并且可以实现电磁波的局部增强，以及电磁波纳米尺度传输的控制。表面等离子体在微纳传感探测、纳米光刻、纳米光子器件设计及其集成等纳米光子学领域具有重要应用[1-4]。

当入射波的频率达到或者接近可见光频段时，一些贵重金属(金、银等)会呈现介质的特性。当入射波与金属相互作用时，金属表面的自由电子产生振荡，能量被束缚在金属表面附近，从而实现电磁波的局部增强特性。

图 12.1 所示为纳米金属材料表面的电磁场分布，图 12.2 所示为纳米金属材料表面和介质部分电磁场的衰减示意图，由于在金属内部电场的衰减比介质中的电场衰减得快，这样会在金属表面形成局部场增强。

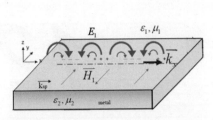
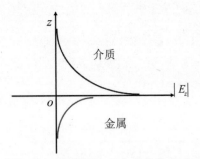

图 12.1　金属表面电荷及电磁场示意图　　　图 12.2　电磁场随 z 方向成指数衰减示意图

表面等离子体的吸收系数定义如下

$$C_{abs} = \frac{P_{abs}}{I_i} \tag{12-1}$$

其中

$$I_i = \frac{|E_i|^2}{2Z_0}, Z_0 = \sqrt{\mu_0 / \varepsilon_0} \tag{12-2}$$

$$\int_A S(r)\mathrm{d}A = -P_{abs} \tag{12-3}$$

$$S(r) = \frac{1}{2}\mathrm{Re}(E(r) \times H^*(r)) \tag{12-4}$$

其中，I_i 为辐射照度，即单位面积接收到的辐射通量；Z_0 为自由空间的波阻抗；$S(r)$ 为坡印廷矢量；P_{abs} 为通过物体的电磁波的能量。

12.1.2　设计要求

下面采用光频率的平面波作为纳米金球的激励源，介绍散射近场在 CST 中的提取方法，观察由于表面等离子体产生的表面电场增强的特性。

12.1.3　设计实例概述

创建 3 个纳米金球，使用平面波作为激励源，提取其散射近场，观察纳米金球表面电场增强的特性。散射近场提取模型如图 12.3 所示，变量的定义与意义见表 12.1。

图 12.3　散射近场提取模型

表 12.1　变量的定义与意义

变量意义	变量名	变量值/nm
纳米金球的半径	Rs	25
纳米金球之间的间隙	gap	5

12.1.4　CST 仿真设计

1. 新建工程模板

1) 运行 CST 并创建工程模板

双击软件图标打开软件，单击 New Template，开始创建新的工程模板。

单击 MICROWAVES & RF/OPTICAL，选择微波与射频/光学应用。

单击 Optical Applications，选择光学应用；接着进行下一步操作，单击 Next 按钮。

单击 Plasmonic/Metallic Structures，选择等离子体/金属结构的工作流；接着进行下一步操作，单击 Next 按钮。

单击 Nano Antennas，选择纳米天线的工作流；接着进行下一步操作，单击 Next 按钮。

2) 设置求解器类型和求解频率

单击 Time Domain，选择时域求解器；接着进行下一步操作，单击 Next 按钮。

设置尺寸单位为 nm、波长/频率单位为 um/THz、时间单位为 ns、温度单位为 Kelvin；接着进行下一步操作，单击 Next 按钮。

使用频率定义，单击 Frequency，频率范围为 400~500THz，在第一个和第二个输入框分别输入 400 和 500，单击 Next 按钮。

检查模板的参数(求解器、单位等)，如图 12.4 所示。单击 Finish 按钮完成工程模板的创建。

单击 File 选项卡中的 Save As，读者可以自定义文件名称及文件地址。或者按<Ctrl>+<S>键自定义文件名称及文件地址。

图 12.4　模板参数

2. 设计建模

1) 参数列表设置

首先在参数列表中定义各个变量并且给变量赋值，在 Name 输入框输入变量的名称；在 Expression 输入框输入变量的取值，无须输入单位，因为在模板中已经设置好了单位；在 Description 输入框输入变量的意义，以便后面对变量进行更改。定义完成后，确定参数列表中变量的定义与意义，如图 12.5 所示。

	Name	Expression	Value	Description
	Rs	= 25	25	纳米金球的半径
	gap	= 5	5	纳米金球之间的间隙

图 12.5 定义所有变量后的参数列表

2) 创建纳米金球

纳米金球的相对介电常数为 $\varepsilon_r = -13.93 + 12.073\mathrm{i}$，运用宏中 Drude 模来建立负电常数材料，单击 Home→Macros→Materials→Create Drude Material for Optical Applications，在弹出的对话框中，点选 eps1/eps2(介电常数的实部及虚部)选项作为输入参数，输入 lambda 为 664.728，eps1 为-13.93，eps2 为 12.073，如图 12.6 所示，单击 Calculate→Create/Change Material 创建所需介电常数的材料，单击 Quit 按钮退出。

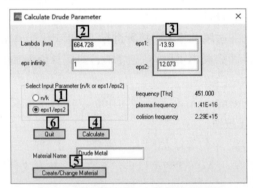

图 12.6 创建所需介电常数的新材料

双击 Navigation Tree→1D Results→Materials→Drude Metal→Dispersive，可以查看所创建新材料的介电常数的实部(Eps')及虚部(Eps")随频率的变化情况，如图 12.7 所示。在 451 THz 下，新材料的介电常数为 $\varepsilon_r = -13.93 + 12.073\mathrm{i}$，与所需要的介电常数一致。

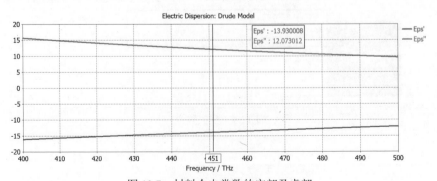

图 12.7 材料介电常数的实部及虚部

单击 Navigation Tree→Components，单击 Modeling 选项卡中的 ⊙，当 3D 模型窗口左上角
出现 `Double click first point in working plane (Press ESC to show dialog box)` 后，按<Esc>键。

在弹出的 Sphere 对话框中输入球体的名称、位置、尺寸以及选择球体的材料来建立纳米球，
材料无须修改，默认为前面所创建的 Drude Metal，球体的参数设置如图 12.8 所示，然后单击
OK 按钮以完成球体的创建。

图 12.8　球体的参数设置

双击 Navigation Tree→Components→Component1 打开文件夹。单击 component1 文件夹中
的 sphere1 选择所创建的球体。单击 Modeling 选项卡中的 🔧，勾选 Copy 选项，即保留原
球体，复制另外一个相同的球体，在 X 输入框中输入–gap－2*Rs，即在 x 轴方向上将球体移动
–gap－2*Rs 的距离，此时两个球体之间的间隙为 gap。参数设置如图 12.9(a)所示。单击 sphere1
以相同的操作再创建一个新球体，使球体沿着 x 轴方向移动 gap＋2*Rs 距离，从而生成 3 个纳
米球的模型，参数设置如图 12.9(b)所示。

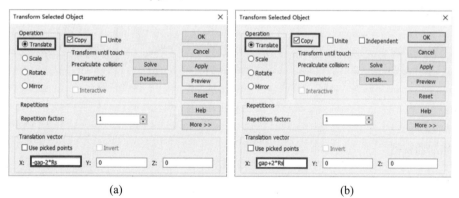

(a)　　　　　　　　　　　　　　　　　　(b)

图 12.9　使用平移操作创建新球体

3. 创建平面波激励

单击 Simulation 选项卡中的 Plane Wave，设置平面波类型为线极化。平面波为 z 轴负方向
入射，电场矢量方向为 x 轴方向，平面波的参数设置如图 12.10 所示，单击 OK 按钮完成平面
波的创建。单击左侧 Navigation Tree 中的 Plane Wave 可查看平面波。

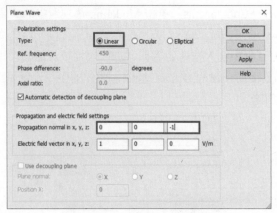

图 12.10　平面波的参数设置

4. 边界设置

单击 Simulation 选项卡中的 Boundaries 设置边界条件，在弹出的对话框中勾选 Apply in all directions 选项，即所有的方向进行相同的设置，在 Type 右侧选择 open(add space)，单击"确定"按钮完成边界条件的设置。再次单击 Simulation 选项卡中的 Boundaries 可查看边界设置结果，边界条件的设置及查看如图 12.11 所示。

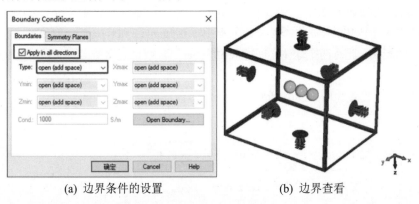

（a）边界条件的设置　　　　　　　　　（b）边界查看

图 12.11　边界条件的设置及查看

5. 添加监视器

单击 Simulation 选项卡中的 Field Monitor，弹出 Monitor 对话框，在 Specification 区域的 Frequency 右侧输入框输入 451，单击 OK 按钮，创建监视频率为 451 THz 的电场监视器。观察左侧 Navigation Tree 中的 Field Monitors，已成功创建电场监视器。电场监视器的设置及查看如图 12.12 所示。

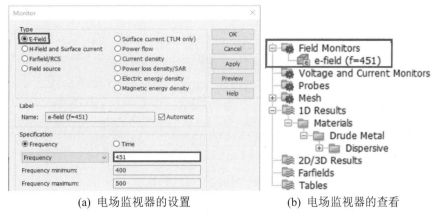

(a) 电场监视器的设置   (b) 电场监视器的查看

图 12.12 电场监视器的设置及查看

6. 设置与材料无关的网格组

单击 Home→Macros→Solver→Mesh→Create Material-independent Mesh Group，运用宏创建与材料无关的网格组。双击 Navigation Tree→Groups→Mesh Groups 打开文件夹。单击 Navigation Tree→component1，按住并将其拖动至 materialindependent-meshing，将 3 个球体加入与材料无关的网格组，使得剖分网格不依赖于材料，这是为了保证总场和入射场两个仿真任务网格完全一致，并且保证能够手动加密网格。双击 materialindependent-meshing→component1 可以看到，已成功将 3 个球体加入了与材料无关的网格组。

右击 Mesh Groups 中的 materialindependent-meshing，在弹出的快捷菜单中单击 Local Mesh Properties…，在 Volume refinement settings 区域中，为了获得较为精确的仿真结果以及兼顾仿真的时间，将步宽设置为 1，其他默认参数设置，然后单击 OK 按钮。在 Navigation Tree 中查看及步宽设置如图 12.13 所示。

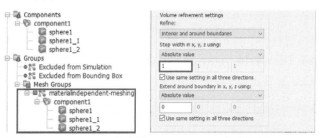

(a) 在 Navigation Tree 中查看   (b) 步宽设置

图 12.13 在 Navigation Tree 中查看及步宽设置

7. 网格查看及网格剖分设置

在英文输入法的情况下按<5>键，再按<Space>键调整视角，单击 Simulation 选项卡中的 Mesh View 查看网格剖分情况。查看工具栏，此时切面的法线方向(Normal)为 x 轴方向，默认切取 oyz 平面。将 Normal 右侧选项栏改为 Z，可查看 oxy 平面的网格剖分情况，此时 oxy 面的高度(Position)为 0。滚动鼠标滚轮放大视角。网格剖分情况如图 12.14 所示。

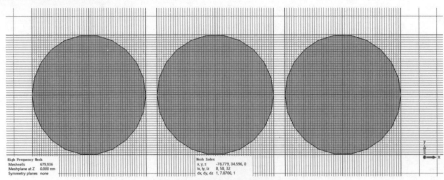

图 12.14　网格剖分情况(一)

　　此时球之间的间隙部分网格的剖分显然不够，为了能准确得到场分布情况，需要进一步加密网格。单击工具栏中的 ，在弹出的对话框中单击 Specials…按钮，在弹出的对话框中勾选 Smooth mesh with equilibrate ratio 选项设置平滑的网格剖分，在右侧输入框输入 1.3 设置相邻网格之间比例小于 1.3，单击"确定"按钮完成 Specials 设置，再单击 OK 按钮完成网格剖分参数设置。网格剖分参数设置如图 12.15 所示。

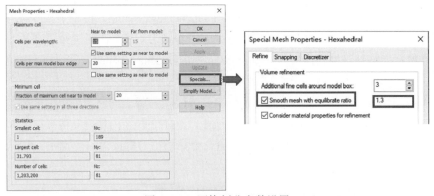

图 12.15　网格剖分参数设置

　　此时网格剖分情况如图 12.16 所示，可以看到，此时网格的剖分更为平滑，球体之间的间隙部分网格密度增加，这有助于我们获得更加准确的场分布结果。单击 Mesh→Close Mesh View 关闭网格剖分查看。

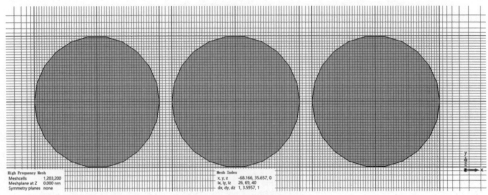

图 12.16　网格剖分情况(二)

8. 求解器设置

接下来需要创建两个仿真子工程，分别仿真得到总场及入射场。为了保证总场和入射场两个仿真任务网格完全一致，以便两个子工程的场能够进行相减操作，求得散射场，这里不选择自适应网格，防止两个工程网格的不一致性。单击 Simulation 选项卡中的 Setup Solver，此时显示为时域求解器的对话框，在 Adaptive mesh refinement 区域默认取消勾选 Adaptive mesh refinement 选项，自适应网格设置如图 12.17 所示。保持默认设置不变，单击 Close 按钮关闭求解器对话框。

图 12.17　自适应网格设置

9. 创建子工程

1) 创建入射场子工程并修改球体材料

单击 Home→Simulation→Simulation Project→All Blocks as 3D Model 创建子工程。首先创建入射场子工程，命名为 incident，工程类型为 High Frequency，求解器类型为 Transient(即时域求解器)，入射场子工程参数设置如图 12.18(a)所示，单击"确定"按钮完成入射场子工程的创建，此时默认进入新创建的入射场子工程中。

双击 Components→MWSSCHEM1，右击 component1，在弹出的快捷菜单中单击 Assign Material and Color…，在弹出的对话框中将 Material 设置为 vacuum，单击 OK 按钮确认球体的材料修改为真空。

2) 创建总场子工程

返回原工程，进行相同的操作，再次创建总场子工程，命名为 total，其余设置与入射场子工程相同，总场子工程参数设置如图 12.18(b)所示，单击"确定"按钮完成总场子工程的创建。

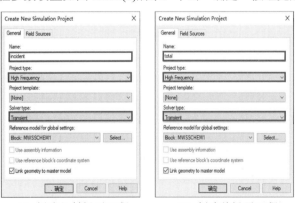

(a) 创建入射场子工程　　　(b) 创建总场子工程

图 12.18　入射场及总场子工程参数设置

10. 运行子工程仿真计算

单击入射场子工程，再单击 Home 选项卡中的 Start Simulation 开始入射场子工程仿真，在该子工程仿真中，由于将球体材料设置为真空，因此可以得到入射场(平面波的场分布)的结果。

入射场子工程仿真完成后，单击总场子工程，再单击 Home 选项卡中的 Start Simulation 开始总场子工程仿真。

11. 后处理

1) 在总场子工程中导入入射场子工程电场结果

总场子工程仿真完成后，在总场子工程中，单击 Post-Processing→Result Templates，在第一个选项栏中单击 2D and 3D Field Results，在第二个选项栏中单击 Import 3D Field Result，双击 incident 打开入射场子工程文件夹，再双击 Result 打开计算结果，双击 e-field (f = 451)_pw.m3d 确认选择入射场子工程计算的电场结果。默认导入电场名字为 e-field (f = 451)_pw，单击 OK 按钮默认设置，操作步骤如图 12.19 所示。导入成功后的结果如图 12.20 所示，单击 Evaluate 按钮完成计算，单击 Close 按钮关闭后处理界面。

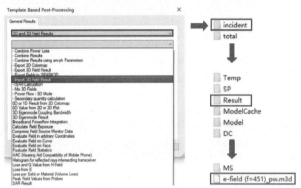

图 12.19　操作步骤

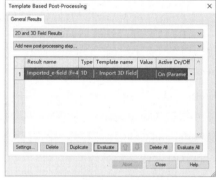

图 12.20　后处理界面

双击 Navigation Tree→2D/3D Results→E-Field 打开电场结果文件夹。此时文件夹中包括两个电场结果，其中一个是 e-field (f = 451)[pw]，即总场子工程所计算得到的电场结果，也就是总场。还有一个是 imported_e-field(f = 451)_pw，即使用后处理导入的入射场子工程结果，也就是入射场的平面波。电场结果查看如图 12.21 所示。

图 12.21　电场结果查看

2) 计算散射场

单击 Post-Processing→Result Templates，在第一个选项栏中单击 2D and 3D Field Results，在第二个选项栏中单击 Mix 3D Fields，用总场结果减去入射场结果，参数设置如图 12.22 所示，然后单击 OK 按钮完成设置。

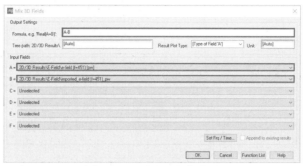

图 12.22　后处理参数设置

3) 观察总场、入射场和散射场结果

单击 Evaluate 按钮开始计算，计算完成后，3D 模型窗口自动显示远场结果。单击 Close 按钮关闭后处理界面。

单击左侧 Navigation Tree 中的 e-field(f = 451)[pw]查看总场仿真结果，为了能够更好地观察电场仿真结果，在工具栏进行图 12.23 所示的设置。

图 12.23　工具栏设置

此时总场的结果如图 12.24 所示，总场包含入射场和散射场。

图 12.24　总场的结果

单击左侧 Navigation Tree 中的 import_e-field(f = 451)[pw]查看入射场仿真结果。此时入射场的结果如图 12.25 所示。

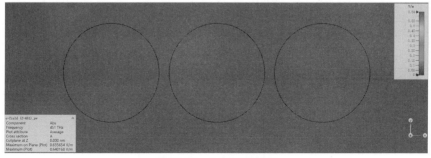

图 12.25　入射场的结果

单击左侧 Navigation Tree 中的 e-field(f = 451)(pw) - import_e-field(f = 451)[pw]查看散射场仿真结果。此时散射场的结果如图 12.26 所示。从散射场的结果中可以看到，在两个纳米金球之间的间隙存在场的增强现象，相比于入射波，纳米金球间隙间场强最高增加了约 14 倍。

图 12.26　散射场的结果

 雷达散射截面(RCS)仿真

本节首先介绍雷达散射截面的定义及分类，接着采用金属球演示远场单站 RCS 的仿真过程。

12.2.1　RCS 概述

雷达，是英文 radio detection and ranging 首字母的缩写 radar 的音译，意思为"无线电探测和测距"，即用无线电的方法发现目标并测定它们的空间位置。因此，雷达也被称为"无线电定位"。

雷达散射截面(Radar Cross Section，RCS)是雷达目标对于入射电磁波散射能力的度量，目标的 RCS 越大，就越容易被雷达侦测到。

1. RCS 的定义

如图 12.27 所示，当雷达发射的电磁波遇到目标时，电磁波将会被散射，散射的能量可以描述为一个有效面积和入射波功率密度的乘积，该有效面积即 RCS，用符号 σ 表示。

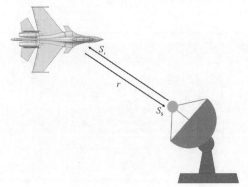

图 12.27　RCS 定义

σ 定义为一个面积，它所接收到的入射波功率 P_i 被全向均匀散射后，到达雷达的接收天线处的功率密度等于目标散射到该处的功率密度 S_s。设雷达在目标处的入射波功率密度为 S_i，则有

$$P_i = \sigma S_i \tag{12-5}$$

$$S_s = \frac{P_i}{4\pi r^2} \tag{12-6}$$

从而可以得到 RCS 的定义式为

$$\sigma = 4\pi r^2 \frac{S_s}{S_i} = 4\pi r^2 \frac{|E_s|^2}{|E_i|^2} \tag{12-7}$$

其中，r 为目标和雷达之间的距离，r 足够大，即目标位于雷达天线的远场区域；E_i 为入射波的场强；E_s 为到达雷达接收天线的散射场强。

RCS 的单位为 m^2，通常以对数表示，单位为 dBsm。

$$\sigma = 10\lg\left[\frac{\sigma(m^2)}{1(m^2)}\right] \tag{12-8}$$

2. RCS 的分类

RCS 的分类有很多种。例如按场来分类，分为近场 RCS 和远场 RCS，近场 RCS 是距离的函数；也可以按照雷达站收发的位置来分类，分为单站 RCS、准单站 RCS 和双站 RCS。设坐标原点为雷达检测目标，如图 12.28 所示，在此坐标系中，θ_i、ϕ_i 代表入射波的方向，θ_s、ϕ_s 代表散射波接收的方向。当 $\theta_i = \theta_s$，$\phi_i = \phi_s$ 时称为单站散射，即此时收发天线为同一天线；当 θ_i 与 θ_s、ϕ_i 与 ϕ_s 相差不大，在 5° 以内时，称为准单站散射，若收发天线相隔较远，则称为双站散射。

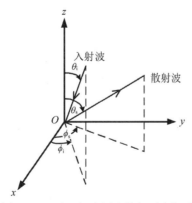

图 12.28　以目标为原点的相对坐标系

入射波波长对目标 RCS 值影响很大，同一目标的电磁散射特性随着入射频率的改变而改变，因此可以根据入射波波长对 RCS 进行分类。首先引入一个表征由波长归一化的目标特征尺

寸大小的参数，称为 ka 值，有

$$ka = 2\pi \frac{a}{\lambda} \tag{12-9}$$

其中，$k = 2\pi / \lambda$ 为波数，a 为目标的特征尺寸。在目标的特征尺寸 a 给定的情况下，ka 的变化只依赖于频率。

根据目标特征尺寸与入射波波长的关系，散射可分为瑞利区散射、谐振区散射和光学区散射三种方式。

1) 瑞利区

ka 取值一般小于 1，在这个区内，入射波波长大于目标特征尺寸，RCS 一般与波长的四次方成反比。

2) 谐振区

ka 的取值范围为 1～20，在这个区内，由于各个散射分量之间的相互干涉，RCS 随频率变化产生振荡性的起伏。

3) 光学区(也称为高频区)

ka 的取值范围一般大于 20，在这个区内，目标特征尺寸远大于入射波波长，此时总场散射是各独立的散射部分共同作用的集合，目标各部分的散射场表现出局部效应。

12.2.2　设计实例概述

采用金属球演示远场单站 RCS 的仿真过程。创建一个金属球，使用平面波作为激励源，提取其远场 RCS。金属球 RCS 提取模型如图 12.29 所示，变量的定义与意义见表 12.2。

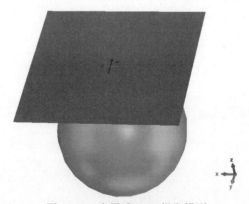

图 12.29　金属球 RCS 提取模型

表 12.2　变量的定义与意义

变量意义	变量名	变量值/cm
金属球半径	Rs	12

12.2.3　CST 仿真设计

1. 新建工程模板

1) 运行 CST 并创建工程模板

双击软件图标打开软件，单击 New Template，开始创建新的工程模板。

单击 Microwaves & RF/Optical，选择微波与射频/光学应用。

单击 Radar Cross Section，选择 RCS 应用；接着进行下一步操作，单击 Next 按钮。

单击 Mono-static RCS，选择单站 RCS 的工作流；接着进行下一步操作，单击 Next 按钮。

单击 Small Objects，选择小目标的工作流；接着进行下一步操作，单击 Next 按钮。

2) 设置求解器类型和求解频率

单击 Integral Equation，选择积分方程求解器；接着进行下一步操作，单击 Next 按钮。

设置尺寸单位为 cm、频率单位为 GHz、时间单位为 ns、温度单位为 Kelvin；接着进行下一步操作，单击 Next 按钮。

频率范围为 0.05~5GHz，设置最小频率和最大频率分别为 0.05 和 5(因为频域积分方程很难求解低频，这里从 0.05GHz 开始计算)，接着单击 Next 按钮。

检查模板的参数(求解器、单位等)，如图 12.30 所示。单击 Finish 按钮完成工程模板的创建。

单击 File 选项卡中的 Save As，读者可以自定义文件名称及文件地址。或者按<Ctrl>+<S>键自定义文件名称及文件地址。

图 12.30　模板参数

2. 检查模板参数

双击 Navigation Tree→Plane Wave→Plane Wave，此时平面波已被模板定义好，平面波参数设置如图 12.31 所示，为线极化波，单击 OK 按钮关闭平面波设置。

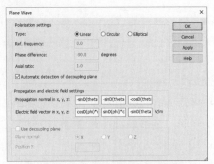

图 12.31　平面波参数设置

检查参数列表，如图 12.32 所示，此时模板定义好了 3 个参数，分别是 alpha、theta 和 phi，theta 与 phi 使用模板默认值，也就是 theta = 0 和 phi = 0 的方向，平面波为 z 轴负方向入射，alpha 可以改变电场极化的方向，模板默认设置 alpha = 0，此时电场的极化方向为 x 轴方向(将 alpha 修改为 90，此时电场的极化方向为 y 轴方向)，因此确定电场极化方向和平面波传播方向即可确定整个平面波，这里使用默认的参数定义，无须修改参数值。

	Name	Expression	Value	Description
-⊞	alpha	= 0	0	Rotation angle of E-field Vector (relative to x-axis)
-⊞	theta	= 0	0	spherical angle of incident plane wave
-⊞	phi	= 0	0	spherical angle of incident plane wave

Parameter List ✕

图 12.32　模板定义的变量的定义与意义

3. 设计建模

1) 参数列表设置

在参数列表中增加对金属球半径的定义，这里不再赘述，定义完成后参数列表如图 12.33 所示。

	Name	Expression	Value	Description
-⊞	alpha	= 0	0	Rotation angle of E-field Vector (relative to x-axis)
-⊞	theta	= 0	0	spherical angle of incident plane wave
-⊞	phi	= 0	0	spherical angle of incident plane wave
-⊞	Rs	= 12	12	金属球半径

Parameter List ✕

图 12.33　定义所有变量后的参数列表

2) 创建金属球

单击 Modeling 选项卡中的 ◉，当 3D 模型窗口左上角出现 Double click center point in working plane(Press ESC to show dialog box)后，按<Esc>键。

在弹出的 Sphere 对话框中输入球体的名称、位置、尺寸以及选择球体的材料，金属球的材料设置为 PEC，即理想导体，金属球参数设置如图 12.34 所示，单击 OK 按钮完成金属球的创建。

图 12.34　金属球参数设置

4．求解器设置及运行仿真计算

单击 Simulation 选项卡中的 Setup Solver，在 Frequency samples 区域的第一行输入框中，将 Type 类型修改为 Equidistant，在 Samples 输入框输入 100，From 输入框输入 0.05，To 输入框输入 5，使得计算频率点为 0.05~5GHz 均匀分布的 100 个点，参数设置如图 12.35 所示，在 Monostatic RCS sweep 区域勾选 Use monostatic RCS sweep 选项，即单站 RCS。

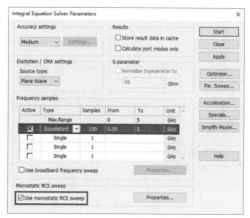

图 12.35　求解器参数设置

单击 Monostatic RCS sweep 区域的 Properties...按钮进行单站 RCS 的扫描设置。在里面定义极化方向和 RCS 观察角度，单站的观察角和入射角是一样的。首先进行入射场设置，单击 Incident field settings 区域的 Add...按钮进行入射场设置，默认参数设置，单击 OK 按钮完成水平极化波的建立。这里电场沿着 phi 方向(即 x 轴的方向)。

单击 Observation angle sweeps 区域的 Add...按钮进行观察角度的设置，观察角度设置如图 12.36 所示，单击 OK 按钮完成观察角度的设置。注意，这里的设置会自动替代或者控制平面波的 3 个参数(alpha、theta、phi)。最后单击 OK 按钮完成单站 RCS 的扫描设置，单击 Start 按钮开始仿真计算。

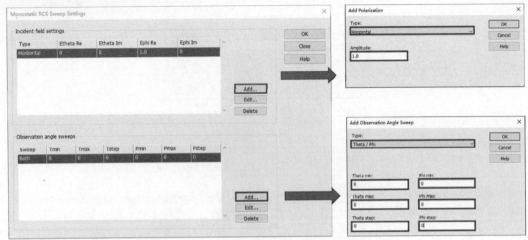

图 12.36　极化方向和 RCS 观察角度设置

5. 后处理计算 RCS

1) 后处理设置

单击 Post-Processing 选项卡中的 Result Templates，在第一个选项栏中单击 Farfield and Antenna Properties，在第二个选项栏中单击 Farfield Result，在弹出的对话框中单击 Monostatic RCS for parameterized plane wave 模板，单击下方 All Settings...按钮更改设置，如图 12.37 所示。

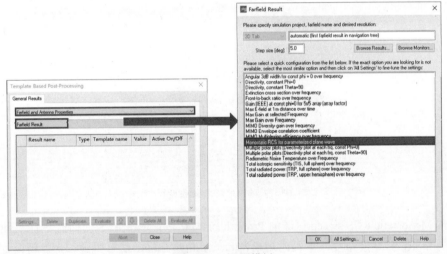

图 12.37　调用模板

在 Frequency and Output Type Settings 区域的 Output data type 右侧选项栏中单击 1D Cartesian，单击 For monitor type'(broadband)'右侧的 Set Frq/Time...按钮，进行图 12.38 所示的参数设置，然后单击 OK 按钮完成频率及输出结果的设置。

在 Evaluation Range 区域的 Theta 栏填写 0，Phi 栏填写 0，即设置角度为 theta = 0，phi = 0。在 Farfield Settings 区域，单击 Plot Mode...按钮，取消勾选 Linear scaling 选项，设置结果单位显示为 dB，单击 OK 按钮完成 Plot Mode...参数设置。最后单击 OK 按钮完成模板参数设置。

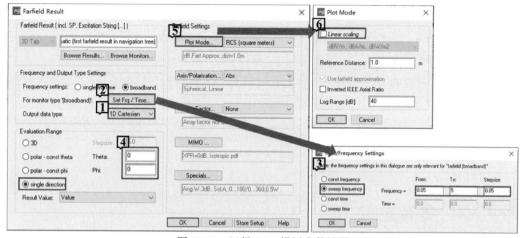

图 12.38　远场 RCS 模板参数设置

2) 计算得到结果

单击后处理对话框中的 Evaluate 按钮开始计算，计算完成后，单击 Close 按钮关闭后处理模板，可以得到图 12.39 所示的金属球 RCS 结果。

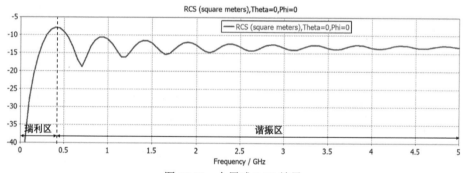

图 12.39　金属球 RCS 结果

由图 12.39 的结果可以发现，金属球在低频区(瑞利区)，其电尺寸远小于信号波长，其 RCS 随着频率的增加而急剧增加，当工作频率到达瑞利区与谐振区分界处($ka = 1$)时，RCS 到达第一个峰值。当信号频率与金属球的半径可比拟时(谐振区)，金属球的 RCS 随着频率变化而振荡。

12.3　思考题

1. 表面等离子仿真中，纳米金球与传统的纳米天线摆放方式类似，然而物理现象却不一样，其本质的物理原因是什么？

2. 图 12.39 中金属球单站 RCS 曲线变化的物理原因是什么？

3. 建立 2 个纳米金球，半径为 25 nm，间距为 5 nm，沿着 x 轴排列，纳米金球的相对介电常数为 $\varepsilon_r = -13.93 + 12.073i$。采用平面波激励，平面波与 x 轴的夹角为 45°(theta = 45°)，观察其对场增强的效果。

4. 建立半径为 0.2 m、相对介电常数为 4.0 的介质球，入射平面波的角度为 theta = 0 和 phi = 0，仿真 0.3~3 GHz 的单站 RCS。

5. 建立半径为 0.2 m 的金属球，入射平面波的角度为 theta = 0 和 phi = 0，入射波频率为 1 GHz，仿真其 theta 角度在 0~360°的双站 RCS。

6. 建立半径为 1 m 的金属球，入射平面波的角度为 theta = 0 和 phi = 0，采用 CST 自带的多层快速多极子仿真其在 1~5 GHz 的单站 RCS。

12.4 参考文献

[1] Rico-García J M, López-Alonso J M, Alda J. FDTD analysis of nano-antenna structures with dispersive materials at optical frequencies[C]. Nanotechnology II. International Society for Optics and Photonics, 2005, 5838: 137-144.

[2] Kottmann J P, Martin O J F. Plasmon resonant coupling in metallic nanowires[J]. Optics Express, 2001, 8(12): 655-663.

[3] Kern A M, Martin O J F. Surface integral formulation for 3D simulations of plasmonic and high permittivity nanostructures[J]. JOSA A, 2009, 26(4): 732-740.

[4] Gallinet B, Kern A M, Martin O J F. Accurate and versatile modeling of electromagnetic scattering on periodic nanostructures with a surface integral approach[J]. JOSA A, 2010, 27(10): 2261-2271.

第 *13* 章

基于编程调用CST的自动化建模与仿真

在前面的章节中,读者已经学会了如何用 CST 创建简单的模型并进行仿真。但是当用户需要仿真较为复杂且庞大的模型,如大型反射阵列时,手动建模会变得很烦琐甚至不可实现。因此,通过编程来调用 CST 进行自动化建模和仿真就显得十分必要,而 CST 本身提供了 Visual Basic for Applications(VBA)脚本和 Python 接口来进行调用。本章分为两部分:第一部分是基于 MATLAB 的调用;第二部分是基于 Python 的调用。由于本书只针对初学者,因此两部分的应用案例都为贴片天线的建模和仿真,读者可以通过对比 MATLAB 和 Python 的编程方法进行学习。

13.1 基于 MATLAB 的调用

本节将介绍如何通过 MATLAB 调用 CST 进行建模和仿真,首先介绍在 MATLAB 中配置 CST 的设计环境,然后介绍 CST 的 VBA 代码转换为 MATLAB 代码的规则,给出一些常用的指令,最后逐步讲解贴片天线的建模和仿真。

13.1.1 CST 与 MATLAB 的交互

CST Studio Suite®工具可以通过 VBA 脚本进行控制。内置 BASIC 解释器的语言与 VBA 语言几乎 100%兼容。这种语言既可以用于创建自己的结构库,也可以用于通用任务的自动化。一个强大的环境可以用于自动化其模块内的任何任务,甚至与外部程序结合使用。强大的 VBA 兼容宏语言配备了功能齐全的开发环境,包括编辑器和调试器。VBA 语言最强大的功能之一是面向对象的编程语言，它允许无缝组合和集成来自各种应用程序的组件对象，如 MS Office®(Word®、PowerPoint®、Excel®、Outlook®)、MATLAB®、CST Studio Suite®。因此，单个脚本可以同时从多个应用程序访问功能。

由于 CST Studio Suite®具有 COM 接口，因此第三方应用程序可以访问相应的对象。使用 MATLAB 控制 CST 的思想是：利用 MATLAB 编写代码，再通过 CST 自带的 COM 接口将 VBA 命令从 MATLAB 传递到 CST，进而控制 CST 进行建模仿真。关于 VBA 的相关内容，读者可以通过单击 Help→Help Contents，从 CST Studio Suite®中轻松访问 VBA 在线帮助系统。帮助系统的内容分为 3 部分：

(1) 第一部分提供了有关基本 VBA 语言元素的参考信息。

(2) 第二部分包含有关 CST Studio Suite®对象集合的特定信息以及对其方法的详细说明。

(3) 第三部分包含示例，旨在让读者熟悉宏命令的使用方法，为开发自己的宏提供一种借鉴。

由于 CST 程序中的 Help 文件关于 VBA 语言的使用介绍得非常详细，这里只针对基础的操作进行介绍，希望能起到抛砖引玉的作用。具体内容如下。

1. 配置 CST 设计环境和创建 MWS 项目

(1) 首先需要配置好 CST 设计环境，MATLAB 代码如下：

```
cst = actxserver('CSTStudio.application');%创建一个外部 COM 对象——cst
```

这样就可以创建一个外部的 COM 对象——cst。

(2) 在 CST 中新建一个微波工作室 MWS 项目，MATLAB 代码如下：

```
mws = invoke(cst, 'NewMWS');%新建一个 MWS 项目
invoke(mws, 'SaveAs','Patch_Antenna_Matlab.cst', 'True');%保存项目名以及当前结果
```

MATLAB 调用 CST 的 COM 对象或接口都是通过 invoke 函数执行，读者可以在 MATLAB 中查看 invoke 函数的用法。调用 COM 对象或接口上的方法或显示方法主要有以下两种：

① S = invoke(c,methodName)。

其中，c 为 COM 对象或接口；methodName 为对象方法名称，指定为字符串或字符向量。此处返回的是 COM 接口，因此 invoke 函数返回的 mws 为一个新的 MATLAB COM 对象来表示该接口。

② S = invoke(c,methodName,arg1,...,argN)。

其中，c 为 COM 对象或接口；methodName 为对象方法名称，指定为字符串或字符向量；arg1，...，argN 为 methodName 所需的 1~N 个(如果有)方法的输入参数，由任意类型指定，方法参数列表指定参数类型；后面相关代码将会用到该用法。

2. CST 的 VBA 命令转换为 MATLAB 代码

前面已经讲过，用户可以通过编写 MATLAB 代码，将 VBA 命令传递到 CST 里面进行建模仿真，因此需要知道 CST 的 VBA 命令与 MATLAB 代码之间的转换关系。下面取用一段较常用的创建 Brick 的代码，对比关系如下所示：

```
With Brick                          brick = invoke(mws, 'Brick');
.Reset                              invoke(brick, 'Reset');
.Name ("brick1")                    invoke(brick, 'Name', "brick1");
.Component ("component1")           invoke(brick, 'Component', "component1");
.Material ("PEC")          →        invoke(brick, 'Material', "PEC");
.Xrange (0, 2)                      invoke(brick, 'Xrange', 0, 2);
.Yrange (0, 3)                      invoke(brick, 'Yrange', 0, 3);
.Zrange (0, "a+3")                  invoke(brick, 'Zrange', '0', num2str(a+3));
.Create                             invoke(brick, 'Create');
End With                            release(brick);
```

该代码可以在 CST 工作室套装的 Help 文件里面找到，如图 13.1(a)所示；或者读者也可自行在 CST 里面创建一个 Brick，然后在历史列表里面找到对应的操作，双击点开，即可出现对应的 VBA 代码，如图 13.1(b)所示。

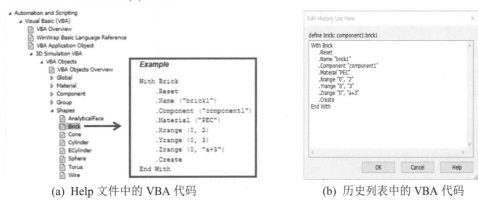

(a) Help 文件中的 VBA 代码   (b) 历史列表中的 VBA 代码

图 13.1　VBA 代码

注意： 如果需要创建多个 Brick，brick = invoke(mws, 'Brick');及 release(brick);只需要分别在前后声明一次即可。

然而，如果使用上面的代码来建模仿真，存在的一个问题是无法在历史列表里查看操作步骤，也无法进行修改，这样对于建模仿真是不太友好的。所以需要在上面的基础上进行改进，得到如下的代码转换关系：

```
With Brick                    VBA = [ ' ' 'With Brick'];
.Reset                        VBA = [VBA 10 '.Reset'];
.Name ("brick1")              VBA = [VBA 10 '.Name ', '"brick1"'];
.Component ("component1")     VBA = [VBA 10 '.Component ', '"component1"'];
.Material ("PEC")       →     VBA = [VBA 10 '.Material ', '"PEC"'];
.Xrange (0, 2)                VBA = [VBA 10 '.Xrange ', '0',',2'];
.Yrange (0, 3)                VBA = [VBA 10 '.Yrange ', '0',',3'];
.Zrange (0, "a+3")            VBA = [VBA 10 '.Zrange ', '0', ',"',num2str(a+3),'"'];
.Create                       VBA = [VBA 10 '.Create'];
End With                      VBA = [VBA 10 'End With'] ;
                              invoke(mws, 'AddToHistory','define brick', VBA);
```

该方法实际上就是在 MATLAB 里面写好对应的 VBA 代码，利用 invoke 函数传递到 CST 里面，并且可以保存相应的操作，方便后面的修改。

注意:

(1) 代码中的 VBA 可任意定义。

(2) 代码中的 10 为字符型, 即 char(10), 表示换行符的意思。

(3) 代码中用到了 AddToHistory 函数, 该函数可以在 CST 的在线 Help 文件中查到, 用法为: AddToHistory(*string* caption, *string* contents); 将名为 caption 的新条目添加到历史列表中, 条目的内容存储在 contents 中, 如果调用此方法, 则可以通过 VBA 解释器执行此内容。因此它必须包含有效的 VBA 命令。如果可以创建新条目并执行内容, AddToHistory 将返回 True, 否则返回 False。所以 invoke(mws, 'AddToHistory','define brick', VBA); 这条代码的意思是对 mws 对象进行 AddToHistory 操作, 将 define brick 作为标题添加到历史列表中, VBA 就是对应的 VBA 代码。

3. 常用指令

理论上, 所有手动操作 CST 的 VBA 命令都能在 Help 文件里面找到对应代码, 鉴于篇幅的问题, 这里仅对一些常用指令的 VBA 代码以及转换关系进行介绍。

1) 创建模型

前面已经举过创建 Brick 的例子, 这里以创建 Cylinder 为例, 其他的模型创建的 VBA 代码都可以在 CST Studio Suite® 的 Help 文件里面找到; 或者读者也可自行在 CST 里面创建相应的模型, 然后在历史列表里面找到对应的操作, 双击点开, 即可出现对应的 VBA 代码。创建 Cylinder 的 VBA 代码以及与 MATLAB 代码的转换关系如下:

```
With Cylinder                          VBA = [VBA 'With Cylinder'];
    .Reset                             VBA = [VBA 10 '.Reset'];
    .Name ("cylinder1")               VBA = [VBA 10 '.Name ', '"cylinder1"'];
    .Component ("component1")          VBA = [VBA 10 '.Component ', '"component1"'];
    .Material ("PEC")                  VBA = [VBA 10 '.Material ', '"PEC"'];
    .Axis ("z")                        VBA = [VBA 10 '.Axis ', '"z"']
    .Outerradius (1.5)                 VBA = [VBA 10 '.Outerradius ', '"1.5"']
    .Innerradius (0.5)                 VBA = [VBA 10 '.Innerradius ', '"0.5"']
    .Xcenter (2)                       VBA = [VBA 10 '.Xcenter ', '"2"'];
    .Ycenter (1)                       VBA = [VBA 10 '.Ycenter ', '"1"'];
    .Zcenter (0)                       VBA = [VBA 10 '.Zcenter ', '"0"'];
    .Zrange (0, "a+3")                 VBA = [VBA 10 '.Zrange ', '"0"', ',',num2str(a+3),'"'];
    .Segments (0)                      VBA = [VBA 10 '.Segments ', '"0"'];
    .Create                            VBA = [VBA 10 '.Create'];
End With                               VBA = [VBA 10 'End With'] ;
                                       invoke(mws, 'AddToHistory','define cylinder', VBA);
```

2) 模型变换

模型变换的操作方法有很多种, 这里以旋转操作为例, 其他模型变换操作参照该代码修改即可。但需要注意的是, 不同操作的关键要素是不同的, 如旋转操作的关键要素是 Center、Angle、Repetition 等, 读者需要根据自己的需求修改。模型旋转操作的 VBA 代码以及与 MATLAB 代码的转换关系如下:

VBA 代码	MATLAB 代码
With Transform	VBA = [VBA 'With Transform'];
.Reset	VBA = [VBA 10 '.Reset'];
.Name ("Pin:Pin1")	VBA = [VBA 10 '.Name ', '"Pin:Pin1"'];
.Origin ("Free")	VBA = [VBA 10 '.Origin ','"Free"'];
.Center ("0", "0", "0")	VBA = [VBA 10 '.Center ','"0","0","0"'];
.Angle ("0", "0", "90")	VBA = [VBA 10 '.Angle ','"0","0","90"'];
.MultipleObjects ("True")	VBA = [VBA 10 '.MultipleObjects ','"True"'];
.GroupObjects ("False")	VBA = [VBA 10 '.GroupObjects ','"False"'];
.Repetitions ("3")	VBA = [VBA 10 '.Repetitions ','"3"'];
.MultipleSelection ("False")	VBA = [VBA 10 '.MultipleSelection ','"False"'];
.Destination ("")	VBA = [VBA 10 '.Destination ','""'];
.Material ("")	VBA = [VBA 10 '.Material ','""'];
.Transform ("Shape", "Rotate")	VBA = [VBA 10 '.Transform ','"Shape","Rotate"'];
End With	VBA = [VBA 10 'End With'] ;
	invoke(mws, 'AddToHistory', 'transform: rotate Pin:Pin1', VBA);

3）设置激励端口

创建完模型之后，需要设置激励端口。常用的激励端口有波导端口、离散端口、平面波端口等。此处以波导端口为例，其他端口设置可以在 CST Studio Suite® 的 Help 文件里面找到对应的 VBA 代码，参照该代码修改即可。创建波导端口的 VBA 代码以及与 MATLAB 代码的转换关系如下：

VBA 代码	MATLAB 代码
With Port	VBA = [VBA 10 'With Port'];
.Reset	VBA = [VBA 10 '.Reset'];
.PortNumber (1)	VBA = [VBA 10 '.PortNumber','"1"'];
.NumberOfModes (2)	VBA = [VBA 10 '.NumberOfModes','"2"'];
.AdjustPolarization (False)	VBA = [VBA 10 '.AdjustPolarization','"False"'];
.PolarizationAngle (0.0)	VBA = [VBA 10 '.PolarizationAngle','"0.0"'];
.ReferencePlaneDistance (−5)	VBA = [VBA 10 '.ReferencePlaneDistance','"−5"'];
.TextSize (50)	VBA = [VBA 10 '.TextSize','"50"'];
.Coordinates ("Free")	VBA = [VBA 10 '.Coordinates','"Free"'];
.Orientation ("zmax")	VBA = [VBA 10 '.Orientation','"zmax"'];
.PortOnBound (False)	VBA = [VBA 10 '.PortOnBound','"False"'];
.ClipPickedPortToBound (False)	VBA = [VBA 10 '.ClipPickedPortToBound','"False"'];
.Xrange (−1, 1)	VBA = [VBA 10 '.Xrange','"−1","1"'];
.Yrange (−0.3, 0.2)	VBA = [VBA 10 '.Yrange','"−0.3","0.2"'];
.Zrange (1.1, 1.1)	VBA = [VBA 10 '.Zrange','"1.1","1.1"'];
.Create	VBA = [VBA 10 '.Create'];
End With	VBA = [VBA 10 'End With'];
	invoke(mws, 'AddToHistory',' define port1', VBA);

4）添加监视器

在仿真过程中，往往需要添加监视器来查看所关心的仿真结果。常用的监视器有电场监视器、磁场监视器、远场监视器等，此处以电场监视器为例，其他监视器参照该代码修改即可。添加监视器的 VBA 代码以及与 MATLAB 代码的转换关系如下：

With Monitor	VBA = [VBA 10 'With Monitor'];
.Reset	VBA = [VBA 10 '.Reset'];
.Name ("e-field (f=2.5)")	VBA = [VBA 10 '.Name','"e-field (f=2.5)"'];
.Dimension ("Volume")	VBA = [VBA 10 '.Dimension','"Volume"'];
.Domain ("Frequency")	VBA = [VBA 10 '.Domain','"Frequency"'];
.FieldType ("Efield") →	VBA = [VBA 10 '.FieldType','"Efield"'];
.Frequency (2.5)	VBA = [VBA 10 '.Frequency','"2.5"'];
.Create	VBA = [VBA 10 '.Create'];
End With	VBA = [VBA 10 'End With'];
	invoke(mws, 'AddToHistory','define monitor: e-field (f=2.5)', VBA);

13.1.2 应用实例——贴片天线建模和仿真

前面介绍了 CST 与 MATLAB 交互的常用指令，接下来通过编写 MATLAB 程序来调用 CST，实现贴片天线建模和仿真。贴片天线的结构参考第 8 章中的短路加载高增益微带贴片天线，结构参数相同，短路钉的位置取 D/W=0.7，即 offset_pin=0.7*0.5*W。贴片天线结构如图 13.2 所示。

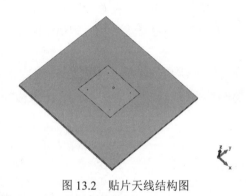

图 13.2 贴片天线结构图

1. 仿真配置和输入参数

在贴片天线建模之前，需要进行一系列的设置，在 MATLAB 中输入代码，步骤如下。

1) 实现 MATLAB 与 CST 的连接及项目创建

```
cst = actxserver('CSTStudio.application');              %首先载入 CST 应用控件
mws = invoke(cst, 'NewMWS');                            %新建一个 MWS 项目
invoke(mws, 'SaveAs','Patch_Antenna_Matlab.cst', 'True'); %保存项目名以及当前结果
```

2) 输入用到的结构参数

实现了 MATLAB 与 CST 的连接之后，需要输入建模所需的结构参数，代码如下：

```
%贴片天线结构参数
L=27.3;                                                 %贴片长
W=27.3;                                                 %贴片宽
Lg=80;                                                  %地板长
Wg=80;                                                  %地板宽
h=1.57;                                                 %基板厚
```

```
d=2;                                              %同轴伸出地板长度
Yf=4.2;                                           %同轴圆心为(0，Yf，0)
Frq=[3.2,5.2];                                    %工作频率，单位：GHz
Rpin=0.2;                                         %短路钉半径
offsetpin=0.7*0.5*W;                              %短路钉位置偏移量
%在 CST 中加入结构参数，方便后续手动在 CST 文件中进行操作
invoke(mws, 'StoreParameter','L',L);              %保存参数 L
invoke(mws, 'StoreParameter','W',W);              %保存参数 W
invoke(mws, 'StoreParameter','Lg',Lg);            %保存参数 Lg
invoke(mws, 'StoreParameter','Wg',Wg);            %保存参数 Wg
invoke(mws, 'StoreParameter','h',h);              %保存参数 h
invoke(mws, 'StoreParameter','d',d);              %保存参数 d
invoke(mws, 'StoreParameter','Yf',Yf);            %保存参数 Yf
invoke(mws, 'StoreParameter','Rpin',Rpin);        %保存参数 Rpin
invoke(mws, 'StoreParameter','offsetpin',offsetpin); %保存参数 offsetpin
```

运行代码后，可以看到参数都保存到了参数列表里，如图 13.3 所示(以下图片均为运行完整代码后的结果)。

Parameter List		
Name	Expression	Value
L	= 27.3	27.3
W	= 27.3	27.3
Lg	= 80	80
Wg	= 80	80
h	= 1.57	1.57
d	= 2	2
Yf	= 4.2	4.2
Rpin	= 0.2	0.2
offsetpin	= 9.555	9.555

图 13.3　参数列表

3) 设置全局单位

设置相应的单位，代码如下：

```
T=[10 '     '];                                   %换行符加 5 个空格符
%为了与正常操作的 VBA 代码相对应，采用换行符加 5 个空格符连接 VBA 命令
VBA='';
VBA = [VBA    'With Units' ];                      %调用单位对象
VBA = [VBA T '.Geometry "mm"'];                    %设置几何单位
VBA = [VBA T '.Frequency "GHz"' ];                 %设置频率单位
VBA = [VBA T '.Time "ns"'];                        %设置时间单位
VBA = [VBA 10 'End With'];                          %结束
invoke(mws, 'AddToHistory','define units', VBA);   %单位初始化操作加入历史列表
```

运行代码后，可以看到单位已经设置成功，如图 13.4 所示。

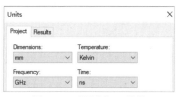

图 13.4　设置全局单位

4) 设置扫频范围

设计的贴片天线的中心频率为 5 GHz，所以设置的扫频范围为 3.2~5.2 GHz，代码如下：

```
VBA = '';
VBA = [VBA    'Solver.FrequencyRange ' num2str(Frq(1)) ', ' num2str(Frq(2))];
%设置求解频率范围 3.2~5.2 GHz
invoke(mws, 'AddToHistory','define frequency range', VBA);%工作频率设置操作加入历史列表
```

运行代码后，可以看到扫频范围已经设置成功，如图 13.5 所示。

图 13.5　设置扫频范围

5) 设置背景材料

设置背景材料的代码如下：

```
VBA='';
VBA = [VBA 'With Background' ];            %调用背景对象
VBA = [VBA T '.ResetBackground'];          %重置设置
VBA = [VBA T '.Type "Normal"' ];           %背景材料设置为 Normal，即空气
VBA = [VBA 10 'End With'];                  %结束
invoke(mws, 'AddToHistory','define background', VBA); %背景材料设置操作加入历史列表
```

6) 设置边界条件

常用的边界条件有 electric、magnetic、open、expanded open、periodic 等，而常用的对称边界条件有 none、electric、magnetic。设置边界条件的代码如下：

```
VBA='';
VBA = [VBA 'With Boundary' ];              %调用边界条件对象
VBA = [VBA T '.Xmin "expanded open"'];     %下 X 边界为 expanded open 边界条件
VBA = [VBA T '.Xmax "expanded open"'];     %上 X 边界为 expanded open 边界条件
VBA = [VBA T '.Ymin "expanded open"'];     %下 Y 边界为 expanded open 边界条件
VBA = [VBA T '.Ymax "expanded open"'];     %上 Y 边界为 expanded open 边界条件
VBA = [VBA T '.Zmin "expanded open"'];     %下 Z 边界为 expanded open 边界条件
VBA = [VBA T '.Zmax "expanded open"'];     %上 Z 边界为 expanded open 边界条件
VBA = [VBA T '.Xsymmetry "none"' ];        %关于 y-z 面对称边界条件为"无"
VBA = [VBA T '.Ysymmetry "none"' ];        %关于 x-z 面对称边界条件为"无"
VBA = [VBA T '.Zsymmetry "none"' ];        %关于 x-y 面对称边界条件为"无"
VBA = [VBA 10 'End With'];                  %结束
invoke(mws, 'AddToHistory','define boundary', VBA);  %设置边界条件操作加入历史列表
```

运行代码后，可以看到边界条件已经设置成功，如图 13.6 所示。

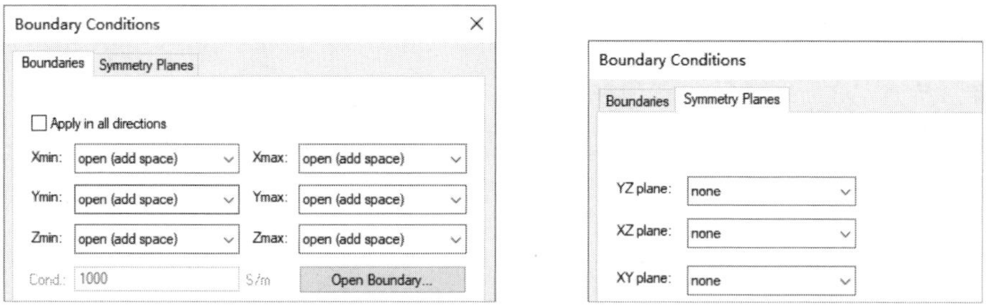

(a) 边界条件   (b) 对称边界条件

图 13.6   设置边界条件

7) 新建材料

贴片天线的介质基板的材料为 Rogers 5880，同轴线的介质为 teflon，因此需要创建这两种材料，代码如下：

```
%新建所需介质材料：Rogers 5880
er2 = 2.2;                                    %介电常数为 2.2
VBA = '';
VBA = [VBA 'With Material' ];                 %调用材料对象
VBA = [VBA T '.Reset'];                       %重置材料设置
VBA = [VBA T '.Name "Rogers 5880"' ];         %介质材料名字
VBA = [VBA T '.FrqType "all"' ];
VBA = [VBA T '.Type "Normal"' ];
VBA = [VBA T '.Epsilon ' num2str(er2) ];      %介电常数
VBA = [VBA T '.Create'];                       %创建成功
VBA = [VBA 10 'End With'];                      %结束
invoke(mws, 'AddToHistory','define material: Rogers 5880', VBA);
%创建材料 Rogers 5880 操作加入历史列表
%新建所需介质材料：teflon
er1 = 2.08;                                   %介电常数为 2.08
VBA = '';
VBA = [VBA 'With Material' ];                 %调用材料对象
VBA = [VBA T '.Reset'];                       %重置材料设置
VBA = [VBA T '.Name "teflon"' ];              %介质材料名字
VBA = [VBA T '.FrqType "all"' ];
VBA = [VBA T '.Type "Normal"' ];
VBA = [VBA T '.Epsilon ' num2str(er1) ];      %介电常数
VBA = [VBA T '.Create'];                       %创建成功
VBA = [VBA 10 'End With'];                      %结束
invoke(mws, 'AddToHistory','define material: teflon', VBA);
%创建材料 teflon 操作加入历史列表
```

运行代码后，可以看到材料已经创建成功，如图 13.7 所示。

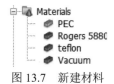

图 13.7   新建材料

2. 设计建模

在前面已经完成了相关的配置和参数输入，接下来进入到建模部分。贴片天线的建模步骤参考第 8 章，下面就每个步骤解释对应的 MATLAB 代码。

1) 创建介质基板

```
Str_Name='Substrate';                                    %名字为 Substrate
Str_Component='Substrate';                               %分组为 Substrate
Str_Material='Rogers 5880';                             %材料为 Rogers 5880
VBA = '';
VBA = [VBA 'With Brick'];                                %调用 Brick 对象
VBA = [VBA T '.Reset'];                                  %重置 Brick 设置
VBA = [VBA T '.Name '',Str_Name, ''''];                  %设置名字
VBA = [VBA T '.Component '', Str_Component, ''''];        %设置所属分组
VBA = [VBA T '.Material '', Str_Material, ''''];          %设置材料
VBA = [VBA T '.Xrange ', '''-Wg/2'',''Wg/2'''];          %X 坐标范围为-Wg/2 到 Wg/2
VBA = [VBA T '.Yrange ', '''-Lg/2'',''Lg/2'''];          %Y 坐标范围为-Lg/2 到 Lg/2
VBA = [VBA T '.Zrange ', '''0'',''h'''];                 %Z 坐标范围为 0 到 h
VBA = [VBA T '.Create'];                                 %创建成功
VBA = [VBA 10 'End With'];                                %结束
invoke(mws, 'AddToHistory',['define brick: ',Str_Component,':',Str_Name], VBA);
%创建介质基板操作加入历史列表
```

2) 创建辐射贴片

```
Str_Name='Patch';                                        %名字为 Patch
Str_Component='Patch';                                   %分组为 Patch
Str_Material='PEC';                                      %材料为理想金属导体 PEC
VBA = '';
VBA = [VBA 'With Brick'];                                %调用 Brick 对象
VBA = [VBA T '.Reset'];                                  %重置设置
VBA = [VBA T '.Name '',Str_Name, ''''];                  %设置名字
VBA = [VBA T '.Component '', Str_Component, ''''];        %设置所属分组
VBA = [VBA T '.Material '', Str_Material, ''''];          %设置材料
VBA = [VBA T '.Xrange ', '''-W/2'', ''W/2'''];           %X 坐标范围为-W/2 到 W/2
VBA = [VBA T '.Yrange ', '''-L/2'',''L/2'''];            %Y 坐标范围为-L/2 到 L/2
VBA = [VBA T '.Zrange ', '''h'',''h'''];                 %Z 坐标范围为 h 到 h，无厚度
VBA = [VBA T '.Create'];                                 %创建成功
VBA = [VBA 10 'End With'];                                %结束
invoke(mws, 'AddToHistory',['define brick: ',Str_Component,':',Str_Name], VBA);
%创建辐射贴片操作加入历史列表
```

3) 创建地板

```
Str_Name='GND';                                          %名字为 GND
Str_Component='GND';                                     %分组为 GND
Str_Material='PEC';                                      %材料为理想金属导体 PEC
VBA = '';
VBA = [VBA 'With Brick'];                                %调用 Brick 对象
VBA = [VBA T '.Reset'];                                  %重置设置
```

```
VBA = [VBA T '.Name '',Str_Name, ''];                      %设置名字
VBA = [VBA T '.Component '', Str_Component, ''];           %设置所属分组
VBA = [VBA T '.Material '', Str_Material, ''];             %设置材料
VBA = [VBA T '.Xrange ', '"-Wg/2","Wg/2"'];               %X 坐标范围为-Wg/2 到 Wg/2
VBA = [VBA T '.Yrange ', '"-Lg/2","Lg/2"'];               %Y 坐标范围为-Lg/2 到 Lg/2
VBA = [VBA T '.Zrange ', '"0","0"'];                      %Z 坐标范围为 0 到 0，无厚度
VBA = [VBA T '.Create'];                                  %创建成功
VBA = [VBA 10 'End With'];                                %结束
invoke(mws, 'AddToHistory',['define brick: ',Str_Component,':',Str_Name], VBA);
%创建地板操作加入历史列表
```

4）创建短路钉

该贴片天线中含有 4 根分别关于 x 轴和 y 轴对称的短路钉，首先需要创建第一根短路钉，代码如下：

```
%创建短路钉 1
Str_Name='Pin1';                                         %名字为 Pin1
Str_Component='Pin';                                      %分组为 Pin
Str_Material='PEC';                                       %材料为理想金属导体 PEC
VBA = '';
VBA = [VBA 'With Cylinder'];                              %调用 Cylinder 对象
VBA = [VBA T '.Reset'];                                   %重置设置
VBA = [VBA T '.Name '',Str_Name, ''];                     %设置名字
VBA = [VBA T '.Component '', Str_Component, ''];           %设置所属分组
VBA = [VBA T '.Material '', Str_Material, ''];             %设置材料
VBA = [VBA T '.OuterRadius ', '"Rpin"'];                  %设置外半径
VBA = [VBA T '.InnerRadius ', '"0.0"'];                   %设置内半径
VBA = [VBA T '.Axis ', '"z"'];                            %轴方向为 z 方向
VBA = [VBA T '.Zrange ', '"0","h"'];                      %高度从 0 到 h
VBA = [VBA T '.Xcenter ', '"offsetpin"'];                 %圆柱中心的 x 坐标
VBA = [VBA T '.Ycenter ', '"offsetpin"'];                 %圆柱中心的 y 坐标
VBA = [VBA T '.Segments ', '"0"'];
VBA = [VBA T '.Create'];                                  %创建成功
VBA = [VBA 10 'End With'];                                %结束
invoke(mws, 'AddToHistory',['define cylinder: ',Str_Component,':',Str_Name], VBA);
%创建短路钉 1 操作加入历史列表
```

创建完第一根短路钉后，可以将第一根短路钉绕着原点进行旋转复制，得到剩下的 3 根短路钉，代码如下：

```
%创建短路钉 2,3,4
Str_Name='Pin:Pin1';%此处不是设置名字，而是旋转复制的本体，即上面的 Pin1,短路钉 2,3,4 的名字
CST 会自动生成为 Pin1_1，Pin1_2，Pin1_3
VBA = '';
VBA = [VBA 'With Transform'];                             %调用 Transform 操作
VBA = [VBA T '.Reset'];                                   %重置设置
VBA = [VBA T '.Name '',Str_Name, ''];                     %设置旋转复制的本体，即 Pin 分组的 Pin1
VBA = [VBA T '.Origin ', '"Free"'];
VBA = [VBA T '.Center ', '"0", "0", "0"'];               %旋转中心
VBA = [VBA T '.Angle ', '"0", "0", "90"'];               %旋转的角度
```

```
VBA = [VBA T '.MultipleObjects ', '"True"'];
VBA = [VBA T '.GroupObjects ', '"False"'];
VBA = [VBA T '.Repetitions ', '"3"'];                          %重复因子为 3
VBA = [VBA T '.MultipleSelection ', '"False"'];
VBA = [VBA T '.Destination ', '""'];
VBA = [VBA T '.Material ', '""'];
VBA = [VBA T '.Transform ', '"Shape","Rotate"'];              %变换操作为 Rotate
VBA = [VBA 10 'End With'];                                      %结束
invoke(mws, 'AddToHistory',['transform: rotate ',Str_Name], VBA);
%创建短路钉 2,3,4 操作加入历史列表
%创建短路钉结束
```

运行代码后，可以看到天线模型已经创建成功，如图 13.8 所示。

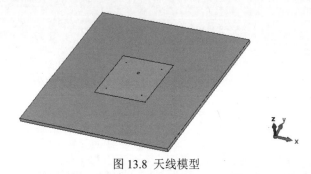

图 13.8 天线模型

5) 创建同轴端口

创建完天线模型后，需要创建同轴馈电部分。首先创建同轴线的内导体，代码如下：

```
%创建内导体
Str_Name='Inner';                                           %名字为 Inner
Str_Component='Feed';                                       %分组为 Feed
Str_Material='PEC';                                         %材料为理想金属导体 PEC
VBA = '';
VBA = [VBA 'With Cylinder'];                                %调用 Cylinder 对象
VBA = [VBA T '.Reset'];                                     %重置设置
VBA = [VBA T '.Name "',Str_Name, '"'];                      %设置名字
VBA = [VBA T '.Component "', Str_Component, '"'];           %设置所属分组
VBA = [VBA T '.Material "', Str_Material, '"'];             %设置材料
VBA = [VBA T '.OuterRadius ', '"0.6"'];                     %设置外半径
VBA = [VBA T '.InnerRadius ', '"0.0"'];                     %设置内半径
VBA = [VBA T '.Axis ', '"z"'];                              %轴方向为 z 方向
VBA = [VBA T '.Zrange ', '"-d","h"'];                       %高度从-d 到 h
VBA = [VBA T '.Xcenter ', '"0"'];                           %圆柱中心的 x 坐标
VBA = [VBA T '.Ycenter ', '"Yf"'];                          %圆柱中心的 y 坐标
VBA = [VBA T '.Segments ', '"0"'];
VBA = [VBA T '.Create'];                                    %创建成功
VBA = [VBA 10 'End With'];                                  %结束
invoke(mws, 'AddToHistory',['define cylinder: ',Str_Component,':',Str_Name], VBA);
%创建内导体操作加入历史列表
%创建内导体结束
```

然后再创建同轴线介质部分，代码如下：

```
%创建同轴线介质
Str_Name='Dielectric';                              %名字为 Dielectric
Str_Component='Feed';                               %分组为 Feed
Str_Material='teflon';                              %材料为 teflon
VBA = '';
VBA = [VBA 'With Cylinder'];                        %调用 Cylinder 对象
VBA = [VBA T '.Reset'];                             %重置设置
VBA = [VBA T '.Name "',Str_Name, '"'];             %设置名字
VBA = [VBA T '.Component "', Str_Component, '"'];   %设置所属分组
VBA = [VBA T '.Material "', Str_Material, '"'];    %设置材料
VBA = [VBA T '.OuterRadius ', '"2"'];              %设置外半径
VBA = [VBA T '.InnerRadius ', '"0.6"'];            %设置内半径
VBA = [VBA T '.Axis ', '"z"'];                     %轴方向为 z 方向
VBA = [VBA T '.Zrange ', '"-d","0.0"'];            %高度从-d 到 0
VBA = [VBA T '.Xcenter ', '"0"'];                  %圆柱中心的 x 坐标
VBA = [VBA T '.Ycenter ', '"Yf"'];                 %圆柱中心的 y 坐标
VBA = [VBA T '.Segments ', '"0"'];
VBA = [VBA T '.Create'];                            %创建成功
VBA = [VBA 10 'End With'];                          %结束
invoke(mws, 'AddToHistory',['define cylinder: ',Str_Component,':',Str_Name], VBA);
%创建同轴线介质操作加入历史列表
%创建同轴线介质结束
```

创建完同轴线介质之后，因为地板与介质之间有交叠，所以需要用地板减去与介质交叠的部分，代码如下：

```
%地板减介质
VBA = '';
VBA = [VBA 'Solid.Insert"','GND:GND"',',"','Feed:Dielectric"'];
%进行的操作是"Solid.Insert"，对象是"GND:GND"和"Feed:Dielectric"
invoke(mws, 'AddToHistory',['boolean insert shapes: ',Str_Component,':',Str_Name], VBA);
%地板减介质操作加入历史列表
```

接下来创建同轴线外导体，代码如下：

```
%创建同轴线外导体
Str_Name='Outer';                                   %名字为 Outer
Str_Component='Feed';                               %分组为 Feed
Str_Material='PEC';                                 %材料为理想金属导体 PEC
VBA = '';
VBA = [VBA 'With Cylinder'];                        %调用 Cylinder 对象
VBA = [VBA T '.Reset'];                             %重置设置
VBA = [VBA T '.Name "',Str_Name, '"'];             %设置名字
VBA = [VBA T '.Component "', Str_Component, '"'];   %设置所属分组
VBA = [VBA T '.Material "', Str_Material, '"'];    %设置材料
VBA = [VBA T '.OuterRadius ', '"2.5"'];            %设置外半径
VBA = [VBA T '.InnerRadius ', '"2.0"'];            %设置内半径
VBA = [VBA T '.Axis ', '"z"'];                     %轴方向为 z 方向
VBA = [VBA T '.Zrange ', '"-d","0.0"'];            %高度从-d 到 0
```

```
VBA = [VBA T '.Xcenter ', '"0"'];                          %圆柱中心的 x 坐标
VBA = [VBA T '.Ycenter ', '"Yf"'];                         %圆柱中心的 y 坐标
VBA = [VBA T '.Segments ', '"0"'];
VBA = [VBA T '.Create'];                                   %创建成功
VBA = [VBA 10 'End With'];                                 %结束
invoke(mws, 'AddToHistory',['define cylinder: ',Str_Component,':',Str_Name], VBA);
%创建外导体操作加入历史列表
plot = invoke(mws, 'Plot');
invoke(plot, 'ZoomToStructure');          %缩放到合适大小，与在 CST 里面按<Space>键是一个效果
```

运行代码后，可以看到同轴端口已经创建成功，如图 13.9 所示。

图 13.9　同轴端口

6）设置激励端口

至此，建模的部分就结束了，下面要设置波导激励端口。与 CST 操作一样，首先需要选中同轴线介质的底面，代码如下：

```
VBA = ";
VBA = [VBA 'Pick.PickFaceFromId "','Feed:Dielectric"',',1'];
%选中同轴线介质的底面，此处的 1 代表底面
invoke(mws, 'AddToHistory','pick face', VBA);              %选中同轴线介质底面操作加入历史列表
```

然后设置波导端口，代码如下：

```
%设置波导端口
VBA = ";
VBA = [VBA T 'With Port'];                                 %调用波导端口对象
VBA = [VBA T '.Reset'];                                    %重置设置
VBA = [VBA T '.PortNumber ', '1'];                         %设置端口序号
VBA = [VBA T '.Label ', '"'];                              %给波导端口添加标签
VBA = [VBA T '.NumberOfModes ', '1'];                      %波导端口的模式数
VBA = [VBA T '.AdjustPolarization ', '"False"'];
VBA = [VBA T '.PolarizationAngle ', '0.0'];
VBA = [VBA T '.ReferencePlaneDistance ', '0'];
%端口到参考面距离，可以改变距离实现端口平移
VBA = [VBA T '.TextSize ', '50'];
VBA = [VBA T '.TextMaxLimit ', '0'];
VBA = [VBA T '.Coordinates ', '"Picks"'];
VBA = [VBA T '.Orientation ', '"positive"'];
VBA = [VBA T '.PortOnBound ', '"False"'];
VBA = [VBA T '.ClipPickedPortToBound ', '"False"'];
VBA = [VBA T '.Xrange ', '"2.1","6.1"'];                   %波导端口的 x 坐标范围
```

```
VBA = [VBA T '.Yrange ', '"–2","2"'];                    %波导端口的 y 坐标范围
VBA = [VBA T '.Zrange ', '"–2","–2"'];                   %波导端口的 z 坐标范围
VBA = [VBA T '.XrangeAdd ', '"0.0","0.0"'];              %波导端口 x 坐标 Xmin 和 Xmax 的增加量
VBA = [VBA T '.YrangeAdd ', '"0.0","0.0"'];              %波导端口 y 坐标 Ymin 和 Ymax 的增加量
VBA = [VBA T '.ZrangeAdd ', '"0.0","0.0"'];              %波导端口 z 坐标 Zmin 和 Zmax 的增加量
VBA = [VBA T '.SingleEnded ', '"False"'];
VBA = [VBA T '.WaveguideMonitor ', '"False"'];
VBA = [VBA T '.Create'];                                 %创建成功
VBA = [VBA 10 'End With'];                               %结束
invoke(mws, 'AddToHistory','define port1', VBA);         %波导端口设置操作加入历史列表
%端口设置结束
```

运行代码后，可以看到波导端口已经创建成功，如图 13.10 所示。

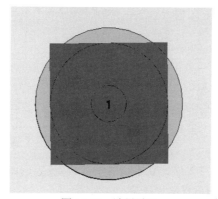

图 13.10   波导端口

7) 添加监视器和设置求解器

设置完激励端口后，可以添加监视器来查看仿真结果，这里只添加远场方向图的监视器，频率为 5 GHz。其他类型的监视器可以根据 VBA 代码，参照远场方向图监视器的代码来进行设置。

```
farfield_monitor = 5;                                    %可以在此设置多个频率点
for i = 1:length(farfield_monitor)%当有多个频率点的监视器时，通过循环实现多个监视器的设置
    Str_name = ['Farfield (f=',num2str(farfield_monitor(i)),')'];   %名字为 Farfield (f=5)
    VBA = '';
    VBA = [VBA 'With Monitor'];                          %调用 Monitor 对象
    VBA = [VBA T '.Reset'];                              %重置设置
    VBA = [VBA T '.Name "', Str_name,'"'];               %设置名字
    VBA = [VBA T '.Dimension "Volume"'];
    VBA = [VBA T '.Domain "Frequency"'];                 %设置为频域
    VBA = [VBA T '.FieldType "Farfield"'];               %类型为远场监视器
    VBA = [VBA T '.Frequency ', num2str(farfield_monitor(i))];   %设置频率点
    VBA = [VBA T '.Create'];                             %创建成功
    VBA = [VBA 10 'End With'];                           %结束
    invoke(mws, 'AddToHistory',['define farfield monitor:farfiled (f=', num2str(farfield_monitor(i)),')'],VBA);
%设置远场监视器操作加入历史列表
end
```

接下来需要设置频域求解器，代码如下：

```
VBA = '';
VBA = [VBA 10 'ChangeSolverType "HF Frequency Domain"'];        %设置频域求解器
invoke(mws, 'AddToHistory','change solver type',VBA);          %设置求解器操作加入历史列表
```

运行代码后，可以看到监视器和频域求解器已经设置成功，如图 13.11 所示。

(a) 远场监视器　　　　　　　(b) 频域求解器

图 13.11　设置监视器和频域求解器

8) 运行仿真计算

现在就可以运行仿真计算了，代码如下：

```
VBA = '';
VBA = [VBA 10 'RunSolver '];                    %运行求解器
invoke(mws, 'AddToHistory','runsolver',VBA);    %运行求解器操作加入历史列表
invoke(mws, 'Save');                            %保存结果
```

仿真结束后，可以在仿真结果里面查看反射系数和 2D 方向图，如图 13.12 和图 13.13 所示，仿真所得到的结果与第 8 章的仿真结果一致。

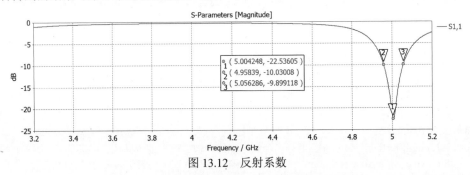

图 13.12　反射系数

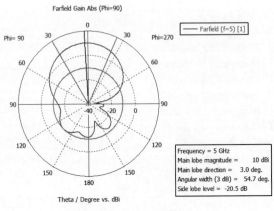

图 13.13　2D 方向图

13.2 基于 Python 的调用

在 13.1 节已经介绍了如何通过 MATLAB 调用 CST 进行建模和仿真，而 Python 也能够实现同样的功能。本节将介绍如何通过 Python 调用 CST 进行建模和仿真，与 MATLAB 不同的一点是，Python 首先需要进行环境配置，其他的步骤与 MLTLAB 类似，这里不再赘述。为了方便读者理解，建议将 MATLAB 与 Python 的代码对比学习，这样学习会更有成效。

13.2.1　Python 环境配置

CST Studio Suite®安装附带 Python 3.6(64 位)，在 CST Python 库中使用它不需要进一步设置。然而，这只是一个普通的 Python 解释器，只有标准库可用。可以在提供的 CST Python 库中使用功能更丰富的 Python 发行版，建议采用 Anaconda 作为编译器，下载的 Anaconda 版本为 Python 3.6(64 位)，兼容性会较好一些，如下载的 Anaconda 中 Python 为其他版本，采用命令 conda create --name env_name python=3.6 创建一个 Python3.6 的环境 env_name。

首先下载并安装好 Anaconda，打开 Spyder(Python 3.6)，界面如图 13.14 所示。

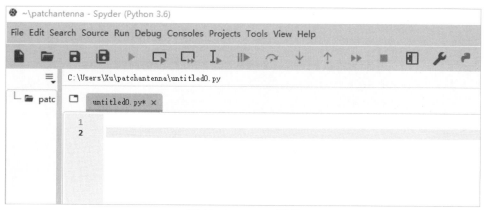

图 13.14　Spyder 界面

要从外部 Python 发行版开始使用 CST Python 库，必须在 Python 的系统路径中包含该目录。最简单的解决方案是添加或修改 PYTHONPATH 系统环境变量，包括。

➢ Windows: <CST_INSTALLATION_FOLDER>\CST Studio Suite 2021\AMD64\python_cst_libraries。

➢ Linux: <CST_INSTALLATION_FOLDER>/CST_Studio_Suite_2021/LinuxAMD64/python_cst_libraries。

单击主菜单中的，弹出 PYTHONPATH manager 对话框，如图 13.15(a)所示，单击左下角的+ Add path 来添加新的路径，本书所用的路径为 C:\Program Files (x86)\CST Studio Suite 2021\AMD64\python_cst_libraries，如果已在其他位置安装 CST Studio Suite®，需要调整上述路径。添加路径后如图 13.15(b)所示，单击 OK 按钮退出。

 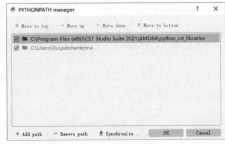

(a) 路径添加前   (b) 路径添加后

图 13.15 路径添加前后对比

至此,路径已经添加完毕,可以在界面右下角的命令行窗口输入以下代码来验证环境是否配置成功,代码如下:

```
import cst
print(cst.__file__)    #应该输出<AMD64 的路径>\python_cst_libraries\cst\__init__.py
```

如果能够无误地执行以上代码,并得到与图 13.16 相似的输出,则说明已经成功地设置了 Python 环境。若碰到问题,可以在 CST Studio Suite® 的 Help 文件里面的 CST Python Libraries 中查看相关步骤,如图 13.17 所示。

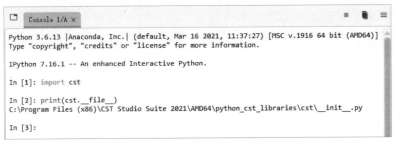

图 13.16 验证环境配置

图 13.17 CST Python Libraries

13.2.2 CST 与 Python 的交互

CST Studio Suite® 工具的某些功能可以通过 CST Python 库进行控制,因此 CST 包为 CST Studio Suite® 提供了 Python 接口,主要有以下 3 个 CST 包。

(1) cst.interface:该接口允许控制正在运行的 CST Studio Suite®。

(2) cst.results:该接口提供对 CST 文件的 0D/1D 结果的访问。

(3) cst.eda:该接口可接入到 PCB(印制电路板)。

下面详细介绍 Python 是如何逐步调用 CST 进行建模仿真的。

1. 配置 CST 设计环境和创建 MWS 项目

(1) 首先需要配置好 CST 设计环境。MATLAB 首先是创建一个外部的 COM 对象，再通过 COM 对象来控制 CST，而 Python 首先是导入 cst.interface，通过调用 cst.interface 里面的接口就可以直接控制运行 CST，代码如下：

```
import cst.interface
cst = cst.interface.DesignEnvironment()
```

注意：

① DesignEnvironment 是 cst.interface 中的一个类，此类提供到 CST Studio Suite®主前端的接口。它允许连接并打开新的 CST Studio Suite®实例。此外，它还允许打开或创建.cst 项目。

② MATLAB 对 COM 对象进行操作，是通过 invoke 函数；而 Python 中是通过 "." 来调用函数。例如，在 MATLAB 中新建一个 MWS 项目为 mws = invoke(cst, 'NewMWS')；而在 Python 中为 mws = cst.new_mws()。读者可以多对照 MATLAB 与 Python 控制 CST 的方法，方便理解。

(2) 在 CST 中新建一个微波工作室 MWS 项目，代码如下：

```
mws① = cst.new_mws()          #new_mws()为 cst.interface 中的函数，作用是创建并返回项目
filename = 'Patch_Antenna_Python.cst'   #MWS 项目文件名
mws.save(filename)②            #保存项目文件名
modeler = mws.modeler③         #modeler 是 cst.interface 中的一个类，提供 3D 建模器的接口
```

CST 的 Python 库中有许多可以直接调用的函数，打开 CST Studio Suite®的 Help 文件，找到 CST 的 Python 库，单击 cst.interface，如图 13.18 所示，就可以看到相关 cst.interface 的函数了，调用方式为 "."。

CST Python Libraries

Some features of the CST Studio Suite tools can be controlled via CST Python Libraries.

Overview

The cst package provides a Python interface to the CST Studio Suite.

- cst.interface – Allows controlling a running CST Studio Suite.
- cst.results – Provides access to 0D/1D Results of a cst file.
- cst.eda – Provides an interface to a Printed Circuit Board (PCB).

(a) CST Python Libraries

cst.interface package

The cst.interface module offers a general interface to the CST Studio Suite.

Module Contents

The cst.interface package provides a python interface that allows to control the CST Studio Suite. It is possible to connect to a running DesignEnvironment (main screen) or start a new one. Once connected the package provides access to CST projects (.cst) which can be opened, closed and saved and provide access to the associated applications (prj.modeler).

class cst.interface.**DesignEnvironment**(*mode=StartMode.New, pid=-1, options=None*)

This class provides an interface to the CST Studio Suite main frontend. It allows to connect to, and open new CST Studio Suite instances. Furthermore it allows to open or create .cst projects.

(b) cst.interface package

图 13.18　CST 的 Python 库

Python 控制 CST 的思想是：导入 cst.interface 包，调用 DesignEnvironment 类，这时就可以调用函数打开或创建.cst 项目，返回项目对象，(2)代码中①的 mws 就是返回的项目对象，此时可以调用函数对项目对象进行操作；(2)代码中②的 mws.save(filename)就是保存项目对象的文件名，然后就可以调用项目对象中的 3D 建模器；(2)代码中③就是连接到与项目对象相关的建模器，用于建模。当然，这主要是 cst.interface 模块内容，剩下的 cst.results 和 cst.eda 的模块内容也是类似的，读者可自行查看 CST 的 Python 库查找所需要的操作。

2. CST 的 VBA 命令转换为 Python 代码

前面已经介绍了 CST 的 VBA 命令如何转换为 MATLAB 代码，接下来介绍 CST 的 VBA 命令与 Python 代码的转换关系。同样地，还是先以创建一个 Brick 为例，对比关系如下：

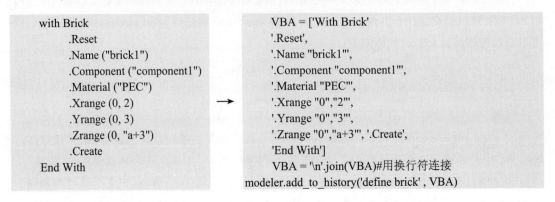

```
with Brick
    .Reset
    .Name ("brick1")
    .Component ("component1")
    .Material ("PEC")
    .Xrange (0, 2)
    .Yrange (0, 3)
    .Zrange (0, "a+3")
    .Create
End With
```

```
VBA = ['With Brick'
    '.Reset',
    '.Name "brick1"',
    '.Component "component1"',
    '.Material "PEC"',
    '.Xrange "0","2"',
    '.Yrange "0","3"',
    '.Zrange "0","a+3"', '.Create',
    'End With']
VBA = '\n'.join(VBA)#用换行符连接
modeler.add_to_history('define brick' , VBA)
```

与 MATLAB 非常相似，Python 也是先把 VBA 命令以字符串的形式保存，然后再通过函数将 VBA 命令传递到 CST 中执行。不同的是，MATLAB 利用的是 invoke 函数传递 VBA 命令，如 invoke(mws, 'AddToHistory','define brick', VBA)；而 Python 利用的是类 modeler 中的 add_to_history 函数，所得到的效果是一样的。

13.2.3　应用实例——贴片天线建模和仿真

前面介绍了 CST 与 Python 交互的常用指令，接下来通过编写 Python 程序来调用 CST，实现贴片天线建模和仿真。

1. 仿真配置和输入参数

在贴片天线建模之前，需要进行一系列的设置，步骤如下。

1）实现 Python 与 CST 的连接及项目创建

```
import cst.interface                        #允许控制运行 CST
cst = cst.interface.DesignEnvironment()
mws = cst.new_mws()                         #新建一个 MWS 项目
modeler = mws.modeler                       #接入 3D 建模器
```

2）输入用到的结构参数

实现了 Python 与 CST 的连接之后，需要输入建模所需的结构参数，代码如下：

```
#贴片天线建模基本参数
L = 27.3                                    #贴片长
W = 27.3                                    #贴片宽
Lg=80                                       #地板长
Wg=80                                       #地板宽
h=1.57                                      #基板厚
d=2                                         #同轴伸出地板长度
Yf=4.2                                      #同轴圆心为(0，Yf，0)
```

```
Frq=[3.2,5.2]                                          #工作频率，单位：GHz
R_pin=0.2                                               #短路钉半径
offset_pin=0.7*0.5*W                                    #短路钉偏移量
#在 CST 中保存结构参数，方便后续手动在 CST 文件中进行操作
modeler.add_to_history('StoreParameter','StoreParameter("L", "%f")' % L)
modeler.add_to_history('StoreParameter','StoreParameter("W", "%f")' % W)
modeler.add_to_history('StoreParameter','StoreParameter("Lg", "%f")' % Lg)
modeler.add_to_history('StoreParameter','StoreParameter("Wg", "%f")' % Wg)
modeler.add_to_history('StoreParameter','StoreParameter("h", "%f")' % h)
modeler.add_to_history('StoreParameter','StoreParameter("d", "%f")' % d)
modeler.add_to_history('StoreParameter','StoreParameter("Yf", "%f")' % Yf)
modeler.add_to_history('StoreParameter','StoreParameter("R_pin", "%f")' % R_pin)
modeler.add_to_history('StoreParameter','StoreParameter("offset_pin", "%f")' % offset_pin)
```

运行代码后，可以看到参数都保存到了参数列表里，如图 13.19 所示(以下图片均为运行完整代码后的结果)。

Parameter List		
Name	Expression	Value
L	= 27.300000	27.300000
W	= 27.300000	27.300000
Lg	= 80.000000	80.000000
Wg	= 80.000000	80.000000
h	= 1.570000	1.570000
d	= 2.000000	2.000000
Yf	= 4.200000	4.200000
R_pin	= 0.200000	0.200000
offset_pin	= 9.555000	9.555000

图 13.19　参数列表

3) 设置全局单位

设置相应的单位，代码如下：

```
line_break = '\n'                                      #换行符，后面用于 VBA 代码的拼接
tab=' '                                                #空格符，后面用于 VBA 代码的拼接
#设置全局单位
VBA = ['With Units',                                   #调用单位对象
          '.Geometry "mm"',                            #设置几何单位
          '.Frequency "GHz"',                          #设置频率单位
          '.Time "ns"',                                #设置时间单位
          'End With']                                  #结束
VBA = line_break.join(VBA)                             #用换行符连接
modeler.add_to_history('define units', VBA)            #全局单位设置操作加入历史列表
#全局单位设置结束
```

运行代码后，可以看到单位已经设置成功，如图 13.20 所示。

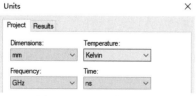

图 13.20　设置全局单位

4）设置扫频范围

设计的贴片天线的中心频率为 5 GHz，所以设置的扫频范围为 3.2~5.2 GHz，代码如下：

```
VBA = 'Solver.FrequencyRange "%f","%f"    % (Frq[0],Frq[1])
#设置求解频率范围 3.2~5.2 GHz
modeler.add_to_history('define frequency range', VBA)    #工作频率设置操作加入历史列表
```

运行代码后，可以看到扫频范围已经设置成功，如图 13.21 所示。

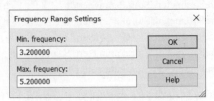

图 13.21　设置扫频范围

5）设置背景材料

设置背景材料的代码如下：

```
VBA = ['With Background',              #调用背景对象
        '.ResetBackground',            #重置设置
        '.Type "Normal"',             #背景材料设置为 Normal，即空气
        'End With']                    #结束
VBA = line_break.join(VBA)             #用换行符连接
modeler.add_to_history('define background', VBA)    #背景材料设置操作加入历史列表
```

6）设置边界条件

常用的边界条件有 electric、magnetic、open、expanded open、periodic 等，而常用的对称边界条件有 none、electric、magnetic。设置边界条件的代码如下：

```
VBA = ['With Boundary',                 #调用边界条件对象
        '.Xmin "expanded open"',        #下 X 边界为 expanded open 边界条件
        '.Xmax "expanded open"',        #上 X 边界为 expanded open 边界条件
        '.Ymin "expanded open"',        #下 Y 边界为 expanded open 边界条件
        '.Ymax "expanded open"',        #上 Y 边界为 expanded open 边界条件
        '.Zmin "expanded open"',        #下 Z 边界为 expanded open 边界条件
        '.Zmax "expanded open"',        #上 Z 边界为 expanded open 边界条件
        '.Xsymmetry "none"',            #关于 y-z 面的对称边界条件为"无"
        '.Ysymmetry "none"',            #关于 x-z 面的对称边界条件为"无"
        '.Zsymmetry "none"',            #关于 x-y 面的对称边界条件为"无"
        'End With']                      #结束
VBA = line_break.join(VBA)              #用换行符连接
modeler.add_to_history('define boundary', VBA)    #边界条件设置操作加入历史列表
```

运行代码后，可以看到边界条件已经设置成功，如图 13.22 所示。

(a) 边界条件　　　　　　　(b) 对称边界条件

图 13.22　设置边界条件

7) 新建材料

贴片天线的介质基板的材料为 Rogers 5880，同轴线的介质为 teflon，因此需要创建这两种材料，代码如下：

```
#新建所需介质材料:Rogers 5880
er1 = 2.2                                        #介电常数为 2.2
VBA = ['With Material',                          #调用材料对象
            '.Reset',                            #重置设置
            '.Name "Rogers 5880"',               #介质材料名字
            '.FrqType "all"',
            '.Type "Normal"',
            '.Epsilon %f' %er1,                  #介电常数
            '.Create',                           #创建成功
            'End With']                          #结束
VBA = line_break.join(VBA)                       #用换行符连接
modeler.add_to_history('define material: Rogers 5880', VBA)
#定义材料 Rogers 5880 操作加入历史列表
#新建所需介质材料:teflon
er2 = 2.08                                       #介电常数为 2.08
VBA = ['With Material',                          #调用材料对象
            '.Reset',                            #重置设置
            '.Name "teflon"',                    #介质材料名字
            '.FrqType "all"',
            '.Type "Normal"',
            '.Epsilon %f' %er2,                  #介电常数
            '.Create',                           #创建成功
            'End With']                          #结束
VBA = line_break.join(VBA)                       #用换行符连接
modeler.add_to_history('define material: teflon', VBA)
#定义材料 teflon 操作加入历史列表
```

运行代码后，可以看到材料已经创建成功，如图 13.23 所示。

图 13.23　新建材料

2. 设计建模

在前面已经完成了相关的配置和参数输入，接下来进入到建模部分。贴片天线的建模步骤参考 13.1.2 节，下面就每个步骤解释对应的 Python 代码。

1) 创建介质基板

```
Str_Name='Substrate'                                        #名字为 Substrate
Str_Component='Substrate'                                   #分组为 Substrate
Str_Material='Rogers 5880'                                  #材料为 Rogers 5880
VBA = ['With Brick',                                        #调用 Brick 对象
        '.Reset',                                           #重置设置
        '.Name "%s"' % Str_Name,                            #设置名字
        '.Component "%s"' % Str_Component,                  #设置所属分组
        '.Material "%s"' % Str_Material,                    #设置材料
        '.Xrange "-Wg/2","Wg/2",',                          #X 坐标范围为-Wg/2 到 Wg/2
        '.Yrange "-Lg/2","Lg/2",',                          #Y 坐标范围为-Lg/2 到 Lg/2
        '.Zrange "0","h",',                                 #Z 坐标范围为 0 到 h
        '.Create',                                          #创建成功
        'End With']                                         #结束
VBA = line_break.join(VBA)                                  #用换行符连接
modeler.add_to_history('define brick:%s:%s' % (Str_Component,Str_Name,), VBA)   #创建介质基板操
                                                           #加入历史列表作
```

2) 创建辐射贴片

```
Str_Name='Patch'                                            #名字为 Patch
Str_Component='Patch'                                       #分组为 Patch
Str_Material='PEC'                                          #材料为理想金属导体 PEC
VBA = ['With Brick',                                        #调用 Brick 对象
        '.Reset',                                           #重置设置
        '.Name "%s"' % Str_Name,                            #设置名字
        '.Component "%s"' % Str_Component,                  #设置所属分组
        '.Material "%s"' % Str_Material,                    #设置材料
        '.Xrange "-W/2","W/2",',                            #X 坐标范围为-W/2 到 W/2
        '.Yrange "-L/2","L/2",',                            #Y 坐标范围为-L/2 到 L/2
        '.Zrange "h","h",',                                 #Z 坐标范围为 h 到 h，无厚度
        '.Create',                                          #创建成功
        'End With']                                         #结束
VBA = line_break.join(VBA)                                  #用换行符连接
modeler.add_to_history('define brick:%s:%s' % (Str_Component,Str_Name,), VBA)
#创建辐射贴片操作加入历史列表
```

3) 创建地板

```
Str_Name='GND'                                              #名字为 GND
Str_Component='GND'                                         #分组为 GND
Str_Material='PEC'                                          #材料为理想金属导体 PEC
VBA = ['With Brick',                                        #调用 Brick 对象
        '.Reset',                                           #重置设置
        '.Name "%s"' % Str_Name,                            #设置名字
```

```
            '.Component "%s'" % Str_Component,        #设置所属分组
            '.Material "%s'" % Str_Material,          #设置材料
            '.Xrange "−Wg/2","Wg/2",                  #X 坐标范围为−Wg/2 到 Wg/2
            '.Yrange "−Lg/2","Lg/2",                  #Y 坐标范围为−Lg/2 到 Lg/2
            '.Zrange "0","0",                         #Z 坐标范围为 0 到 0，无厚度
            '.Create',                                #创建成功
            'End With']                               #结束
    VBA = line_break.join(VBA)                        #用换行符连接
    modeler.add_to_history('define brick:%s:%s' % (Str_Component,Str_Name,), VBA)
    #创建地板操作加入历史列表
```

4) 创建短路钉

该贴片天线中含有 4 根分别关于 x 轴和 y 轴对称的短路钉，首先需要创建第一根短路钉，代码如下：

```
#创建短路钉 1
Str_Name='Pin1'                                       #名字为 Pin1
Str_Component='Pin'                                    #分组为 Pin
Str_Material='PEC'                                     #材料为理想金属导体 PEC
VBA = ['With Cylinder',                                #调用 Cylinder 对象
            '.Reset',                                  #重置设置
            '.Name "%s'" % Str_Name,                   #设置名字
            '.Component "%s'" % Str_Component,         #设置所属分组
            '.Material "%s'" % Str_Material,           #设置材料
            '.OuterRadius "%f'" % R_pin,               #设置外半径
            '.InnerRadius "0",                         #设置内半径
            '.Axis "z",                                #轴方向为 z 方向
            '.Zrange "0","%f'" %h,                     #高度从 0 到 h
            '.Xcenter "%f'" %offset_pin,               #圆柱中心的 x 坐标
            '.Ycenter "%f'" %offset_pin,               #圆柱中心的 y 坐标
            '.Segments "0",
            '.Create',                                 #创建成功
            'End With']                                #结束
    VBA = line_break.join(VBA)                         #用换行符连接
    modeler.add_to_history('define cylinder:%s:%s' % (Str_Component,Str_Name,), VBA)
    #创建短路钉操作加入历史列表
```

创建完第一根短路钉后，可以将第一根短路钉绕着原点进行旋转复制，得到剩下的 3 根短路钉，代码如下：

```
#创建短路钉 2，3，4
Str_Name='Pin:Pin1'#此处不是设置名字，而是旋转复制的本体，即上面的 Pin1,短路钉 2，3，4 的名
字 CST 会自动生成为 Pin1_1，Pin1_2，Pin1_3
VBA = ['With Transform',                               #调用 Transform 操作
            '.Reset',                                  #重置设置
            '.Name "%s'" % Str_Name,                   #设置旋转复制的本体，即 Pin 分组的 Pin1
            '.Origin "Free" ,
            '.Center "0","0","0",                      #旋转中心
            '.Angle "0","0","90",                      #旋转的角度
            '.MultipleObjects "True",
```

```
                '.GroupObjects "False"',
                '.Repetitions "3"',                        #重复因子为 3
                '.MultipleSelection "False"',
                '.Destination ""' ,
                '.Material ""' ,
                '.Transform "Shape","Rotate"',             #变换操作为 Rotate
                'End With']                                #结束
VBA = line_break.join(VBA)                                #用换行符连接
modeler.add_to_history('transform: rotate %s:%s' % (Str_Component,Str_Name,), VBA)
#创建短路钉 2,3,4 操作加入历史列表
#创建短路钉结束
```

运行代码后，可以看到天线模型已经创建成功，如图 13.24 所示。

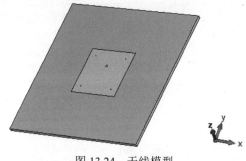

图 13.24　天线模型

5)　创建同轴端口

创建完天线模型后，需要创建同轴馈电部分。首先创建同轴线的内导体，代码如下：

```
Str_Name='Inner'                                         #名字为 Inner
Str_Component='Feed'                                     #分组为 Feed
Str_Material='PEC'                                       #材料为理想金属导体 PEC
VBA = ['With Cylinder',                                  #调用 Cylinder 对象
                '.Reset',                                #重置设置
                '.Name "%s"' % Str_Name,                 #设置名字
                '.Component "%s"' % Str_Component,        #设置所属分组
                '.Material "%s"' % Str_Material,          #设置材料
                '.OuterRadius "0.6"',                     #设置外半径
                '.InnerRadius "0"',                       #设置内半径
                '.Axis "z"',                             #轴方向为 z 方向
                '.Zrange "%f","%f"' %(-d,h),              #高度从-d 到 h
                '.Xcenter "0"' ,                         #圆柱中心的 x 坐标
                '.Ycenter "%f"'%Yf ,                     #圆柱中心的 y 坐标
                '.Segments "0"',
                '.Create',                               #创建成功
                'End With']                              #结束
VBA = line_break.join(VBA)                               #用换行符连接
modeler.add_to_history('define cylinder:%s:%s' % (Str_Component,Str_Name,), VBA)
#创建内导体操作加入历史列表
```

然后再创建同轴线介质部分，代码如下：

```
Str_Name='Dielectric'                                #名字为 Dielectric
Str_Component='Feed'                                 #分组为 Feed
Str_Material='teflon'                                #材料为 teflon
VBA = ['With Cylinder',                              #调用 Cylinder 对象
        '.Reset',                                    #重置设置
        '.Name "%s"' % Str_Name,                     #设置名字
        '.Component "%s"' % Str_Component,           #设置所属分组
        '.Material "%s"' % Str_Material,             #设置材料
        '.OuterRadius "2"',                          #设置外半径
        '.InnerRadius "0.6"',                        #设置内半径
        '.Axis "z"',                                 #轴方向为 z 方向
        '.Zrange "%f","0"' %(-d) ,                   #高度从-d 到 0
        '.Xcenter "0"',                              #圆柱中心的 x 坐标
        '.Ycenter "%f"' %Yf,                         #圆柱中心的 y 坐标
        '.Segments "0"',
        '.Create',                                   #创建成功
        'End With']                                  #结束
VBA = line_break.join(VBA)                           #用换行符连接
modeler.add_to_history('define cylinder:%s:%s' % (Str_Component,Str_Name,), VBA)
#创建同轴线介质操作加入历史列表
```

创建完同轴线介质之后，因为地板与介质之间有交叠，所以需要用地板减去与介质交叠的部分，代码如下：

```
VBA = ['Solid.Insert','"GND:GND"','"Feed:Dielectric"']
#进行的操作是"Solid.Insert"，对象是"GND:GND"和"Feed:Dielectric"，注意双引号。
VBA = tab.join(VBA)                                  #用空格符连接
modeler.add_to_history('boolean insert shapes:%s:%s' % (Str_Component,Str_Name,), VBA)
#地板减去同轴介质操作加入历史列表
```

接下来创建同轴线外导体，代码如下：

```
Str_Name='Outer'                                     #名字为 Outer
Str_Component='Feed'                                 #分组为 Feed
Str_Material='PEC'                                    #材料为理想金属导体 PEC
VBA = ['With Cylinder',                              #调用 Cylinder 对象
        '.Reset',                                    #重置设置
        '.Name "%s"' % Str_Name,                     #设置名字
        '.Component "%s"' % Str_Component,           #设置所属分组
        '.Material "%s"' % Str_Material,             #设置材料
        '.OuterRadius "2.5"',                        #设置外半径
        '.InnerRadius "2"',                          #设置内半径
        '.Axis "z"',                                 #轴方向为 z 方向
        '.Zrange "%f","0"' %(-d) ,                   #高度从-d 到 0
        '.Xcenter "0"',                              #圆柱中心的 x 坐标
        '.Ycenter "%f"' %Yf ,                        #圆柱中心的 y 坐标
        '.Segments "0"',
        '.Create',                                   #创建成功
        'End With']                                  #结束
```

```
VBA = line_break.join(VBA)                          #用换行符连接
modeler.add_to_history('define cylinder:%s:%s' % (Str_Component,Str_Name,), VBA)
#创建外导体操作加入历史列表
```

运行代码后，可以看到同轴端口已经创建成功，如图 13.25 所示。

图 13.25   同轴端口

6）设置激励端口

至此，建模的部分就结束了，下面要设置波导激励端口。与 CST 操作一样，首先需要选中同轴线介质的底面，代码如下：

```
VBA = 'Pick.PickFaceFromId "Feed:Dielectric",1'    #选中同轴线介质的底面，此处的 1 代表底面
modeler.add_to_history('pick face', VBA)            #选中同轴线介质底面操作加入历史列表
```

然后设置波导端口，代码如下：

```
VBA = ['With Port',                                 #调用 Port 对象
        '.Reset',                                   #重置设置
        '.PortNumber 1',                            #设置端口序号
        '.Label    ""',                             #给波导端口添加标签
        '.NumberOfModes 1',                         #波导端口的模式数
        '.AdjustPolarization "False"',
        '.PolarizationAngle 0.0',
        '.ReferencePlaneDistance 0',                #端口到参考面距离，可以改变距离实现端口平移
        '.TextSize 50',
        '.TextMaxLimit 0',
        '.Coordinates "Picks"',
        '.Orientation "positive"',
        '.PortOnBound "False"',
        '.ClipPickedPortToBound "False"',
        '.Xrange "2.1","6.1"',                      #波导端口的 x 坐标范围
        '.Yrange "-2","2"',                         #波导端口的 y 坐标范围
        '.Zrange "-2","-2"',                        #波导端口的 z 坐标范围
        '.XrangeAdd "0.0","0.0"',                   #波导端口 x 坐标 Xmin 和 Xmax 的增加量
        '.YrangeAdd "0.0","0.0"',                   #波导端口 y 坐标 Ymin 和 Ymax 的增加量
        '.ZrangeAdd "0.0","0.0"',                   #波导端口 z 坐标 Zmin 和 Zmax 的增加量
        '.SingleEnded "False"',
        '.WaveguideMonitor "False"',
        '.Create',                                  #创建成功
        'End With']                                 #结束
VBA = line_break.join(VBA)                          #用换行符连接
modeler.add_to_history('define port1', VBA)         #波导端口设置操作加入历史列表
```

运行代码后，可以看到波导端口已经创建成功，如图 13.26 所示。

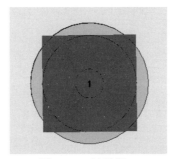

图 13.26　波导端口

7) 添加监视器

设置完激励端口后，可以添加监视器来查看仿真结果，这里只添加远场方向图的监视器，频率为 5 GHz。其他类型的监视器可以根据 VBA 代码，参照远场方向图监视器的代码来进行设置。

```
farfield_monitor=[3.48]
for i in range(len(farfield_monitor)):
    VBA = ['With Monitor',                                      #调用 Monitor 对象
                '.Reset',                                        #重置设置
                '.Name "farfield (f=%f)"'%farfield_monitor[i],   #设置名字
                '.Domain "Frequency"',                           #设置为频域
                '.FieldType "Farfield"',                         #类型为远场监视器
                '.ExportFarfieldSource "False"',
                '.UseSubvolume "False"',
                '.Coordinates "Picks"',
                '.EnableNearfieldCalculation "True" ',
                '.Frequency "%f" ' %farfield_monitor[i] ,        #设置频率点
                '.Create',                                       #创建成功
                'End With']                                      #结束
    VBA = line_break.join(VBA)                                   #用换行符连接
modeler.add_to_history('define farfield monitor:farfield (f=%f)' %farfield_monitor[i],VBA)
#设置远场监视器操作加入历史列表
VBA = ['ChangeSolverType','"HF Frequency Domain"']              #设置频域求解器
VBA = tab.join(VBA)                                              #用空格符连接
modeler.add_to_history('change solver type',VBA)                #设置频域求解器操作加入历史列表
```

运行代码后，可以看到远场监视器和频域求解器已经设置成功，如图 13.27 所示。

(a) 远场监视器　　　　　　(b) 频域求解器

图 13.27　设置监视器和频域求解器

8) 运行仿真计算

现在就可以运行仿真计算了，代码如下：

```
modeler. run_solver()                    #运行仿真
mws.save(filename)                       #保存结果
```

仿真结束后，可以在仿真结果里面查看反射系数和 2D 方向图，如图 13.28 和图 13.29 所示，仿真所得到的结果与 MATLAB 联合仿真的结果一致。

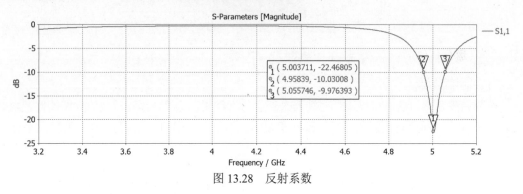

图 13.28　反射系数

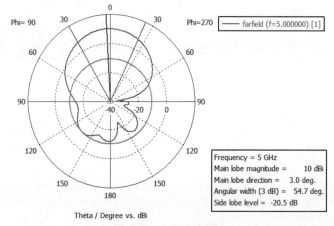

图 13.29　2D 方向图

13.3　思考题

1. MATLAB 和 Python 控制 CST 的指令有哪些相同点和不同点？

2. 参考 7.2.2 节的超宽带多模滤波器仿真设计，利用 MATLAB 和 Python 编程实现。

3. 参考 9.4.2 节的圆极化贴片天线仿真设计，利用 MATLAB 和 Python 编程实现。

4. 参考 10.4.2 节的手机边框天线设计，利用 MATLAB 和 Python 编程实现。

5. 参考 11.2.2 节的 FSS 单元的周期结构仿真，利用 MATLAB 和 Python 编程实现。